高职高专电子信息类系列教材

综合布线技术

（第三版）

于 鹏　丁喜纲　主编

西安电子科技大学出版社

内 容 简 介

  本书以企业网络综合布线工程为基本工作情境，采用任务驱动模式，将综合布线系统的相关知识融入到各项技能的学习中。全书包括 8 个工作单元，分别是认识综合布线工程、认识综合布线工程产品、综合布线工程设计、综合布线工程管槽安装施工、综合布线工程电缆布线施工、综合布线工程光缆布线施工、综合布线工程测试、综合布线工程施工管理与验收。读者可以在阅读本书时同步进行实训，从而掌握综合布线工程从设计、施工、测试到验收过程中所涉及的基本知识和各项技术，培养基本职业技能。

  本书可以作为高职高专院校网络技术、通信技术、计算机应用、建筑电气等专业的教材，也可供网络通信、建筑电气等领域的工程技术人员和从事智能建筑工程项目管理、施工、测试等工作的技术人员参考。

图书在版编目(CIP)数据

综合布线技术/于鹏，丁喜纲主编. —3 版. —西安：
西安电子科技大学出版社，2018.7(2023.1 重印)
ISBN 978–7–5606–4103–4

Ⅰ. ① 综…   Ⅱ. ① 于…   ② 丁…   Ⅲ. ① 计算机网络—布线   Ⅳ. ① TP393.03

中国版本图书馆 CIP 数据核字(2018)第 153447 号

策　　划　　毛红兵
责任编辑　　毛红兵
出版发行　　西安电子科技大学出版社(西安市太白南路 2 号)
电　　话　　(029)88202421　88201467　　邮　　编　　710071
网　　址　　www.xduph.com　　　　　电子邮箱　xdupfxb001@163.com
经　　销　　新华书店
印刷单位　　陕西日报社
版　　次　　2018 年 7 月第 3 版　　2023 年 1 月第 11 次印刷
开　　本　　787 毫米×1092 毫米　1/16　印 张　16.5
字　　数　　389 千字
印　　数　　39 001～42 000 册
定　　价　　45.00 元

ISBN 978–7–5606–4103–4/TP

XDUP 4395003–11

如有印装问题可调换

前　言

　　随着计算机网络应用的不断普及，计算机网络对社会生活及社会经济的发展已经产生了不可逆转的影响，深刻地改变着人们的工作和生活方式。人们越来越认识到精良的网络布线的重要性，并且对网络工程的要求也越来越高。随着综合布线系统在网络工程中的广泛使用，越来越多的人需要了解综合布线系统的基础知识，而且在社会上也需要大量的具有综合布线系统知识和技能的网络工程技术人员、布线施工人员以及网络管理人员。

　　本书第一版是国内较早的针对高等职业教育的综合布线技术教材。2004 年至今，本书第一版和第二版被多所高职高专院校和应用型本科院校的计算机应用技术、计算机网络技术、通信工程等专业选用，也被一些网络工程、智能建筑领域的公司作为培训教材使用。综合布线是一个发展十分迅速的行业，新技术、新标准不断推出。另外，使用本教材的广大读者也对本书提出了许多宝贵的意见和建议。为了适应目前教学改革的实际需要，适应综合布线的技术发展，我们对原版教材进行了全面的修订，主要包括两个方面：

　　(1) 以工作过程为导向，采用任务驱动模式，所有内容以企业网络综合布线工程为基本工作情境，按照综合布线工程的实际流程展开，采用任务驱动模式，将综合布线系统的相关知识融入到各项技能的学习中。

　　(2) 以国家标准《综合布线系统工程设计规范》(GB 50311—2007)和《综合布线工程验收规范》(GB 50312—2007)为基本依据，结合近年来国内外综合布线技术方面的新标准，对相关内容进行修订和补充，力求反映综合布线领域的最新技术和成果。

　　本书在编写时从满足经济和技术发展对高素质劳动者和技能型人才的需要出发，紧紧围绕职业教育的培养目标，本着"以职业能力培养为主，知识与能力并重"的编写原则，贯穿了"以职业活动为导向，以职业技能为核心"的理念。本书包括 8 个工作单元，每个工作单元由需要读者亲自动手完成的工作任务组成，读者可以在阅读本书时同步进行实训，进而掌握综合布线工程从设计、施工、测试到验收过程中所涉及的基本知识和各项技术。各工作单元的主要培养目标如下：

- 认识综合布线工程：理解综合布线系统的概念；掌握综合布线系统的基本结构和组成；了解综合布线工程的基本流程和工程招投标的基本情况。
- 认识综合布线工程产品：认识综合布线工程中所使用的传输介质、连接器件和布线器材，熟悉国内外主要综合布线系统产品，了解综合布线工程产品选型的一般方法。
- 综合布线工程设计：了解综合布线系统的设计内容和流程，理解用户需求分析和建筑物现场勘查的一般方法；理解综合布线系统在不同建筑类型中的一般结构，了解综合布线工程图纸设计的方法；熟悉综合布线系统各个子系统的基本设计思路和方法，了解综合布线工程设计方案的编写方法。
- 综合布线工程管槽安装施工：认识管槽安装施工的常用工具，掌握建筑物配线子系统、干线子系统的管槽安装施工的一般方法。

- 综合布线工程电缆布线施工：认识电缆布线施工的常用工具；掌握建筑物内水平电缆和主干电缆布线施工的一般方法；掌握工作区信息插座端接和安装技术；掌握机柜和配线设备的安装与端接技术。
- 综合布线工程光缆布线施工：认识光缆布线施工的常用工具；掌握建筑物内光缆布线施工的一般方法；了解建筑群光缆布线施工的技术要点；熟悉光缆的接续和端接技术。
- 综合布线工程测试：了解综合布线工程测试的标准和测试类型；掌握综合布线工程双绞线布线系统和光缆布线系统的测试技术。
- 综合布线工程施工管理与验收：了解综合布线工程施工管理的相关知识，理解综合布线工程验收的项目和内容。

本书由于鹏、丁喜纲主编，李韵鸿、王丽、孙燕燕、王兵、邱海燕、李昭靓、于慧、刘毅、李光耀、于志国、方燕、戴万燕、何尧、李青、刘美鸽、马福英、杨文青、杨小凡、赵金芝、张婷、周婷婷等参与编写。本书在编写过程中参考了国内外综合布线技术方面的著作和文献，并查阅了 Internet 上公布的相关资料。在此对所有作者致以衷心的感谢。

本书可以作为高职高专院校网络技术、通信技术、计算机应用、建筑电气等专业的教材，也可以作为网络通信、建筑电气等领域的工程技术人员和从事智能建筑工程项目管理、施工、测试等工作的技术人员的参考书。

编者意在为读者奉献一本实用并具有特色的教材，但由于综合布线技术发展迅速，加之作者水平有限，书中难免存在疏漏和不妥之处，恳请广大读者批评指正。

编者

2016 年 4 月

目　　录

工作单元 1　认识综合布线工程 1
　任务 1.1　认识综合布线系统 1
　　【任务目的】 1
　　【工作环境与条件】 1
　　【相关知识】 1
　　　1.1.1　综合布线系统的定义 1
　　　1.1.2　综合布线系统的工业标准 2
　　　1.1.3　综合布线系统的结构和组成 5
　　　1.1.4　综合布线系统与计算机网络 10
　　【任务实施】 16
　任务 1.2　认识综合布线工程的基本流程 17
　　【任务目的】 17
　　【工作环境与条件】 17
　　【相关知识】 17
　　　1.2.1　综合布线工程的基本流程 17
　　　1.2.2　综合布线工程的招投标 19
　　【任务实施】 22
　思考与练习 1 29

工作单元 2　认识综合布线工程产品 30
　任务 2.1　认识综合布线工程中使用的
　　　　　　传输介质 30
　　【任务目的】 30
　　【工作环境与条件】 30
　　【相关知识】 30
　　　2.1.1　双绞线电缆 30
　　　2.1.2　同轴电缆 37
　　　2.1.3　光纤与光缆 38
　　　2.1.4　无线传输介质 45
　　　2.1.5　传输介质的选择 46
　　【任务实施】 47
　任务 2.2　认识综合布线工程中使用的
　　　　　　连接器件 48
　　【任务目的】 48

　　【工作环境与条件】 48
　　【相关知识】 48
　　　2.2.1　双绞线连接器件 48
　　　2.2.2　光缆连接器件 54
　　【任务实施】 57
　任务 2.3　认识综合布线工程中使用的
　　　　　　布线器材 58
　　【任务目的】 58
　　【工作环境与条件】 58
　　【相关知识】 58
　　　2.3.1　管槽系统 58
　　　2.3.2　机柜 64
　　　2.3.3　其他布线材料 68
　　【任务实施】 70
　任务 2.4　综合布线工程产品选型 71
　　【任务目的】 71
　　【工作环境与条件】 71
　　【相关知识】 71
　　　2.4.1　综合布线系统产品的组成 71
　　　2.4.2　综合布线产品选型的方法 72
　　【任务实施】 73
　思考与练习 2 82

工作单元 3　综合布线工程设计 83
　任务 3.1　综合布线工程用户需求分析 83
　　【任务目的】 83
　　【工作环境与条件】 83
　　【相关知识】 83
　　　3.1.1　综合布线系统设计概述 83
　　　3.1.2　用户需求分析的内容和方法 85
　　　3.1.3　建筑物现场勘察 88
　　【任务实施】 89
　任务 3.2　综合布线工程总体结构设计 93
　　【任务目的】 93

【工作环境与条件】..........94

【相关知识】..........94

　　3.2.1　各类不同建筑中的
　　　　　综合布线系统结构..........94

　　3.2.2　总体结构设计时
　　　　　应注意的问题..........97

【任务实施】..........97

任务3.3　综合布线工程详细设计..........102

【任务目的】..........102

【工作环境与条件】..........102

【相关知识】..........102

　　3.3.1　工作区设计..........102

　　3.3.2　配线子系统设计..........105

　　3.3.3　干线子系统设计..........114

　　3.3.4　建筑群子系统设计..........119

　　3.3.5　设备间和电信间设计..........123

　　3.3.6　进线间设计..........128

　　3.3.7　管理设计..........130

　　3.3.8　其他部分设计..........133

【任务实施】..........138

思考与练习3..........143

工作单元4　综合布线工程管槽
　　　　　安装施工..........145

任务4.1　认识管槽安装施工工具..........145

【任务目的】..........145

【工作环境与条件】..........145

【相关知识】..........145

【任务实施】..........146

任务4.2　配线子系统管槽安装施工..........150

【任务目的】..........150

【工作环境与条件】..........151

【相关知识】..........151

【任务实施】..........151

任务4.3　干线子系统管槽安装施工..........155

【任务目的】..........155

【工作环境与条件】..........156

【相关知识】..........156

【任务实施】..........156

思考与练习4..........158

工作单元5　综合布线工程
　　　　　电缆布线施工..........159

任务5.1　认识电缆布线施工工具..........159

【任务目的】..........159

【工作环境与条件】..........159

【相关知识】..........159

【任务实施】..........160

任务5.2　敷设双绞线电缆..........162

【任务目的】..........162

【工作环境与条件】..........162

【相关知识】..........163

　　5.2.1　水平电缆布线施工的
　　　　　基本要求..........163

　　5.2.2　主干电缆布线施工的
　　　　　基本要求..........163

【任务实施】..........164

任务5.3　安装与端接信息插座..........171

【任务目的】..........171

【工作环境与条件】..........171

【相关知识】..........171

【任务实施】..........172

任务5.4　安装机柜与配线设备..........176

【任务目的】..........176

【工作环境与条件】..........176

【相关知识】..........176

　　5.4.1　机柜安装的基本要求..........176

　　5.4.2　配线架安装的基本要求..........177

【任务实施】..........177

思考与练习5..........182

工作单元6　综合布线工程光缆
　　　　　布线施工..........183

任务6.1　认识光缆布线施工工具..........183

【任务目的】..........183

【工作环境与条件】..........183

【相关知识】..........183

　　6.1.1　光缆布线施工的特点..........183

6.1.2 光缆布线施工的准备工作.........184

【任务实施】.............................185

任务6.2 敷设光缆........................187

【任务目的】.............................187

【工作环境与条件】.....................187

【相关知识】.............................187

【任务实施】.............................188

任务6.3 光纤接续与端接.................192

【任务目的】.............................192

【工作环境与条件】.....................192

【相关知识】.............................193

6.3.1 光缆颜色编码....................193

6.3.2 光缆的连接方式.................193

6.3.3 光纤接续与端接的一般要求.....194

【任务实施】.............................195

思考与练习6............................205

工作单元7 综合布线工程测试.........206

任务7.1 双绞线电缆布线系统测试.........206

【任务目的】.............................206

【工作环境与条件】.....................206

【相关知识】.............................206

7.1.1 综合布线工程测试的类型........206

7.1.2 双绞线电缆布线系统
测试标准和内容.................207

7.1.3 双绞线电缆的认证测试模型.....208

7.1.4 双绞线电缆的认证测试参数.....210

【任务实施】.............................215

任务7.2 光缆布线系统测试...............227

【任务目的】.............................227

【工作环境与条件】.....................227

【相关知识】.............................227

7.2.1 光缆布线系统的测试内容.......227

7.2.2 光缆布线系统的
常用测试方法.................229

【任务实施】.............................231

思考与练习7............................239

**工作单元8 综合布线工程施工
管理与验收**.................240

任务8.1 综合布线工程的施工管理...........240

【任务目的】.............................240

【工作环境与条件】.....................240

【相关知识】.............................240

8.1.1 综合布线工程实施的
主要方式.....................240

8.1.2 管理组织机构和人员安排........241

8.1.3 施工管理基本流程..............244

【任务实施】.............................245

任务8.2 综合布线工程的验收...............250

【任务目的】.............................250

【工作环境与条件】.....................251

【相关知识】.............................251

8.2.1 综合布线工程的验收阶段.......251

8.2.2 综合布线工程竣工
验收的依据.....................251

【任务实施】.............................252

思考与练习8............................255

参考文献.................................256

工作单元 1　认识综合布线工程

综合布线系统的兴起和发展，是在计算机技术和通信技术发展的基础上进一步适应社会信息化和经济国际化需要的结果。它是建筑技术与信息技术相结合的产物，是计算机网络的基础。本工作单元的主要目标是理解综合布线系统的概念，掌握综合布线系统的基本结构和组成，了解综合布线工程的基本流程和工程招投标的基本情况。

任务 1.1　认识综合布线系统

【任务目的】

(1) 理解综合布线的概念；
(2) 了解综合布线系统的工业标准；
(3) 理解综合布线系统的结构和组成；
(4) 理解综合布线系统与计算机网络之间的关系。

【工作环境与条件】

(1) 校园网综合布线工程案例及相关文档；
(2) 企业网综合布线工程案例及相关文档；
(3) 能够接入 Internet 的 PC。

【相关知识】

1.1.1　综合布线系统的定义

随着科技的进步，通信系统和计算机网络系统的发展达到了前所未有的高峰，越来越多的办公大楼、银行、机场、商场等民用建筑希望把用户交换机系统、计算机网络系统、监控系统等一系列弱电系统在建筑设计及方案确定之初就列入综合设计中，从而达到信息的高度共享，增加自动化管理的程度，使之成为智能建筑，以最好的性能价格比来满足用户的需求。美国电话电报公司(AT&T)贝尔实验室的专家通过多年的研究，在办公楼和工厂试验成功的基础上，于 20 世纪 80 年代末期推出了建筑与建筑群综合布线系统，并及时推出了结构化布线系统。我国国家标准《建筑与建筑群综合布线系统工程设计规范》(GB/T

50311—2007)将建筑与建筑群综合布线系统命名为综合布线系统(Generic Cabling System, GCS)。

综合布线系统是实现智能建筑最基本、最重要的组成部分。综合布线是指集成建筑物内所有弱电系统的布线，包括自动监控系统、通信系统及办公自动化系统等，并对这些系统进行统一设计、统一施工、统一管理。当使用综合布线系统时，计算机系统、用户交换机系统以及局域网络系统的配线使用一套由公共配件所组成的配线系统，该系统可兼容不同厂家的话音、数据、图像设备，其开放的结构可以作为不同工业标准的基准，不再需要为不同的设备准备不同的配线零件以及复杂的线路标志与管理线路图表。该系统具有较大的适应性与灵活性，可以以最低的成本和最小的干扰在工作地点进行终端设备的重新安排与规划。

综合布线系统的特点体现在统一设计、统一施工及统一管理上。这里，统一管理尤为重要，为此要求各弱电系统采用一致的线缆、接插件、管理线路标志等，并兼容各种工业标准。

目前，对于综合布线系统存在着两种看法：一种是主张将所有的弱电系统都建立在综合布线所搭起的平台上，也就是用综合布线代替所有的传统弱电布线；另一种则主张将计算机网络布线、电话布线纳入到综合布线中，其他的弱电系统仍采用其特有的传统布线。从目前的技术性及经济性角度看，第二种主张更合理些，所以现在的综合布线系统设计更多采用第二种主张。

1.1.2　综合布线系统的工业标准

综合布线系统的工业标准是综合布线产品制造商和综合布线工程行业共同遵循的技术法规。它规定了从综合布线产品制造到综合布线系统设计、安装施工、测试等一系列技术规范。遵照工业标准进行综合布线系统建设是系统集成商成功的前提。

综合布线系统标准按规范的内容不同，大致可以分为布线系统性能及系统设计、安装和测试、部件和防火等几类标准。目前国内综合布线系统参照的标准主要有国际标准、美洲标准、欧洲标准和中国标准，这些标准在较早的版本中存在较大的差异，而在新版本中这种差异正在不断地减少。

1. 国外的标准化组织及其标准

各个国家的国家标准化委员会由来自本地生产商和运营商的人员，以及本地标准专家委员会的专家们组成。国际和欧洲标准化委员会由各个参与国委派的代表组成，一般由参与国在国家标准化委员会中挑选人员参加。标准是各个标准化委员会公布和发行的基于多数人意见的文件，它将在地区、国家或全球范围内被应用。目前国外对综合布线行业具有重要影响的标准化组织主要有：

(1) 美国国家标准学会(ANSI)。美国国家标准学会(American National Standards Institute，ANSI)由五家工程学会和三家美国政府机构于1918年创立，它不开发美国国家标准，但它可以通过在有意向开发某个具体标准的会员间达成共识来推进标准的开发。

ANSI协助联合电子工业协会(EIA)和电信工业协会(TIA)共同开发了商业区建筑电信布线标准(简称为 ANSI/EIA/TIA 568-A)，该标准被公认为美国布线标准。

(2) 电子工业协会(EIA)。电子工业协会(Electronic Industries Alliance，EIA)创建于1924年，广泛代表了设计生产电子元件、部件、通信系统和设备的制造商以及工业界、政府和用户的利益。EIA 按照具体的产品和市场进行组织和管理，它的每个分支机构都与其特定的需要相对应，这些分支机构包括元器件、消费类电子产品、电子信息、工业电子、政府和通信等。

EIA 制定了许多电子行业的标准，是开发 ANSI/EIA/TIA 568 系列标准的关键力量。

(3) 电信工业协会(TIA)。电信工业协会(Telecommunications Industry Association，TIA)是一个全方位的服务性国家贸易组织，其成员包括为美国和世界各地提供通信和信息技术产品、系统和专业技术服务的 900 余家大小公司。TIA 也是经过 ANSI 认可的指定标准的组织，但其属于行会性质，其职责还包括为保护会员厂家利益而影响政策、促进市场和组织交流。

TIA 与 EIA 有着密切的联系，是开发 ANSI/EIA/TIA 568 系列标准的指导性机构。

(4) 电气与电子工程师协会(IEEE)。电气与电子工程师协会(Institute of Electrical and Electronics Engineers，IEEE)是一个国际性的电子技术与信息科学工程师的协会，是世界上最大的专业技术组织之一。IEEE 在 150 多个国家中拥有 300 多个地方分会，透过多元化的会员，该组织在太空、计算机、电信、生物医学、电力及消费性电子产品等领域中都是主要的权威。

IEEE 是一个广泛的工业标准开发者，其中与综合布线领域密切相关的是 802.X 系列标准。

(5) 美国国家消防协会(NFPA)。美国国家消防协会(National Fire Protection Association，NFPA)是一个国际性的技术与教育组织，主要负责制定防火规范、标准、推荐操作规程、手册、指南及标准法规等。NFPA 防火规范与防火标准得到国内外广泛认可，并有许多标准被纳入美国国家标准(ANSI)。

表面上看 NFPA 似乎与综合布线没有直接的关系，但布线产品中的材料大都涉及防火等级的问题，必须遵循相关的防火规范。

(6) 国际标准化组织(ISO)。国际标准化组织(International Organization for Standardization，ISO)是由各国标准化团体(ISO 成员团体)组成的世界性的联合会。制定国际标准的工作通常由 ISO 的技术委员会完成，各成员团体若对某技术委员会确定的项目感兴趣，均有权参加该委员会的工作。

ISO 与国际电工委员会(IEC)在电工技术标准化方面保持密切合作的关系，其合作成果之一就是制定了 ISO/IEC 11801(即信息技术-用户通用布线系统)系列标准。

(7) 欧洲电工标准化委员会。欧洲电工标准化委员会(法文名称缩写为 CENELEC)和欧洲标准化委员会(法文名称缩写为 CEN)以及它们的联合机构 CEN/ CENELEC 是欧洲最主要的标准制定机构。

欧洲标准 EN50173(信息技术-通用布线系统)是与 ISO/IEC11801 标准基本一致的布线标准，但比 ISO/IEC11801 更严格，更强调电磁兼容性。该标准提出通过线缆屏蔽层，使线缆具有更高的抗干扰能力和抗辐射能力。

(8) 美国保险商实验室(UL)。美国保险商实验室(Underwriter Laboratories Inc，UL)成立于 1894 年，是一家非营利的独立组织，致力于产品的安全性测试和认证。

UL尽管不直接参与布线标准的制定，但是它与布线和其他制造商共同合作，以确保电气设备安全。UL为付费的客户测试产品，如果客户产品符合标准的要求，那么该产品将被列入UL目录或授予证书。

2. 综合布线系统国内标准

目前国内综合布线系统的相关标准包括国家标准和行业标准。国家标准是指对国家经济、技术和管理发展具有重大意义而且必须是在全国范围内统一的标准。综合布线系统国家标准的内容主要倾向于布线系统的指标，规范了布线系统信道及永久链路的指标，并没有规定系统中产品的指标。目前综合布线系统的国家标准是建设部于2007年发布的《综合布线系统工程设计规范》(GB 50311—2007)和《综合布线工程验收规范》(GB 50312—2007)。

(1)《综合布线系统工程设计规范》(GB 50311—2007)。

发布日期：2007年4月6日。

实施日期：2007年10月1日。

摘要：为了配合现代化城镇信息通信网向数字化方向发展，规范建筑与建筑群的语音、数据、图像及多媒体业务综合网络建设，特制定本规范。本规范适用于新建、扩建、改建建筑与建筑群综合布线系统工程设计。

(2)《综合布线工程验收规范》(GB 50312—2007)。

发布日期：2007年4月6日。

实施日期：2007年10月1日。

摘要：为统一建筑与建筑群综合布线系统工程施工质量检查、随工检验和竣工验收等工作的技术要求，特制定本规范。本规范适用于新建、扩建和改建建筑与建筑群综合布线系统工程的验收。

3. 综合布线系统的其他相关标准

(1) 防火标准。建筑物综合布线系统在防火方面主要应依照以下国内标准：

* 《建筑设计防火规范》(GB 50016—2014)；
* 《建筑内部装修设计防火规范》(GB 50222—2001)。

(2) 机房及防雷接地标准。在综合布线工程中，机房及防雷接地标准可参照以下标准：

* 《建筑物防雷设计规范》(GB 50057—94)；
* 《电子计算机场地通用规范》(GB/T 2887—2010)；
* 《电子信息系统机房设计规范》(GB 50174—2008)；
* 《电子信息系统机房施工及验收规范》(GB 50462—2008)；
* 《建筑物电子信息系统防雷技术规范》(GB 50343—2012)；
* 《电气装置安装工程接地装置施工及验收规范》(GB 50169—2006)。

4. 标准的选择

在实际项目工程中，并不需要涉及所有的标准和规范，而应根据布线项目性质(生产与销售、设计、施工或包含设计与集成两者在内的集成服务)、涉及的相关技术工程情况适当地引用标准规范。通常来说，作为厂家更多地应遵循布线部件标准和设计标准；布线方案设计应遵循布线系统性能、系统设计标准；布线施工工程应遵循布线测试、安装、管理标准和防火、机房及防雷接地标准。另外在综合布线工程中到底采用哪一个标准，目前也没有强制的规定，通常有两种做法：

- 一是由用户指定，例如一些在华的欧洲公司更喜欢采用欧洲标准。
- 二是根据综合布线系统的性质和功能由布线系统集成商推荐选定。

1.1.3　综合布线系统的结构和组成

综合布线系统是一种开放结构的布线系统，它利用单一的布线方式，完成话音、数据、图形、图像的传输。综合布线系统由不同系列和规格的部件组成，其中包括传输介质、相关连接硬件(如配线架、插座、插头和适配器)以及电气保护设备。

综合布线系统一般采用分层星型拓扑结构，该结构下的每个分支子系统都是相对独立的单元。对每个分支子系统的改动都不影响其他子系统，只要改变结点连接方式就可使综合布线在星型、总线型、环型、树型等结构之间进行转换。需要注意的是，目前不同的工业标准对于综合布线系统模块化结构的描述并不相同。

1. 综合布线系统结构(美国标准)

根据美国布线标准 ANSI/EIA/TIA 568-B 和 569 以及其他相关标准，综合布线系统主要针对电话、传真、计算机网络，即话音和数据应用，未来还将包括电视会议、图文传真、语音邮件、卫星通信等通信技术。综合布线系统由以下 6 个子系统组成：工作区子系统、水平干线子系统、管理间子系统、垂直干线子系统、设备间子系统、建筑群子系统。各个子系统相互独立，单独设计，单独施工，构成了一个有机的整体，其结构如图 1-1 所示。

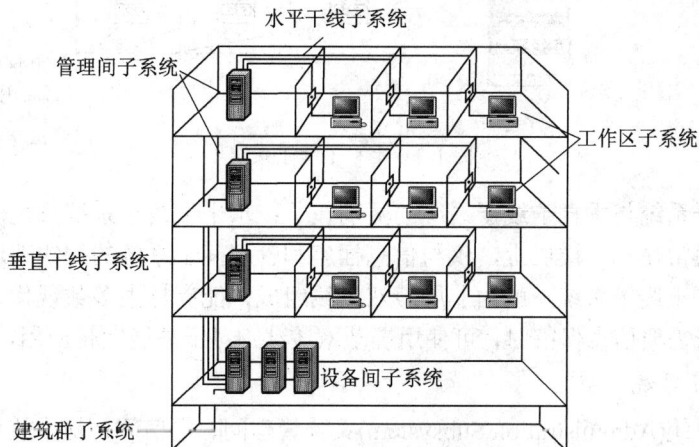

图 1-1　综合布线系统结构(美国标准)

1) 工作区子系统

工作区子系统(Work Area Subsystem)又称服务区子系统，完成从水平干线子系统与终端设备之间的信号连接，通常由终端设备、跳线和信息插座组成。其中，信息插座有墙上型、地面型、桌上型等多种。工作区子系统的结构如图 1-2 所示。

在进行终端设备和 I/O 连接时，可能还需要某种电子传输装置，但这种装置不是工作区子系统的一部分。例如调制解调器，它能为终端接入综合布线系统提供信号的转换，但不能说它是工作区子系统的一部分。

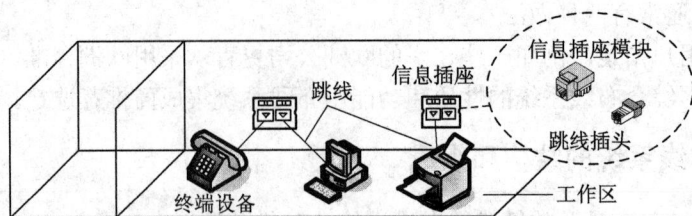

图 1-2　工作区子系统

工作区子系统中所使用的连接器一般具备国际 ISDN 标准的 8 位接口，这种接口能接收楼宇自动化系统的所有低压信号以及高速数据网络信息和数字音频信号。

2) 水平干线子系统

水平干线子系统(Horizontal Backbone Subsystem)也称为水平子系统。它是从工作区的信息插座开始，到管理间子系统的配线架，其结构一般为星型结构，如图 1-3 所示。

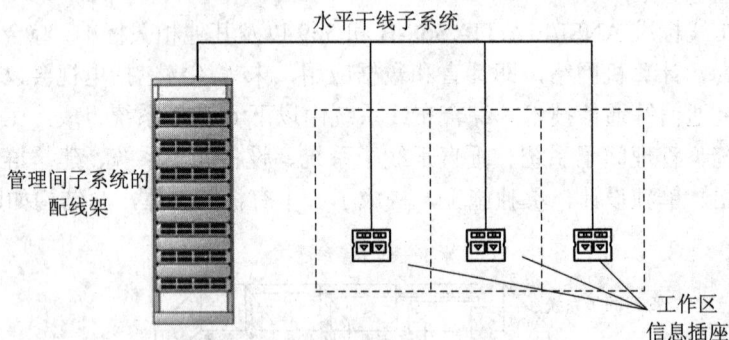

图 1-3　水平干线子系统

水平干线子系统与垂直干线子系统的区别在于：水平干线子系统总是沿大楼的地板或吊顶布线的，通常在一个楼层上，仅与信息插座和管理间子系统的配线架连接。在综合布线系统中，水平干线子系统一般由非屏蔽双绞线组成，能支持大多数现代化通信设备；如果有磁场干扰或需要信息保密时，可使用屏蔽双绞线；对于高速宽带应用，可以采用光缆。

3) 管理间子系统

管理间子系统(Administration Subsystem)又称管理间、电信间，是为放置布线系统相关设备而设置的一个空间，通常设置在专门为楼层服务的楼层配线间内。每座大楼至少要有一个管理间或设备间，数量不限。管理间主要有以下三种应用：

(1) 水平/主干连接：管理间内有部分主干布线和部分水平布线的机械终端，为无源(交叉连接)、有源或用于两个系统连接的设备提供设施(空间、电力、接地等)。

(2) 主干布线系统的相互连接：管理间内有主干布线系统不同部分的中间跳接箱和主跳接箱，为无源或有源设备、两系统的互连、主干布线的更多部分提供设施(空间、电力、接地等)。

(3) 入楼设备：管理间设有分界点和大楼间的入楼设备，为用于分界点相互连接的有源或无源设备、大楼间的入楼设备、通信有线系统提供设施。

管理间中放置的主要设备包括局域网交换机、交叉连接设备和配线架、机柜、电源和其他相关设备。

4) 垂直干线子系统

垂直干线子系统(Riser Backbone Subsystem)也称主干子系统，它提供建筑物的干线电缆，一般采用光缆或非屏蔽双绞线，安装在建筑物的弱电竖井内。垂直干线子系统提供多条连接路径，将位于主控中心的设备与各个楼层配线间的设备连接起来，两端分别接在设备间和管理间的配线架上，如图 1-4 所示。

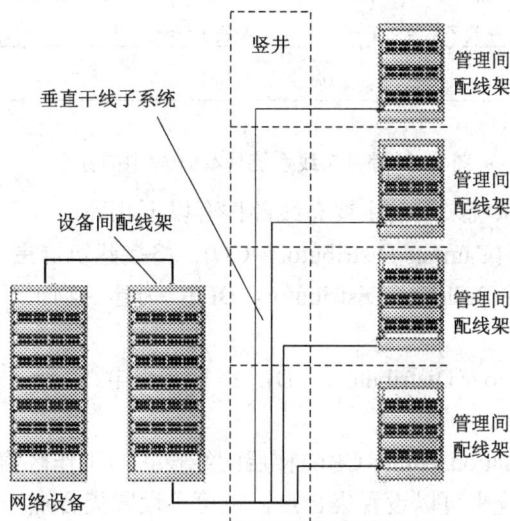

图 1-4　垂直干线子系统

5) 设备间子系统

设备间子系统(Equipment Subsystem)用来将建筑物内的通信系统和部分布线系统的机械终端放置在一起，它是综合布线系统的管理中枢，整个建筑物的各种信号都经过各类通信电缆汇集到该子系统。设备间与管理间的区别在于所安装设备的复杂性，设备间可提供管理间的所有功能。设备间应当提供可以控制的环境，以便安装电信设备、连接硬件、连接盒、接地和连接设备，并在可能时安装保护仪表。

从线缆敷设角度来看，设备间包括主交叉连接和主干布线系统的中间连接。设备间可用于管理主交叉连接或中间交叉连接至电信设备的设备线缆和接插软线，并提供敷设路径。同时，也可以安装设备终端装置，并包括线缆敷设管理人员控制下的主干终结和辅助终结。

6) 建筑群子系统

建筑群由两个或两个以上的建筑物组成，这些建筑物之间要进行信息交流。建筑群干线子系统(Campus Backbone Subsystem)的作用是构建从一座建筑物延伸到建筑群内的其他建筑物的标准通信连接，其系统组成主要包括电缆、光缆、电信设备、连接硬件以及防止电缆的浪涌电压进入建筑物的电气保护设备等。

2. 综合布线系统结构(中国标准)

由我国建设部发布，2007 年 10 月 1 日起开始实施的国家标准《综合布线系统工程设计规范》(GB 50311—2007)认真总结了原《建筑与建筑群综合布线系统工程设计规范》

(GB/T 50311—2000)执行过程中的经验和教训，加以补充、完善和修改，并广泛听取了国内有关单位和专家的意见，参考了国内外相关标准的内容，符合中国国情。

1) 综合布线系统基本构成

《综合布线系统工程设计规范》(GB 50311—2007)规定综合布线系统基本构成应符合图 1-5 所示的要求。

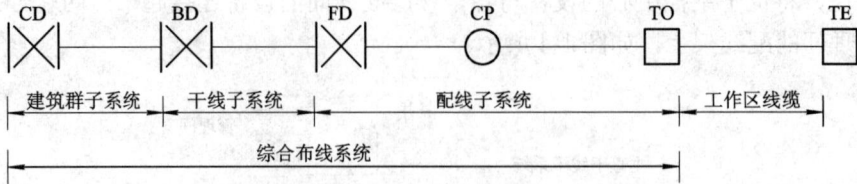

图 1-5　综合布线系统基本构成(中国标准)

由图可知综合布线系统采用的主要布线部件有以下几种：

(1) 建筑群配线设备(Campus Distributor，CD)：终接建筑群主干线缆的配线设备。

(2) 建筑物配线设备(Building Distributor，BD)：为建筑物主干线缆或建筑群主干线缆终接的配线设备。

(3) 楼层配线设备(Floor Distributor，FD)：终接水平电缆、水平光缆和其他布线子系统线缆的配线设备。

(4) 集合点(Consolidation Point，CP)：楼层配线设备与工作区信息点之间水平线缆路由中的连接点。配线子系统中可以设置集合点，也可不设置集合点。

(5) 信息点(Telecommunications Outlet，TO)：终接各类电缆或光缆的信息插座模块。

(6) 终端设备(Terminal Equipment，TE)：接入综合布线系统的终端设备。

综合布线系统各主要布线部件在建筑物中的设置如图 1-6 所示。

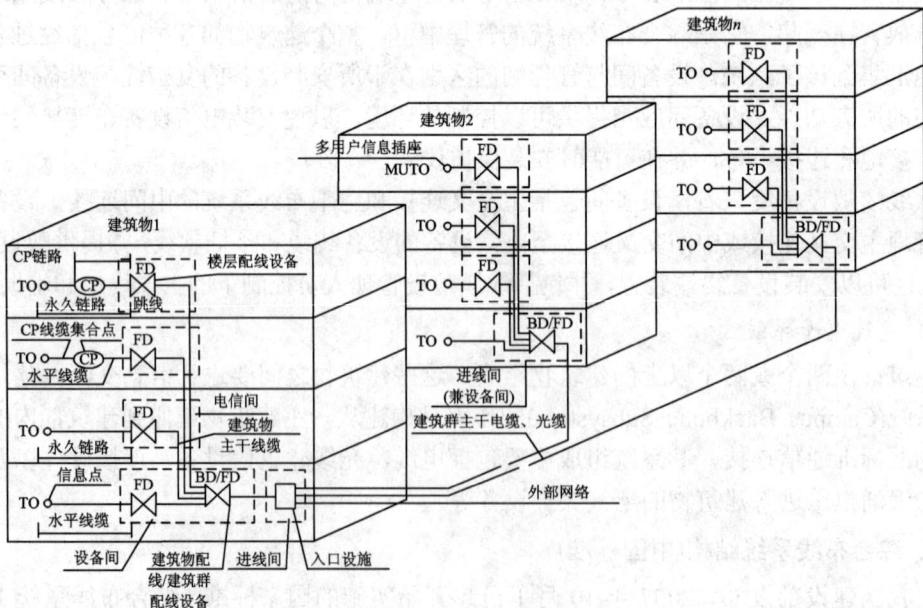

图 1-6　综合布线系统的设置示意图

2) 综合布线子系统构成

根据《综合布线系统工程设计规范》(GB 50311—2007)，综合布线系统应为开放式网络拓扑结构，其各子系统构成应符合如图 1-7 和图 1-8 所示的要求。

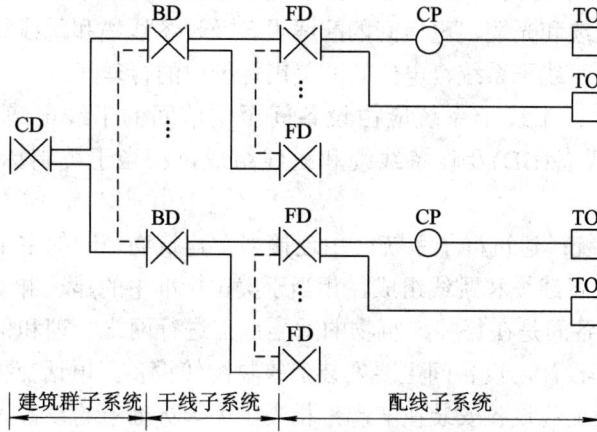

图 1-7 综合布线子系统构成(1)

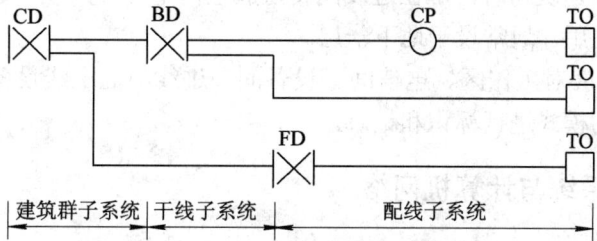

图 1-8 综合布线子系统构成(2)

图 1-7 中的虚线表示 BD 与 BD 之间、FD 与 FD 之间可以设置主干线缆。同时，建筑物 FD 可以经过主干线缆直接连至 CD，TO 也可以经过水平线缆直接连至 BD。

综合布线系统入口设施及引入线缆构成应符合如图 1-9 所示的要求。

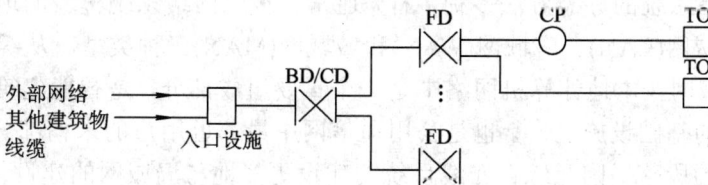

图 1-9 综合布线系统入口设施及引入线缆构成

3) 综合布线子系统

《综合布线系统工程设计规范》(GB 50311—2007)同时建议综合布线系统工程应按照 7 个子系统进行设计。

(1) 工作区：一个独立的需要设置终端设备(TE)的区域宜划分为一个工作区。工作区应由配线子系统的信息插座模块(TO)延伸到终端设备处的连接线缆及适配器组成，相当于美国标准中的工作区子系统。

(2) 配线子系统：配线子系统应由工作区的信息插座模块、信息插座模块至电信间配线设备(FD)的配线电缆和光缆、电信间的配线设备及设备线缆和跳线等组成。该系统相当于美国标准中的水平干线子系统，电信间即美国标准中的管理间。

(3) 干线子系统：干线子系统应由设备间至电信间的干线电缆和光缆，安装在设备间的建筑物配线设备(BD)及设备线缆和跳线组成，相当于美国标准中的垂直干线子系统。

(4) 建筑群子系统：建筑群子系统应由连接多个建筑物之间的主干电缆和光缆、建筑群配线设备(CD)及设备线缆和跳线组成，相当于美国标准中的建筑群子系统。

(5) 设备间：设备间是在每幢建筑物的适当地点进行网络管理和信息交换的场地。对于综合布线系统工程设计，设备间主要安装建筑物配线设备。电话交换机、计算机主机设备及入口设施也可与配线设备安装在一起，相当于美国标准中的设备间子系统。

(6) 进线间：进线间是建筑物外部通信和信息管线的入口部位，并可作为入口设施和建筑群配线设备的安装场地。建筑群主干电缆和光缆、公用网和专用网电缆、光缆及天线馈线等室外缆线进入建筑物时，应在进线间转换成室内电缆、光缆。进线间一般提供给多家电信业务经营者使用，通常设于地下一层。

(7) 管理：管理应对工作区、电信间、设备间、进线间的配线设备、线缆、信息插座模块等设施按一定的模式进行标识和记录。

1.1.4　综合布线系统与计算机网络

综合布线系统的主要用途就是作为计算机网络的基础设施，综合布线系统的拓扑结构、传输介质、布线距离、传输指标等都是根据计算机网络的要求而规定的。因此综合布线系统的设计必须考虑到其建成后在计算机网络中的应用，考虑到用户将要建设什么样的计算机网络，应以计算机网络中的各级网络设备为中心进行综合考虑。

1. 计算机局域网的建设

计算机网络系统的分类方法多种多样，通常会按照网络系统覆盖的地理范围把计算机网络分为局域网(LAN)、广域网(WAN)和城域网(MAN)三种类型。从综合布线系统的位置来看，局域网在本地计算机网络中是一个重要组成部分，是智能建筑和智能小区建设中不可缺少的基础设施之一，也是公用通信网中最邻近用户的末梢部分，是最为重要的最后 100 m 的段落。因此综合布线系统的建设更多地与局域网的建设相关。

1) 局域网的基本组成

计算机网络系统是一个较为复杂的系统，不同的网络其组成不尽相同，但是不论是简单的网络还是复杂的网络，其组成部分基本上都是由硬件和软件两部分组成。硬件是由计算机(特别是 PC)、传输介质、网络连接设备和网络适配器构成，软件主要是网络操作系统。其具体情况如表 1-1 所示。

表 1-1　局域网的组成

组成部分	基本构件	包含内容	说　明
硬件	计算机	根据所起的作用不同，分为服务器和客户机	PC 是局域网中最基本的构件
	传输介质	屏蔽或非屏蔽双绞线、50 Ω 同轴电缆、单模或多模光纤光缆	每种传输介质在特定传输方式下都有长度的限制，当超过该限制时，需增加连接设备实现信号的再生和转发
	网络适配器	网卡等将计算机接入网络的装置	网络适配器的类型应与组网技术一致
	网络连接设备	交换机、路由器、集线器等	不同的网络连接设备有不同的功能，应根据局域网的组网技术、功能需求选择合适的设备
软件	网络操作系统	包括与终端用户或应用程序的接口	一般由一系列软件模块构成，按网络的体系结构来组织，各自执行一定的协议功能

2) 局域网的拓扑结构

网络拓扑结构用来指示网络组织的构成和形成的状态。网络拓扑结构分为逻辑拓扑结构和物理拓扑结构。逻辑拓扑结构是指各组成部分的逻辑关系，用于指示信息在各个组成部分之间如何流动。物理拓扑结构是指各组成部分的物理关系，用于指示各个组成部分之间的连接方式，是用传输介质互连各种设备的物理布局。综合布线系统主要和局域网的物理拓扑结构有关。

计算机网络系统有很多种网络拓扑结构，在局域网中使用的网络拓扑结构主要有星型、总线型、环型、树型和混合型拓扑结构，如图 1-10 所示。由于星型结构具有结构简单、便于管理、安全可靠、易于扩展等优点，所以目前局域网大都采用星型拓扑结构或由星型结构中心点级连扩展形成的树型结构。

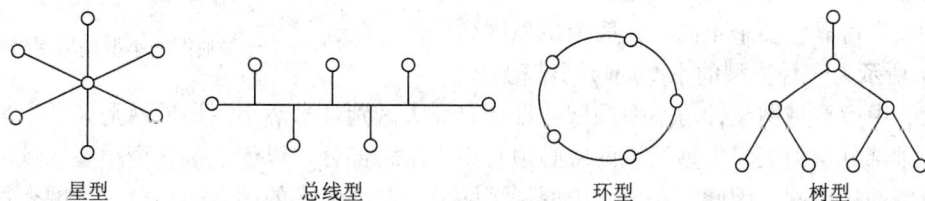

星型　　　　　　总线型　　　　　　环型　　　　　　树型

图 1-10　局域网拓扑结构

3) 局域网的组网技术

局域网的组网技术发展非常迅速，也有很多种不同的类型，例如以太网、令牌环网、FDDI、ATM、光纤通道等。在这些组网技术中，以太网是目前最流行的局域网组网技术。

以太网应用经过不断的发展，传输速度从最初的 10 Mb/s 逐步扩展到 100 Mb/s、1 Gb/s、10 Gb/s。以太网有多种标准，每一种标准所采用的传输介质、传输方式和组网方法都有所不同，表 1-2 列出了各种以太网标准对传输介质的要求。

表 1-2　各种以太网标准对传输介质的要求

标准	MAC 子层规范	电缆 最大长度	电缆类型	所需线对	拓扑结构
10BASE-5	802.3	500 m	50 Ω 粗缆	—	总线型
10BASE-2	802.3	185 m	50 Ω 细缆	—	总线型
10BASE-T	802.3	100 m	3、4 或 5 类双绞线	2	星型
10BASE-FL	802.3	2000 m	光纤	1	星型
100BASE-TX	802.3u	100 m	5 类双绞线	2	星型
100BASE-T4	802.3u	100 m	3 类双绞线	4	星型
100BASE-T2	802.3u	100 m	3、4 或 5 类双绞线	2	星型
100BASE-FX	802.3u	400/2000 m	多模光纤	1	星型
10BASE-FX	802.3u	10000 m	单模光纤	1	星型
1000BASE-SX	802.3z	220～550 m	多模光纤	1	星型
1000BASE-LX	802.3z	550～3000 m	单模或多模光纤	1	星型
1000BASE-CX	802.3z	25 m	屏蔽铜线	2	星型
1000BASE-T4	802.3ab	100 m	5 类双绞线	4	星型
1000BASE-TX	802.3ab	100 m	6 类双绞线	4	星型

4) 局域网的典型方案

根据需要的不同，局域网的建设规模有所不同，其网络拓扑结构也有区别。小型局域网一般用于小型智能化程度不高的房屋建筑，其建设规模不大，网络拓扑结构简单，所需信息业务种类单一，且覆盖分布范围较小，通常集中在一幢楼内，甚至小到一个房间。因此，这种局域网选用的设备品种较少，连接的工作站点不多，对网络系统的安全可靠性要求不高，一般为星型网络，图 1-11 所示为一种典型的小型局域网结构。

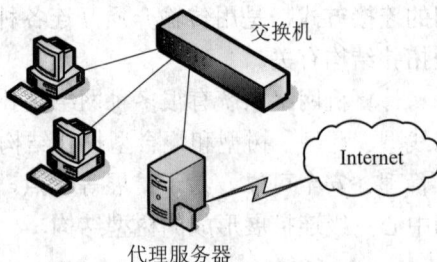

图 1-11　一种典型的小型局域网结构

大、中型局域网设计与小型局域网设计有很大区别，虽然小型局域网是大、中型局域网的基础部分，但大、中型局域网中必须有主干网络部分，以便连接各个小型局域网形成更大范围的局域网。因此，在大、中型局域网设计时要考虑的因素与小型局域网有很大不同。这是因为大、中型局域网的覆盖范围较大，所处客观环境较为复杂，信息需求多种多样，网络技术性能要求高。在大、中型局域网设计时，需要从整个网络系统的技术性能、网络互连形式、网络系统管理、工程建设造价以及维护管理费用等各方面综合考虑。

此外，由于主干网络是用于连接各个小型局域网和整个网络系统的共享资源。因此，对于主干网络上的信息业务流量和流向以及其他要求，都需进行认真调查，分析各种需求，以便在主干网络设计时，选用相应的线缆品种和配置适宜的线对数量。

目前在大、中型局域网设计中，通常采用由星型结构中心点通过级联扩展形成的树型拓扑结构，如图 1-12 所示。一般可以把这种树型结构分成三个层次，即核心层、汇聚层和接入层，在不同的层次可以选用不同的组网技术、网络连接设备和传输介质。例如在核心层可以使用 1000BASE-SX 吉比特以太网技术，采用多模光纤光缆作为传输介质；在汇聚层可以使用 100BASE-TX 快速以太网技术，采用双绞线电缆作为传输介质；在接入层可以使用 10BASE-T 传统以太网技术，采用双绞线电缆作为传输介质。这样既保证了网络的整体性能，又将成本控制在一定的范围内，而且还可以根据用户的不同需求进行灵活的扩展和升级。

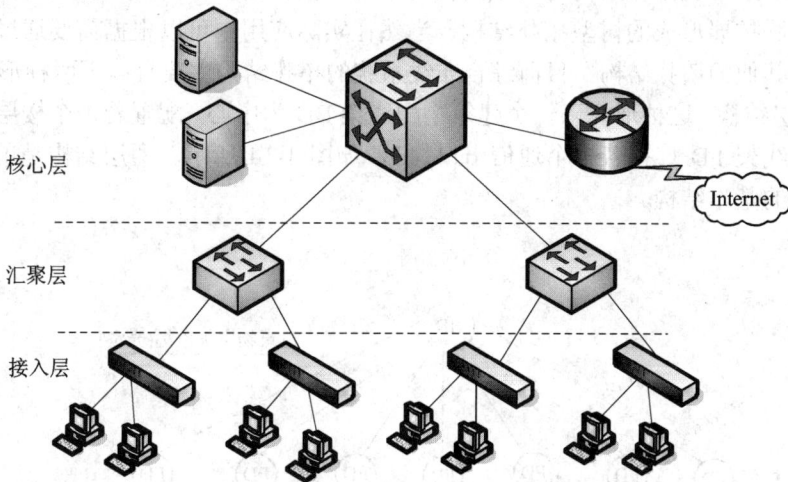

图 1-12　大、中型局域网的一般结构

图 1-13 给出了某学校局域网的实际拓扑结构图。

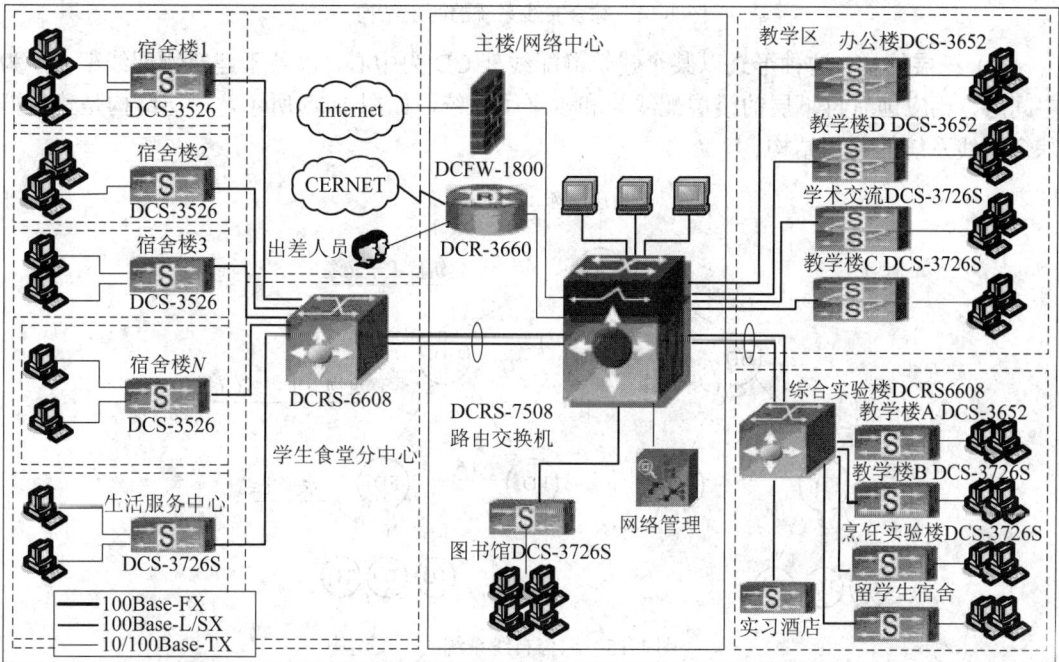

图 1-13　某学校局域网拓扑结构图

2. 综合布线系统与计算机网络的配合

当我们把大、中型局域网的典型方案与综合布线系统的模块化结构进行对比时,我们不难发现,实际上综合布线系统的拓扑结构、传输介质、布线距离、传输指标等都是根据计算机网络的要求而规定的,是与大、中型局域网的建设配套的。

1) 综合布线系统的拓扑结构

综合布线系统的拓扑结构与局域网目前常用的拓扑结构相同,主要采用由星型结构中心点通过级联扩展形成的树型拓扑结构,当然在实际应用中可以根据需要通过配线连接灵活地转换为其他的拓扑结构。目前综合布线系统的拓扑结构主要有以下两种形式:

(1) 两层结构。这种形式以一个建筑物配线架 BD 为中心,配置若干个楼层配线架 FD,每个楼层配线架 FD 连接若干个通信出口 TO,如图 1-14 所示。两层结构是单幢建筑物综合布线系统的基本结构。

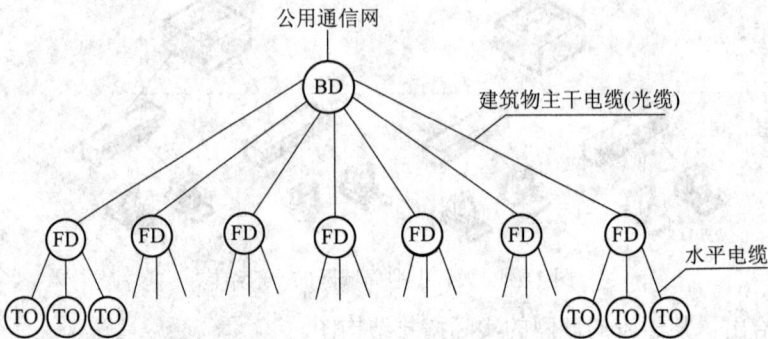

图 1-14　综合布线系统的两层结构

(2) 三层结构。这种形式以某个建筑群配线架 CD 为中心,以若干建筑物配线架 BD 为中间层,相应地有再下层的楼层配线架和水平子系统,如图 1-15 所示。三层结构是建筑群综合布线系统的基本结构。

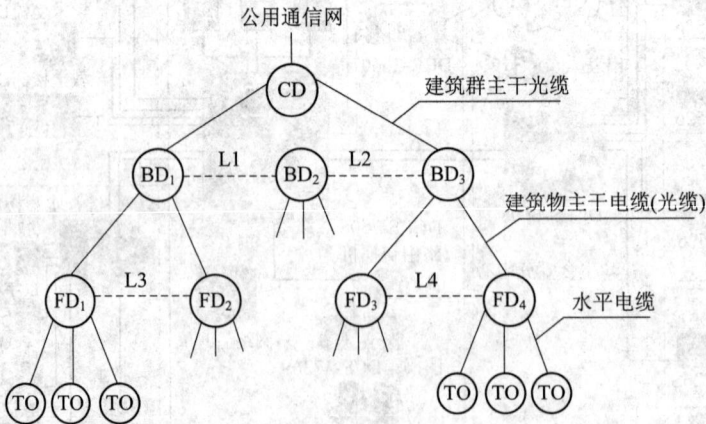

图 1-15　综合布线系统的三层结构

有时,为使布线系统的网络结构具有更高的灵活性和可靠性,并适应多种应用系统的要求,允许在某些同级汇聚层次的配线架(如 BD 或 FD)之间增加直通连接,额外放置一些连接用的线缆(电缆或光缆)，构成有迂回路由的星型结构。如图 1-15 中虚线所示的 BD_1 与 BD_2 之间的 L1，BD_2 与 BD_3 之间的 L2，以及 FD_1 与 FD_2 之间的 L3，FD_3 与 FD_4 之间的 L4。

在利用综合布线系统构建计算机网络时，我们可以把相应层次的交换机通过跳线分别接入 CD(建筑群配线架)、BD(建筑物配线架)和 FD(楼层配线架)，将终端计算机通过跳线接入 TO(信息插座)，这时就实现了图 1-12 所示的大、中型局域网的一般结构。

2) 综合布线系统的布线距离

在计算机网络的相应标准中，都有对传输介质及其最远传输距离的限制，综合布线系统在设计时，其各子系统的布线距离必须在计算机网络标准的范围之内。为了保证这一点，国际国内标准对综合布线系统的布线距离都有严格的限制。表 1-3 给出了 ISO/IEC 11801 与 ANSI/EIA/TIA 568-A 对线缆布线距离的规定。

表 1-3　ISO/IEC 11801 与 ANSI/EIA/TIA 568-A 对线缆布线距离的规定

安装距离	ISO/IEC 11801	TIA/EIA 568-A
3 类 [建筑(内)主干]	500 m 语音	500 m 语音
	90 m 数据	90 m 数据
4 类 [建筑(内)主干]	500 m 语音	500 m 语音
	140 m 数据	90 m 数据
5 类 [建筑(内)主干]	500 m 语音	500 m 语音
	90 m 数据	90 m 数据
STP-A [建筑(内)主干]	140 m 数据	90 m 数据
光纤 [建筑(内)主干]	500 m 数据	500 m 数据
多模光纤 [建筑群(间)主干距离]	1500 m 数据	1500 m 数据
单模光纤 [建筑群(间)主干距离]	2500 m 数据	2500 m 数据

《综合布线系统工程设计规范》(GB 50311—2007)对综合布线系统的布线距离有如下规定：

(1) 综合布线系统水平线缆与建筑物主干线缆及建筑群主干线缆之和所构成信道的总长度不应大于 2000 m。

(2) 建筑物或建筑群配线设备之间(FD 与 BD、FD 与 CD、BD 与 BD、BD 与 CD 之间)组成的信道出现 4 个连接器件时，主干线缆的长度不应小于 15 m。

(3) 配线子系统各线缆应符合图 1-16 的划分并应符合下列要求：

① 配线子系统信道的最大长度不应大于 100 m。

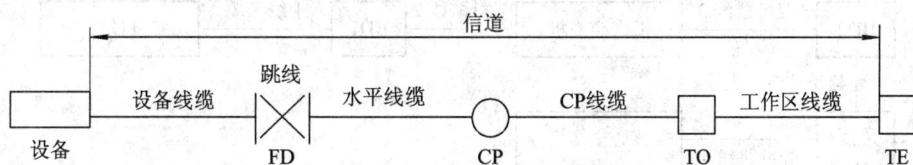

图 1-16　配线子系统线缆划分

② 工作区设备线缆、电信间配线设备的跳线和设备线缆之和不应大于 10 m，当大于 10 m 时，水平线缆长度(90 m)应适当减少。

③ 楼层配线设备(FD)跳线、设备线缆及工作区设备线缆各自的长度不应大于 5 m。

上述标准列出了综合布线系统主干线缆及水平线缆等的长度限值，但是在实际应用中应该与计算机网络的类型结合起来，不同的计算机网络可选择不同类型的电缆和光缆，而且在不同的网络中所能支持的传输距离是不相同的。例如在 IEEE 802.3 an 标准中，6 类布线系统在 10G 以太网中所支持的长度应不大于 55 m，但 7 类布线系统支持长度仍可达到 100 m。

3) 其他注意问题

(1) 设备位置的设置。在建设规模和建筑面积较小的建筑中，综合布线系统的服务范围比较单一，可以考虑将计算机系统设备和综合布线的设备间合设在同一个专用机房内，以节约建筑面积，减少线缆长度和便于维护管理。在智能化程度较高的大型建筑或建筑群中，由于综合布线系统的建设规模和服务范围均较大，应将计算机主机、用户电话交换机和其他自动控制设备分别设置在各自的专用机房，这样有利于分工负责维护管理。为了便于利用已有综合布线系统的线缆和设备互相连接，要求各专用机房位置邻近安装在建筑物配线架的设备间，也可把与综合布线系统极为密切相关的硬件和设备(如计算机网络系统中的路由器等)放在设备间，这样更便于连接和有利维护。

(2) 对外通信线路的配备。计算机网络需与外界联网时，必须配备对外传输信息的通信线路，其线路数量和设置方式应根据计算机网络对外业务流量和流向的多少来确定。在大型建筑中计算机网络的对外通信线路可以自备专用或采取租用专线通道(即与其他通信系统的线路合用)方式。对于计算机网络每日对外工作时间较长的数据链路宜采用自备专用线路，也可经过技术经济比较后选用租用专线通道方式，也可选用自备专用通信线路和与其他通信系统合用线路互为备用的方式，以保证通信系统和计算机网络系统运行的安全可靠。

【任务实施】

❖ 操作 1　认识网络通信链路

(1) 图 1-17 所示为某网络中的计算机与该网络核心交换机间的物理链路，试分析该物理链路中所涉及的网络设备和传输介质，理解综合布线系统与计算机网络之间的关系。

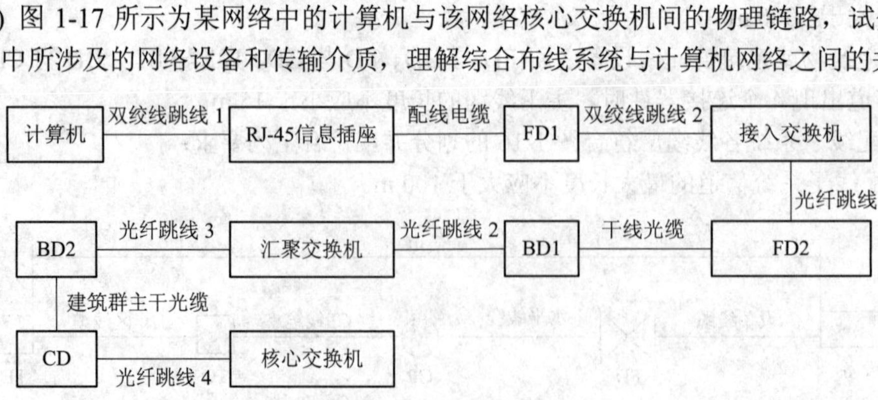

图 1-17　校园网某计算机物理链路

(2) 现场考察所在学校某房间内的某台计算机到达校园网核心交换机的物理链路，记录这条链路经过的线缆和设备，并用如图 1-17 所示的框图表示出来。将你所绘制的物理链路和图 1-17 进行比较，查看两条通信链路有什么不同。

❖ **操作 2　分析企业网络综合布线系统结构**

现场考察校园网或企业网综合布线工程案例，查阅该网络综合布线系统的相关文档，分析该网络综合布线系统的总体结构，画出该网络综合布线系统的结构简图，思考该综合布线系统与计算机网络之间是如何连接的。

任务 1.2　认识综合布线工程的基本流程

【任务目的】

(1) 了解综合布线工程的基本流程；
(2) 了解综合布线工程的招投标；
(3) 了解综合布线工程的招标文件。

【工作环境与条件】

(1) 校园网综合布线工程案例及相关文档；
(2) 企业网综合布线工程案例及相关文档；
(3) 能够接入 Internet 的 PC。

【相关知识】

1.2.1　综合布线工程的基本流程

综合布线系统是智能建筑或智能小区中计算机网络系统互联的一个基础系统。在计算机网络系统工程建设项目内，综合布线系统工程建设既可以作为整个网络系统工程建设的一部分，由总系统集成单位来完成，也可以作为一个独立的工程建设分立出来，由布线系统集成单位来完成。综合布线系统工程大致可分成预售/销售、具体实施和验收与客户支持三个阶段。

1. 预售/销售阶段

预售/销售阶段是综合布线工程的第一个阶段。这个阶段的第一步就是获得工程项目，承包商应将能说明其能力和历史背景的资料提交给用户。预售阶段的结果是预期的用户接受承包商的资质并邀请他们参与投标。综合布线工程招标文件规定了工作的范围，也提供了详细的规范文档，承包商应从客户处领取招标文件。

承包商领取综合布线工程招标文件之后，将进行用户需求分析，主要任务是与客户协商网络需求，现场勘察建筑，根据建筑平面图、装修平面图等资料，初步确定信息点数目与位置、主干路由和机柜位置。

在此之后,对招标文件的回应成为承包商的责任。承包商需要针对招标文件和需求分析结果向用户提供一个切实可行的解决方案,在该方案中对整个工程进行设计,说明综合布线工程施工将要包含的内容,例如电缆类型、连接器以及其他设备和报价。根据工程的规模,承包商还需要提供项目评价、分包商名单等内容,从而形成承包商的投标文件。

用户将对承包商提交的方案进行评议,确定初步中标单位的先后顺序。用户接着对初步中标的单位进行审查、筛选、对比,必要时可进一步考察,最终决定工程承包商。用户在做选择时,不应排除各种专业公司组合的可能性。例如,可以选择布线系统公司负责系统布线工程,计算机集成公司负责计算机系统,网络集成公司负责网络系统的互联,以充分发挥其各自的技术优势,弥补不足。

用户组织有关单位或聘请专家小组对承包商提交的设计方案进行全面审查和评议,提出修改意见和建议,最后由承包商按评审意见和结论进行修正。然后,用户与系统集成单位进行设备或部件的选型,商定订货细节,办理所有对外协议和签订合同。

2. 具体实施阶段

综合布线工程的具体实施会根据工程的不同情况有所区别,通常有以下流程:

(1) 设计交底。根据工程进度计划、工程量、施工组织设计要求及现场实际情况,在人员进场之前做好教育工作,并组织好人力、物资的进场工作。各施工人员要熟悉图纸及图纸会审纪要,密切配合土建施工。在施工期间,要密切注意由土建负责施工的预埋件和预留孔是否正确,以及管槽安装是否正确。

(2) 管槽安装施工。根据设计方案和工程实际情况,由综合布线工程承包商与建筑物土建承包商、装潢承包商等相互协调,完成地板内或吊顶上线槽和线管的安装和调整,以及弱电竖井中垂直线槽的安装等。

(3) 干线线缆的布放。施工管理人员首先按照设计和系统规划图的要求对设备间的定位、线缆的路由进行分析,对施工人员进行施工前的技术交底。对于光缆和铜缆干线部分的敷设,应从各个分配线架开始,沿楼层的水平线槽、竖井线槽到主配线架。在这一阶段,所有的线缆将被安装到天花板、墙壁、地板导管以及上升管道中。这可能是对用户最有影响的阶段,施工人员必须非常小心,以免扰乱用户的业务活动。这也是产生最多岩屑的阶段,必须在每天施工结束时进行清扫。如果建筑物正在使用,清扫应更加频繁。

(4) 线缆的端接。这一阶段的主要任务是线缆管理和端接线缆。按照布线设计要求和施工规范及工艺要求进行配线架、机柜和信息插座的制作、安装。如果建筑物正在使用,可能给用户的工作带来干扰,因为经常需要移动桌子或办公设备以便接近插座。这一阶段的工作应该尽可能安静地完成,并且在插座安装之后,进行适当的清理。

(5) 系统测试。这一阶段的主要任务是线缆的测试、故障诊断以及验证。在测试基本通断情况的基础上,通常应根据相关测试标准和要求,对各项性能指标进行测试,并制作详细的测试报告。

图 1-18 所示是某综合布线工程具体实施阶段的流程图。

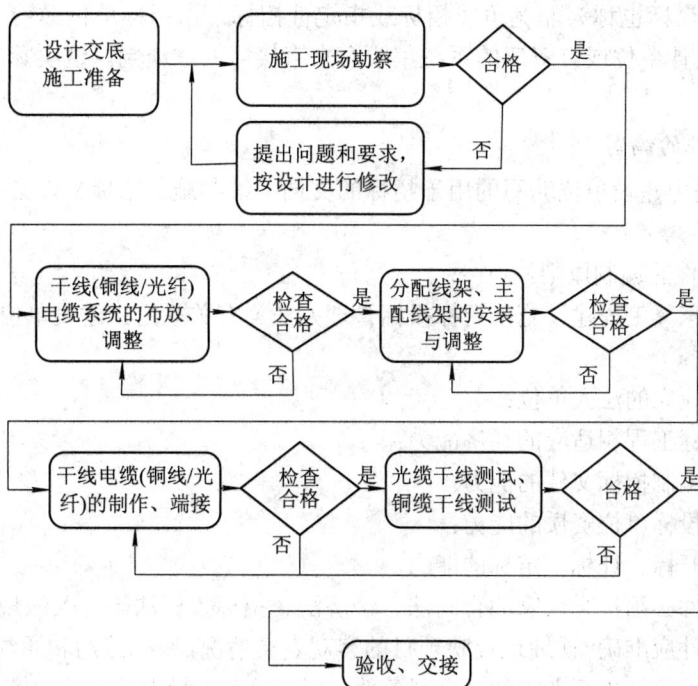

图 1-18 某综合布线工程具体实施阶段流程图

3. 验收与客户支持阶段

在工程的最后阶段，承包商应对用户进行培训，并和用户一起沿着网络走查，向用户提交正式的测试结果和其他文档，主要有材料实际用量表，测试报告书、机柜配线图、楼层配线图、信息点分布图以及光纤、话音和视频主干路由图，为日后的维护提供数据依据。如果用户对工程满意，将对工程进行签收。以后如果布线系统存在问题，承包商应该根据合同提供后续的用户支持。

1.2.2 综合布线工程的招投标

1. 综合布线工程的招标

1) 招标方式

通常，工程的招标方式主要有公开招标、邀请招标、议标三种方式。任何一种招标方式都必须按照规定的程序进行，要制定统一的招标文件。投标必须按照招标文件的规定来进行。

(1) 公开招标。招标单位(用户)通过国家指定的报刊、信息网站或其他媒介发布招标公告，邀请不特定的法人或其他组织投标的方式称为公开招标。只要有意投标的承包商，都可购买招标文件、参加资格审查和进行投标，因此以该方式招标的工作量较大而且复杂，适用于工程规模较大的项目。

(2) 邀请招标。邀请招标方式属于有限竞争选择招标，由招标单位向有承担能力、资质良好的设计单位直接发出投标邀请书。根据工程的大小，一般邀请 5～10 家(不能少于 3家)参加投标，有条件的招标方，应邀请来自不同地区、不同部门的设计单位参加招标。

(3) 议标。议标也称为非竞争性招标或指定性招标,由招标单位邀请一家,最多不超过两家知名的设计单位或有资质的系统集成商来直接协商、谈判。这实际上是一种合同谈判的形式。

2) 招标文件的编写

招标文件是由建设单位编写的用于招标的文档。编制施工招标文件必须做到系统、完整、准确、明了。

(1) 招标文件的编制原则。

① 按照国家《工程建设施工招标投标管理办法》有关规定,建设单位(用户)施工招标应具备下列条件:

- 是依法成立的法人单位;
- 有与招标工程相适应的经济能力;
- 有组织编制招标文件的能力;
- 有审查投标单位资质的能力;
- 有组织开标、评标、定标的能力。

② 招标文件必须符合国家的合同法、经济法、招标投标法等有关法规;

③ 招标文件应准确、详细地反映项目的客观真实情况,减少签约和履约过程中的争议;

④ 招标文件涉及投标者须知、合同条件、规范、工程量表等多项内容,力求统一和规范用语;

⑤ 坚持公正原则,不受部门、行业、地区限制,招标单位不得有亲有疏,特别是对于外部门、外地区的投标单位,应提供方便,不得借故阻碍;

⑥ 在编制招标技术文件时,综合布线系统应作为一个单项子系统分列。

(2) 招标文件内容。施工招标文件主要包括招标邀请书、投标者须知、合同条件、规范、图纸、工程量、投标书和投标书保证格式、补充资料表、合同协议书及各类保证等。

其中,投标邀请书一般应包括建设单位招标项目性质,工程简况,发售招标文件的时间、地点、售价等内容。投标者须知一般应包括资格要求、投标文件要求、投标报价、投标有效期、投标保证等内容。

3) 工程招标程序

工程施工公开招标程序一般有下列 16 个环节:

(1) 建设工程项目报建;

(2) 审查建设单位资质;

(3) 招标申请;

(4) 资格预审文件、招标文件的编制与送审;

(5) 工程标底价格的编制;

(6) 发布招标通告;

(7) 单位资格审查;

(8) 招标文件;

(9) 勘察现场;

(10) 投标预备会;

(11) 投标文件管理；

(12) 工程标底价格的报审；

(13) 开标；

(14) 评标；

(15) 决标；

(16) 合同签订。

2. 综合布线工程的投标

投标人应按照招标文件的具体要求编制投标文件，做出实质性的响应。工程投标的组织工作应由专门的机构和人员负责，包括项目负责人以及管理、技术、施工等方面的专业人员。对投标人来说，应充分体现出技术、经验、实力和信誉等方面的组织管理水平。对于较大的和技术复杂的工程可以由几家工程公司联合承包，体现强强联合的优势。

1) 需求分析和现场考察

这是投标前的一项重要准备工作。在现场考察前，应对招标文件中所提出的范围、条款、建筑设计图纸和说明认真阅读、仔细研究。

(1) 用户需求分析的基本要求：

· 准确掌握用户信息点的需求状况；

· 以近期需求为主，适当结合今后发展需要；

· 必须对各种信息终端统筹兼顾、全面预测。

(2) 用户需求分析的主要内容：

· 用户信息点的种类；

· 用户信息点的数量；

· 用户信息点的分布情况；

· 原有系统的应用及分布情况；

· 设备间的位置；

· 进行综合布线施工的建筑物的建筑平面图以及相关管线分布图；

· 调查施工环境。

2) 工程方案设计

综合布线工程方案的设计主要遵循以下流程：

(1) 综合布线系统结构设计；

(2) 综合布线产品选型；

(3) 建筑物内部综合布线系统的设计；

(4) 建筑群子系统的设计；

(5) 管槽系统的设计；

(6) 综合布线系统接地与防雷工程的设计；

(7) 综合布线系统设备及材料预算。

3) 编写投标文件

投标文件是投标的主要依据，通常包括以下内容：

· 投标函；

- 投标方资格、资信证明文件；
- 投标项目方案及说明；
- 投标设备数量价目表；
- 招标文件中规定应提交的其他资料，或投标方认为需加以说明的其他内容；
- 投标保证金，其金额为投标设备总金额的 2%。投标保证金为保函或汇票时，出具银行须经招标机构认可。

4) 方案说明和答辩

为了解答投标单位对招标文件及现场考察的各种疑问，招标单位组织召开方案说明会。在方案说明会上，由招标单位技术负责人就投标单位的各种问题进行解答。

(1) 参加方案说明会的人员及职责。参加方案说明会人员主要由招标单位和投标单位的代表组成。招标单位参加会议的人员有单位的工程项目负责人、技术负责人、采购部门负责人、招标管理机构代表。工程项目负责人是会议的主持人，负有组织会议的责任，并着重说明工程项目的概况。技术负责人的主要职责是说明招标文件的技术文档，并对投标单位代表提出的各种技术问题进行解答。采购部门负责人参加会议的目的是了解整个项目的运作过程。招标管理机构代表参加会议的目的是了解工程项目的状况并起到监督的作用。

(2) 召开方案说明会的程序。

① 召开方案说明会前 7 天，向参加会议的投标单位和招标管理机构发出邀请函；

② 召开会议前一天，要安排好会议的接待工作；

③ 召开会议前，请参加会议人员在签到表上登记通讯信息，以便以后联系；

④ 由招标单位的工程项目负责人主持会议，介绍参加会议的人员；

⑤ 由招标单位的工程项目负责人说明工程项目的概况；

⑥ 由招标单位的技术负责人说明工程项目的技术要点；

⑦ 自由提问和答辩，由投标单位就工程项目的疑问进行提问，由招标单位相应负责人员来解答；

⑧ 会议结束前，由招标单位的工程项目负责人进行会议总结。

【任务实施】

❖ 操作 1　分析企业网络综合布线工程的基本流程

考察校园网或企业网综合布线工程案例，查阅该网络综合布线系统的相关文档，分析该网络综合布线工程的基本流程。

❖ 操作 2　阅读综合布线工程招标文件

请认真阅读综合布线工程招标文件样例，了解综合布线工程招标文件的基本结构和书写方法。

××单位办公楼综合布线工程招标文件

××单位办公楼位于××市××路，为加快工程建设速度，确保工程质量，保护承、发包双方的合法权益，本工程采取招标的形式择优确定中标人(即合同中的承包人)。现将有关事宜说明如下。

一、综合说明

项目名称：××单位办公楼综合布线工程

工程地点：××市××路××号

招标单位：××单位

承包方式：包工包料

投标价格：投标单价、总价以及报价汇总表中的价格应包括施工设备、劳务、管理、材料、安装、维护、保险、利润、税金、政策性文件规定及合同包含的风险等所有费用。

投标截止日期：××××年××月××日

开标时间：另行通知

开标地点：××市××路××号招标方会议室

中标通知：以书面形式向中标单位发出中标通知书，中标通知将作为工程合同的一部分。

投标文件要求：投标文件应按要求包封。包封上应注明工程名称、投标单位名称，正面及封口处加盖法人单位公章和法定代表人印鉴。投标文件分为技术部分和商务部分，投标截止以后，投标单位不能撤回投标文件，否则其投标保证金将被没收。

招标联系人：×××，×××

联系电话／传真：××××-×××××××

二、投标人须知

1. 项目概况

××单位办公楼位于××市××路，是一幢带有停车场的办公综合楼，建筑面积23745.24 平方米，地下 2 层，地上 6 层，局部 7 层，建筑高度 23.10 米。地下 2 层至地上 1 层为停车场，2 层以上为办公用房。

本项目的主要内容是针对建筑物地上部分建立一套先进、完善的综合布线系统，主要设备包括铜缆、光缆、桥架、管道、配线架、信息插座等。系统功能主要以满足计算机网络通信、语音通信、各弱电系统的联网通信及网络视频传输为主，不包含各智能子系统(如监控报警系统、会议系统、一卡通系统)本身所需的布线；各智能子系统的布线用专用电缆敷设。招标方将根据各投标方所报的技术方案、系统造价和工程实施能力进行综合评定，确定本项目的总承包商。

2. 投标资格、费用和现场考察

(1) 参加投标企业的资格必须经过招标方的资格审查，在未决标前，招标方可随时要求投标方提供有关资格预审材料。

(2) 投标方必须是合法的注册公司，具有相关行政管理部门颁发的综合布线、网络系统设计施工资质，并通过 ISO 9001 质量认证，具有承担国内外相当规模建筑工程综合布线系统的业绩和经验，且无不良记录。参与本工程的项目管理人员必须持有上岗证书。

(3) 招标方对投标方在其标书准备与递交过程所发生的全部费用不负任何责任，无论投标结果如何。

(4) 投标方在招标方的允许和安排下，可组织技术人员进入施工现场进行现场勘查和资料收集，期间发生的费用和在现场造成的一切事故和损失，都由投标方承担。

(5) 投标方阅读图纸后，无论是否到现场考察，在本工程的投标行为中均视为投标方对图纸和现场已有充分的理解。

3. 招标内容

(1) 本项目的招标内容为：综合布线系统产品及设备供应技术方案、工程实施方案和相应的技术服务。

(2) 承包商对整个工程负责，其主要责任为：系统方案及施工图纸设计、产品及设备供应、设备安装调试督导、工程监理、系统验收、人员培训、售后服务等。

4. 付款方式

合同签订后付合同价款的 20% 作为预付款；货到工地验收合格后付至 60%；工程安装完毕且验收合格付至 80%；结算审计后，付至总造价的 90%；验收后一年内若无质量问题付清全部工程款。

5. 投标书的编制

(1) 投标书应由企业法人或法人委托授权人签名并加盖公章，否则投标无效。

(2) 投标书应包括技术标文件和商务标文件两部分。

(3) 技术标文件应包括：系统设计方案、工程实施方案、设备清单、设计图纸、产品样本及产品质量证书等。

(4) 商务标文件应包括：投标说明、投标企业营业执照副本(复印件)、法人委托书、产品代理书、供货商支持函(直接供货厂商可不需要)、各类资质证书、工程业绩表、公司简介、投标单价、投标总价、辅助资料表等。

(5) 投标方要在认真阅读和分析招标方要求的基础上，进行深入、细致的方案设计和系统配置工作，在技术标文件中必须对本标书所提出的各项技术要求做出明确的答复。

(6) 投标方应根据工程的要求做出详细的工程实施方案，包括二次设计、施工组织、施工进度计划、设备采购、工程施工、工程监理、调试验收等，并说明技术培训、售后服务、系统维护范围和有关承诺。

6. 投标书的递交

(1) 投标方应将技术标文件和商务标文件分别注明并封入文件袋中，封条加盖单位公章。

(2) 投标文件所用的文件袋应封套，并注明以下内容：

· 项目名称：××单位办公楼综合布线工程；

· 投标方名称、地址、电话、传真、项目负责人姓名和联系方式。

(3) 投标方应提交投标文件正本 1 套、副本 3 套，报价资料应由投标方法人或法人委托授权人签署并加盖公章。投标文件要求由激光打印机输出，签字一律使用黑色墨水书写。

(4) 有下列情况之一者，其投标书一律无效：

· 投标书未加盖公章；

· 投标书无企业法人或法人委托授权人签字或印章；

· 投标书不符合招标文件的要求或内容不全；或字迹模糊不清，难以辨认；

· 未提供招标文件所要求的相关文件。

(5) 投标文件在评标结束后不再退还给投标方。

(6) 投标方须对招标方提供的招标文件等信息严加保密，不得向其他投标方或单位个人泄露，更不允许相互串通投标价和采取不正当手段竞争。若有以上行为，招标方一经证实，投标方的标书将不予考虑。

7. 招标文件的解释

(1) 投标方如有疑问，可以通过信函、电子邮件、传真的形式向招标方询问，招标方将以书面形式尽快给予答复。

(2) 招标方对招标文件的补充或解释将作为招标文件的一部分，交给所有投标方。

(3) 招标方有权随时对招标文件的内容进行修改或变更，无需解释。

8. 评标和决标

(1) 评标和决标将根据投标方的资质、系统设计方案、系统报价、工程经验和业绩、产品和设备的先进性和可靠性、企业信誉、工程实施能力、资金状况、售后服务等情况进行综合考虑，客观、公正的选择中标单位。

(2) 招标方没有义务解释选择或否决任何投标方的原因。

9. 中标通知与合同签订

(1) 招标方将以书面形式通知中标单位，中标通知书将作为合同的组成部分。中标方收到中标通知书 7 日内，应由企业法人或法人委托授权人到招标方办公地点办理中标确认手续。如果在 7 日内未办理有关手续，则视为放弃中标。

(2) 招标方将以书面形式通知未中标单位，对未中标单位不承担任何责任，无需作任何解释，不提供任何经济补偿。

10. 特别说明

(1) 承包商必须承诺：所用系统和设备的先进性、可靠性、开放性、可扩展性，最大限度的保护业主的投资，保证系统建成后不落后。

(2) 投标方所提供的系统设计方案和所选择的产品、设备必须符合国家有关规范和招标文件的要求，并在技术方案中明确应答。

(3) 投标方所提供的产品和设备应为生产厂商的先进产品，满足本招标文件的全部要求，质量优良，并有实际工程的应用实例。

(4) 投标方若为产品代理商，而非直接厂商，则必须获得生产厂商的技术支持和产品代理授权，以确保系统的调试、开通。

(5) 对以上特殊说明，投标方需认真对待，并以书面形式郑重承诺。

三、设计功能和技术要求

1. 总体要求

(1) 本项目的目标在于建立一套先进、完善的布线系统，既能满足现在的需要，又能考虑到将来的发展的需要，使系统达到配置灵活、易于管理、易于维护、易于扩充的目的。

(2) 各投标方所提供的方案应包括系统设计方案和工程实施方案，必须满足分步实施、分阶段调试、开通和使用的原则。

(3) 系统方案设计必须严格遵守国家相关技术规范、标准和地方法规，并符合本招标文件的要求。主要技术规范有：

• 《Commercial Building Telecommunication Wiring Standard》(EIA/TIA 568-91)

- 《Generic Cabling for Customer Premises Cabling》(ISO 11801)
- 《综合布线系统工程设计规范》(GB/T 50311—2007)
- 《综合布线系统工程验收规范》(GB/T 50312—2007)
- 《电子计算机场地通用规范》(GB/T 2887—2000);
- 《电子信息系统机房设计规范》(GB 50174—2008);
- 《电子信息系统机房施工及验收规范》(GB 50462—2008);

(4) 本建筑工程的竣工日期为××××年××月××日,综合布线系统要求××××年××月××日交付使用。投标方在编制工程实施计划和施工进度计划时应特别注意。

2. 系统性能基本要求

(1) 先进性与前瞻性。系统设计应采用先进的概念、技术、方法和产品,产品必须代表当前国际先进水平,技术上能长期主导同类产品的发展潮流。

(2) 成熟性和实用性。采用成熟的技术,产品应有成功范例。能适应现在和将来的发展,满足楼宇的实际需要。

(3) 灵活性和扩展性。采用模块化结构,具有灵活、通用的特点,在系统修改和设备移位时,不必更换布线,仅在管理系统中的配线架上就可以解决。当光纤系统进行路由修改,或者光纤芯数或光纤种类升级时,需保证用户的现有投资不被浪费,可在不中断系统工作的情况下进行变更和扩展。投标方在方案中需提出具体的实施方案。

(4) 标准化与开放性。布线系统方案应符合 EIA/TIA-568A、EIA/TIA-569A、ISO 11801、EN 50173 等国际标准和相关的国家标准。系统不仅传输话音、数据和图像,还能兼容不同厂家的系统和设备。

(5) 可靠性与安全性。系统产品具有良好的防火、阻燃特性,所有线缆护套均采用低烟无卤型材料。

(6) 综合性与全面性。布线系统应选择同一厂商的产品,避免出现连接设备配套问题。系统设计应长远规划、分步设计,在数据布点中预留足够的光纤通道,以满足将来技术发展的要求。

(7) 易维护和易管理性。系统应操作维护简单,管理方便。

(8) 实用性与综合性。布线系统应采用分层星型结构,适应网络的要求,主干采用千兆位以太网,用户接入采用 100 Mb/s 快速以太网和星型拓扑结构。

3. 系统组成

系统组成应包含实现整个系统工程所需的工作区子系统、水平干线子系统、管理间子系统、垂直干线子系统、设备间子系统、建筑群子系统全系列布线产品(包括各种双绞线、光缆、配线架、模块、面板、插座、插头和用于产品本体安装的配套施工安装器材、19 英寸标准机柜等)。系统组成的基本要求如下:

- 支持数据、语音和图像传输应用;
- 布线等级按照综合型进行设计;
- 每个工作区有两个或两个以上的信息插座;
- 每个信息插座有独立的 4 对 UTP(Unshield Twisted Pair 非屏蔽双绞线)配线;
- 采用插接式交接硬件;
- 使用光缆和铜芯电缆混合布线的方式;

- 布线系统要有易于安装、维护的明显识别标志；
- 工作区的布点原则是：每 10 m² 设置 1 个以上工作区，同时考虑实际办公需要。

(1) 传输介质。数据主干采用多模光纤，话音主干采用 3 类大对数 UTP；水平配线均采用超 5 类 UTP，传输速率满足系统性能指标要求。

(2) 配线设备。话音主干配线架采用标准 19 英寸机柜式电信 RJ-45 接口电缆配线架；数据主干配线架采用标准 19 英寸机柜式光缆配线架；水平配线架采用标准 19 英寸机柜式 RJ-45 接口标准铜缆模块化配线架；连接设备采用插接式交接硬件；交叉连接线及设备连接线都必须满足超 5 类 UTP 特性；采用 ST 连接板和 ST 耦合器进行光纤互连及交接；跳线电缆均需使用原厂商成品跳线，不得现场制作。

(3) 信息插座。采用 RJ-45 标准的超 5 类模块化信息插座，按建筑物要求分别采用埋入型、表面贴装型、地板型(线槽型)和通用型。

(4) 系统结构。采用多模光纤作为数据主干，采用 3 类大对数 UTP 作为话音主干，采用超 5 类 UTP 进行水平配线。

4. 性能指标

(1) 所有铜缆产品(除话音主干采用 3 类大对数线缆外)需满足 1000 Mb/s 的传输速率要求；所有光纤产品需要满足现在的 1000 Mb/s 的传输速率要求，同时通过预留光纤通道，可升级支持 10 000 Mb/s 或未来网络传输速率的要求。

(2) 连接设备间光纤配线架至各电信间光纤配线架的多模光纤的传输速率至少为 1000 Mb/s。

(3) 连接设备间的电缆配线架至各电信间电缆配线架的 3 类大对数 UTP 话音主干线缆的传输速率至少为 100 Mb/s。

(4) 连接各个电信间的电缆配线架至工作区信息终端采用超 5 类 UTP，其传输速率至少为 1000 Mb/s。

(5) 投标方需在设计方案中明确说明。

5. 布线方案

1) 工作区

(1) 对于 UTP 信息插座，采用 ISO 11801 或 EIA/TIA 568-B 标准的超 5 类模块式 RJ-45 插座；光纤信息插座采用 ST 型。

(2) 铜缆信息插座需带有永久性防尘门，国标 86 型；光纤信息插座需选用斜 45° 或可旋转型国标 86 型面板或者采用美标长方形面板。

(3) 选择布线产品时，适配器型号必须齐全，以免造成不配套、不兼容的状况。

2) 配线子系统

(1) 配线子系统是楼层平面的信息传输介质，以使用超 5 类 UTP 为主，也可以根据实际需求敷设多模光纤光缆。

(2) 铜缆产品必须满足超 5 类的传输性能要求，支持千兆位以太网。

(3) 水平布点中 20% 的数据信息点需预留光纤通道，投标方可暂时按照每 8 个工作区预留 1 条光纤通道考虑。

(4) 水平最长线缆不应超过 90 m，插接件应采用超 5 类。

(5) 要求至少达到以下基本参数标准：

- 衰减：超 5 类 UTP，传输频率为 100 MHz 时，小于 24 dB；
- 近端串扰(NEXT)：超 5 类 UTP，传输频率为 100 MHz 时，大于 30.1 dB；
- 衰减串扰比：超 5 类 UTP，传输频率为 100 MHz 时，大于 6.1 dB；
- 回波损耗：超 5 类 UTP，传输频率为 100 MHz 时，大于 10 dB；
- 光缆线路的平均衰减应小于 2 dB/km。

(6) 水平布线可以采用地面线槽方式，也可以利用吊顶空间。应注意电磁干扰的距离，若有影响，应提出解决方案。

(7) 在大开间写字间区，应考虑合适的走线解决方案。

(8) 实施中可根据用户需求和建筑物实际情况确定敷设方案。

(9) 若需要在建筑物开孔等施工，在线槽铺设完毕后要按原样恢复。

3) 干线子系统

(1) 数据主干采用 6 芯 62.5/125 μm 多模光缆，并预留光纤通道；话音主干采用 3 类大对数 UTP，根据所需话音端口数量敷设，应留有 10%～20% 余量。

(2) 光纤链路的衰减小于 2.0 dB，光纤接头(熔接、机械连接)衰减小于 0.3 dB，光纤连接距离不超过 2 km。3 类大对数 UTP 线缆应符合带宽 100 MHz，近端串扰大于 27.1 dB，衰减小于 24 dB，衰减串扰比大于 3.1 dB，回波损耗大于 8 dB。

(3) 主干光缆预留通道应能方便敷设光缆或实现光缆升级(芯数或种类)。

(4) 主干线缆应有长度限制。长度超出标准时，应有解决方案。

4) 电信间

- 电信间需设置到每层楼的弱电井配线间内。
- 连接模块使用超 5 类 RJ-45 类型。
- 采用 19 英寸标准机柜，快接式跳线。
- 电信间要求提出消防、接地、电源、照明等方案。
- 为网络设备留出空间。
- 光纤配线架使用 ST 连接模块，与其他子系统保持一致。

5) 设备间

- 设备间子系统设置于 1 层的相应配线间内。
- 对综合布线室和网络中心应提出机房设计要求，包括接地、荷载、温度、湿度、通风、防火、电源等方面。
- 提出网络设备(交换机、路由器、服务器等)的设置方案。

6) 建筑群子系统

建筑群子系统应考虑综合楼与本单位原有办公楼之间的数据线路连接，考虑与广域网的连接。

7) 进线间

引入线缆可选择光缆或铜缆，需要有详细的连接方案。

8) 管理

应提供详细的管理方案。

6. 实施方案

投标方应根据本项目的具体情况制定工程实施方案。工程实施方案应包括以下内容：

(1) 完全满足本标书的要求，充分反映投标方在工程实施、工程管理和开通运行等各方面的能力。

(2) 工程实施方案应按照技术一流、分步实施的原则进行。

(3) 二次设计的组织能力。

(4) 施工组织设计。

(5) 工程实施计划和施工进度计划。

(6) 工程管理组织机构设计(包括人员名单和所持上岗证书)及工程管理方案(包括分包管理)。

(7) 系统调试方案。

(8) 系统质量保证、培训服务及售后服务方案。

思考与练习 1

1. 什么是综合布线系统?
2. 目前我国综合布线系统的国家标准有哪些?
3. 综合布线系统主要由哪几部分组成?
4. 简述综合布线系统的拓扑结构与计算机网络拓扑结构之间的关系。
5. 简述综合布线工程的基本流程。
6. 综合布线工程招标有哪些方式?

工作单元2　认识综合布线工程产品

在综合布线工程的招标文件中，招标方对系统中所采用的各种设备部件的类型和性能指标有着明确的要求，要想获得该工程，必须满足其产品需求。另外，目前市场上有大量的综合布线产品供应商，不同厂商提供的产品各有特点。本工作单元的目标是认识综合布线工程中所使用的传输介质、连接器件和布线器材，熟悉国内外主要综合布线系统产品，了解综合布线工程产品选型的一般方法。

任务 2.1　认识综合布线工程中使用的传输介质

【任务目的】

(1) 熟悉双绞线电缆的结构和分类；
(2) 熟悉光纤和光缆的结构和分类；
(3) 理解在综合布线工程中选用传输介质的一般方法。

【工作环境与条件】

(1) 校园网综合布线工程案例及相关文档；
(2) 企业网综合布线工程案例及相关文档；
(3) 能够接入 Internet 的 PC；
(4) 常用的双绞线电缆和光缆产品。

【相关知识】

计算机连网时，首先遇到的是通信线路和通道传输问题。目前，计算机通信分为有线通信和无线通信两种。有线通信是主要利用双绞线和光缆充当传输介质，无线通信则主要采用无线电波作为传输介质。

2.1.1　双绞线电缆

1. 双绞线的结构

双绞线一般由两根遵循美国线规(American Wire Gauge，AWG)标准的绝缘铜导线相互缠绕而成。把两根绝缘的铜导线按一定密度绞在一起，可以降低信号干扰的程度，每一根导线在传输中辐射的电波会被另一根线上发出的电波抵消。实际使用时，通常会把多对双绞线包在一个绝缘套管里，用于网络传输的典型双绞线是 4 对的，也可将更多对双绞线放在一个电缆套管里的，这些我们称之为双绞线电缆。在双绞线电缆内，不同线对具有不同的扭绞长度，一般情况下，扭绞得越密，其抗干扰能力就越强。根据双绞线电缆中是否具有金属屏蔽层，可以分为非屏蔽双绞线电缆与屏蔽双绞线电缆两大类。

1) 非屏蔽双绞线

非屏蔽双绞线电缆(UTP)没有金属屏蔽层，其典型结构如图 2-1 所示。它在绝缘套管中封装了一对或一对以上双绞线，每对双绞线按一定密度绞在一起，从而提高了抵抗系统本身电子噪声和电磁干扰的能力，但它不能抵抗周围的电磁干扰。

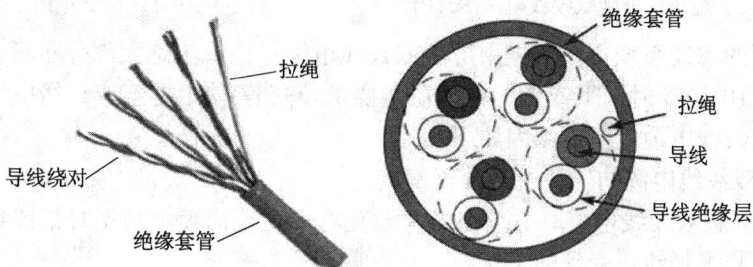

图 2-1　非屏蔽双绞线的结构

UTP 电缆的结构简单，重量轻，容易弯曲，安装容易，占用空间少。但由于不像其他电缆具有较强的中心导线或屏蔽层，UTP 电缆导线相对较细(22～24AWG)，在电缆弯曲的情况下，很难避免线对的分开或打褶，从而导致性能降低，因此在安装时必须注意细节。在北美及我国计算机网络布线中，如没有特殊要求，会优先考虑选用 UTP 电缆，UTP 电缆也用于电话布线等其他网络布线中。

2) 屏蔽双绞线

随着电气设备和电子设备的大量应用，通信线路受到越来越多的电磁干扰，这些干扰可能来自动力电缆、发动机，或者大功率无线电和雷达信号之类的各种信号源，这些干扰会在通信线路中形成噪声，从而降低传输性能。另一方面，通信线路中的信号能量辐射也会对邻近的电子设备和电缆产生电磁干扰。在双绞线电缆中增加屏蔽层的目的就是为了提高电缆的物理性能和电气性能。电缆屏蔽层主要由金属箔、金属丝或金属网几种材料构成。屏蔽双绞线电缆主要有以下几种类型：

(1) 金属箔屏蔽双绞线电缆(ScTP)：ScTP 电缆只有单一的金属箔屏蔽层，用来保护所有的线对，如图 2-2 所示。由于没有额外的屏蔽层，所以 ScTP 电缆的价格比较低廉，而且重量较轻，直径较小，更容易接地。

(2) 100 Ω STP 电缆：100 Ω STP 电缆具有单独包裹于屏蔽层中的线对，所有线对再被包裹到另一个屏蔽层中。100 Ω STP 电缆主要用于以太网中，像 UTP 电缆一样具有 100 Ω 的特性阻抗，如图 2-3 所示。

(3) 150 Ω STP 电缆：150 Ω STP 电缆由 IBM 公司引入，与 IEEE 802.5 令牌环网络体系结构相关，特性阻抗为 150 Ω，它的屏蔽层需要两端接地，电缆的重量较大，成本较高。

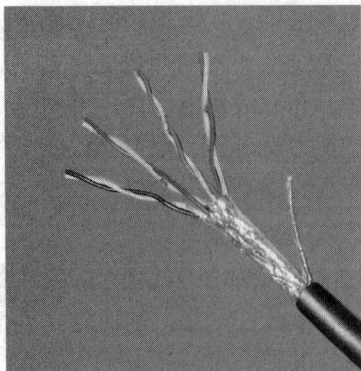

图 2-2　金属箔屏蔽双绞线电缆(ScTP)　　　图 2-3　100 Ω STP 电缆

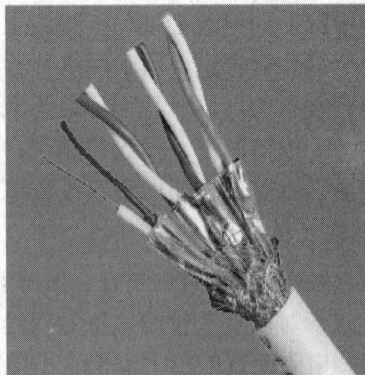

目前欧洲的布线系统更多地采用屏蔽双绞线电缆，在我国绝大部分布线系统中，除了在特殊场合(如电磁辐射严重或者对传输质量要求较高等)使用屏蔽双绞线电缆外，一般都采用非屏蔽双绞线电缆。主要原因如下：

(1) 屏蔽双绞线电缆的屏蔽层必须正确接地。

(2) 安装屏蔽双绞线电缆时必须小心，避免弯曲电缆而使屏蔽层打褶或切断，如果屏蔽层被破坏，将增加线对受到的干扰。

(3) 由于屏蔽层的存在，屏蔽双绞线电缆的价格高于非屏蔽双绞线电缆。

(4) 屏蔽双绞线电缆的柔软性较差，比较难以安装。

(5) 对每根电缆进行接地都需要时间，同时接线板、网络设备等也需要接地，增加了人工成本。

3) 其他双绞线结构

计算机网络布线中使用的双绞线电缆多为 4 线对电缆，还有其他结构的双绞线电缆。大对数双绞线电缆一般为 25 线对或更多成束线对(如 50、75、100、150、200、300、400、600、900、1200、1500、1800、2100、2400、2700、3000、3600 以及 7200 线对)的电缆结构，从外观上看，是直径很大的单根线缆。大多数情况下布置超过 900 线对的电缆相当麻烦，通常会用光纤代替。目前最常见的大对数双绞线电缆是 25 线对，通常用于话音布线的主干，其结构如图 2-4 所示。

图 2-4　5 类 25 对非屏蔽软线

2. 双绞线的颜色编码

双绞线电缆中的每一对双绞线都使用不同颜色加以区分，这些颜色构成标准的编码，利用这些编码，人们很容易识别每一根线。

1) 4 线对双绞线的颜色编码

典型的 4 线对双绞线电缆的 4 线对具有不同的颜色标记，分别是橙色、绿色、蓝色和棕色。由于每个线对都有两根导线，所以通常每个线对中的一根导线的颜色为线对颜色加白色条纹，另一根导线的颜色是白色底色加线对颜色的条纹，即双绞线线对的颜色都是互补的。具体的颜色编码方案如表 2-1 所示。

表 2-1   4 对双绞线电缆颜色编码

线对	颜色编码	简写
线对 1	白-蓝	W-BL
	蓝	BL
线对 2	白-橙	W-O
	橙	O
线对 3	白-绿	W-G
	绿	G
线对 4	白-棕	W-BR
	棕	BR

安装人员可以通过颜色编码来区分每根导线，ANSI/EIA/TIA 标准描述了两种端接 4 线对双绞线电缆时每种颜色的导线安排，分别为 T568A 标准和 T568B 标准，如图 2-5 所示，从而可以很有逻辑地将导线接入相应的设备中。由图可知，这两种模式除了橙色对和绿色对在端接顺序上相反外，其他都相同。在大多数情况下，任何一种接线模式都可以成为综合布线工程的选择，但必须确保在同一个工程项目中，所有的端接采用相同的接线模式。在某些场合，可能需要制作交叉跳线，此时需要在一端采用 T568B 标准接线，另一端采用 T568A 标准接线。

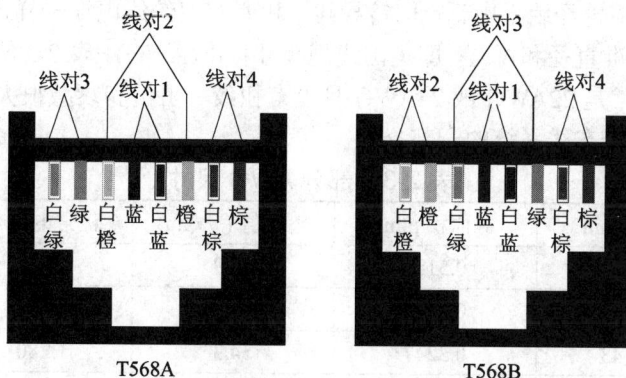

图 2-5   T568A 和 T568B 标准接线模式

2) 大对数双绞线的颜色编码

和 4 线对双绞线电缆一样，大对数双绞线电缆中的每个线对也有不同的颜色编码，安装人员可以通过电缆的颜色编码来区分每根导线。表 2-2 给出了 5 类 25 对双绞线电缆的颜色编码。

表 2-2　5 类 25 对双绞线电缆的颜色编码

线对	颜色编码	线对	色颜色编码
1	白/蓝　蓝/白	14	黑/棕　棕/黑
2	白/橙　橙/白	15	黑/灰　灰/黑
3	白/绿　绿/白	16	黄/蓝　蓝/黄
4	白/棕　棕/白	17	黄/棕　棕/黄
5	白/灰　灰/白	18	黄/绿　绿/黄
6	红/蓝　蓝/红	19	黄/棕　棕/黄
7	红/橙　橙/红	20	黄/灰　灰/黄
8	红/绿　绿/红	21	紫/蓝　蓝/紫
9	红/棕　棕/红	22	紫/橙　橙/紫
10	红/灰　灰/红	23	紫/绿　绿/紫
11	黑/蓝　蓝/黑	24	紫/棕　棕/紫
12	黑/橙　橙/黑	25	紫/灰　灰/紫
13	黑/绿　绿/黑		

3. 双绞线的电缆等级

随着网络技术的发展和应用需求的提高，双绞线电缆的质量也得到了发展与提高。从 20 世纪 90 年代初开始，美国电子工业协会(EIA)和电信工业协会(TIA)不断推出双绞线电缆各个级别的工业标准，以满足日益增加的速度和带宽要求。类(category)是用来区分双绞线电缆等级的术语，不同的等级对双绞线电缆中的导线数目、导线扭绞数量以及能够达到的数据传输速率等具有不同的要求。

1) 1 类双绞线电缆

1 类双绞线电缆曾经用于电话、门铃导线，和所有双绞线电缆一样，1 类双绞线电缆中的导体必须遵循标准直径和规范，即美国线规尺寸标准(AWG)。表 2-3 给出了部分 AWG 尺寸。1 类双绞线通常是 22AWG 或 24AWG 且没有扭绞，阻抗和衰减很大，因此不用于数据传输，不是现代综合布线系统的一部分。

表 2-3　部分 AWG 尺寸

AWG	外径/mm	截面积/mm²	电阻值/(Ω/km)	正常电流/A	最大电流/A
20	0.813	0.5189	33.9	2.0	2.3
21	0.724	0.4116	42.7	1.6	1.9
22	0.643	0.3247	54.3	1.280	1.460
23	0.574	0.2588	48.5	1.022	1.165
24	0.511	0.2047	89.4	0.808	0.921
25	0.44	0.1624	79.6	0.641	0.734
26	0.404	0.1281	143	0.506	0.577

2) 2 类双绞线电缆

2 类双绞线电缆主要用于 IBM 令牌环网的布线系统，最高数据传输率为 4 Mb/s，使用 22AWG 或 24AWG 实心双绞线，目前也不再使用。

3) 3 类双绞线电缆

3 类双绞线电缆是使用 24AWG 导线的 100 Ω 电缆，带宽为 16 MHz，传输速率可达 10 Mb/s。它被认为是安装 10Base-T 以太网可以接受的最低配置电缆，但现在已不再推荐使用。3 类双绞线电缆在电话布线系统中仍有一定程度的使用。

4) 4 类双绞线电缆

4 类双绞线电缆用来支持 16 Mb/s 的令牌环网，使用 24AWG 导线，阻抗 100 Ω，测试通过带宽为 20 MHz，传输速率达 16 Mb/s。

5) 5 类双绞线电缆

5 类双绞线电缆用于快速以太网，使用 24AWG 导线，阻抗 100 Ω，最初指定带宽为 100 MHz，传输速率达 100 Mb/s。在一定条件下，5 类双绞线电缆可以用于 1000Base-T 网络，但要达到此目的，必须在电缆中同时使用多对线对以分摊数据流。5 类双绞线电缆仍广泛使用于电话、保安、自动控制等网络中，但在计算机网络布线中已失去市场。

6) 超 5 类双绞线电缆(5e)

超 5 类双绞线电缆的传输带宽为 100 MHz，传输速率可达到 100 Mb/s。与 5 类电缆相比，具有更多的扭绞数目，可以更好的抵抗来自外部和电缆内部其他导线的干扰，从而提升了性能，在近端串扰、相邻线对综合近端串扰、衰减和衰减串扰比 4 个主要指标上都有了较大的改进。因此超 5 类双绞线电缆具有更好的传输性能，更适合支持 1000Base-T 网络，是计算机网络布线常用的传输介质。

7) 6 类双绞线电缆

6 类双绞线电缆主要应用于百兆位快速以太网和千兆位以太网中，多采用 23AWG 导线，传输带宽为 200～250 MHz，是超 5 类电缆带宽的 2 倍，最大传输速率可达到 1000 Mb/s，能满足千兆位以太网的需求。6 类双绞线电缆改善了在串扰以及损耗方面的性能，更适合用于全双工的高速千兆网络，是综合布线系统常用的传输介质。

8) 超 6 类双绞线电缆(6A)

超 6 类双绞线电缆主要应用于千兆位以太网中，传输带宽是 500 MHz，最大传输速度为 1000 Mb/s。与 6 类电缆相比，超 6 类双绞线电缆在串扰、衰减等方面有较大改善。

9) 7 类双绞线电缆

7 类双绞线电缆是线对屏蔽的 S/FTP 电缆，它有效地抵御了线对之间的串扰，使得在同一根电缆上实现多个应用成为可能，其传输带宽为 600 MHz，是 6 类线的 2 倍以上，传输速率可达 10 Gb/s，主要用来支持万兆位以太网的应用。

《综合布线系统工程设计规范》(GB 50311—2007)中明确规定综合布线铜缆系统的分级与类别划分应符合表 2-4 的要求。

表 2-4　铜缆布线系统的分级与类别

系统分级	支持带宽/Hz	支持应用器件	
		电缆	连接硬件
A	100k		
B	1M		
C	16M	3 类	3 类
D	100M	5/5e 类	5/5e 类
E	250M	6 类	6 类
F	600M	7 类	7 类

4. 双绞线电缆的防火特性

现代化建筑物中存在大量的通信电缆,所以在选择综合布线系统通信电缆的时候,未雨绸缪、防火于未燃是每一个有远见的网络设计者及用户不容忽视的问题。

双绞线电缆的防火主要关注三个问题:电缆燃烧的速度、释放出烟雾的密度和有毒气体的强度。双绞线电缆是否具有防火功能主要取决于最外一层护套的材料,目前国内大多数局域网布线使用的线缆都是聚氯乙烯(PVC)材料。这种材料价格较低,机械性能稳定,但燃点低(允许工作温度为 70℃以下),当温度达到 160℃或更高时,会散发出有毒的卤素,并在燃烧时会释放出大量热量。

在综合布线系统防火线缆的选择上,北美与欧洲存在不同的意见。欧盟国家考虑到环保要求,因而主要使用无卤素、无铅的屏蔽线缆作为电力与通信线缆的选择标准,同时为了减少火灾的危害,欧盟建筑法规规定线缆必须安装在金属套管内。但是,美国国家电气法规(NEC)却明确规定“通信网络必须使用具有含卤素材料的非屏蔽双绞线”。这是因为含卤电缆虽然具有环保缺陷,但卤素本身却具有很强的抗燃性及高燃点,如果电缆根本不着火或很难着火,那就不会引起燃烧,也就不会散发出有毒烟雾。

美国国家电气法规(NEC)描述了不同类型的电缆及其使用的材料,常见的通信电缆有以下几种类型:

· CMP(阻燃通信电缆):通常外层使用特殊的材料如特氟隆(Teflon)进行包裹,具有阻燃,低烟的特性。

· CMR(垂直通信电缆):通常具有聚氯乙烯(PVC)外护层,与 CMP 电缆相比,CMR 电缆是在垂直位置测试其燃烧特性的,测试要求也有所不同。CMP 电缆比 CMR 电缆的级别更高,可以作为 CMR 电缆的替代物。

· CM(通信通用电缆):除阻燃和垂直主干外,是普遍使用的通信电缆,级别最低,使用时可以用其他两种电缆替代。

双绞线电缆防火类型的选择应根据建筑物场地的实际情况如线槽(线管)材料,空调通风系统安装情况,线缆安装方式等因素综合考虑。

(1) 架空地板或吊顶。建筑物架空地板或吊顶内若为 PVC 线槽(线管),且安装了空调通风系统,则在架空地板或吊顶内须采用阻燃级的 CMP 电缆;如果建筑物架空地板或吊顶内采用金属线槽(线管)或防火性 PVC 线槽(线管),可采用任意防火等级的 CM/CMR/CMP 电缆。

(2) 垂直竖井。建筑物垂直竖井内若为 PVC 线槽(线管),垂直竖井内则应采用垂直级

CMR 以上等级的电缆；垂直竖井内若为金属线槽(线管)或阻燃 PVC 线槽(线管)，垂直竖井内则可采用任意防火等级的 CM/CMR/CMP 电缆。

对于有环保需求的建筑物，设计综合布线工程时应选用符合 LSZH(低烟无卤型)电缆，同时应采用具有防火功能的金属线槽(线管)或阻燃 PVC 线槽(线管)。

表 2-5 列出了建筑物采用不同线槽(线管)情况时，可以采用的双绞线电缆。

表 2-5　建筑物采用不同线槽(线管)情况下电缆的选择

商业建筑物内采用 PVC 线槽(线管)情况下电缆的选择	
区域	电缆类型
A(吊顶或地板有空调系统)	CMP
A(吊顶或地板无空调系统)	CMP
B(一般工作区)	CMP/CMR/CM
C(弱电竖井)	CMP/CMR
商业建筑物内采用阻燃 PVC 或金属线槽(线管)情况下电缆的选择	
A(吊顶或地板有空调系统)	CMP/CMR/CM
A(吊顶或地板无空调系统)	CMP/CMR/CM
B(一般工作区)	CMP/CMR/CM
C(弱电竖井)	CMP/CMR/CM

2.1.2　同轴电缆

同轴电缆曾经应用于各种类型的网络，目前更多地应用于有线电视或视频(监控和安全)等网络应用中。

1. 同轴电缆的结构

同轴电缆是根据其构造命名的，铜导体位于核心，外面被一层绝缘体环绕，然后是一层屏蔽层，最外面是外护套，所有这些层都是围绕中心轴(铜导体)构造，因此这种电缆被称为同轴电缆，如图 2-6 所示。

图 2-6　同轴电缆

在一些应用中，同轴电缆仍优于双绞线电缆。首先双绞线电缆的导线尺寸较小，没有包裹在同轴电缆中的铜缆结实，因此同轴电缆可以应用于许多无线电传输领域。另外同轴电缆能传输很宽的频带，从低频到高频，因此特别适合传输宽带信号(如有线电视系统、模拟录像等)。同轴电缆也有固有的缺点，虽然屏蔽层使信号在同轴电缆中传输时几乎不受外界的干扰，但安装时屏蔽层必须正确接地，否则会造成更大的干扰。另外一些同轴电缆的直径较大，会占用很大的空间。更重要的是同轴电缆支持的数据传输速度只有 10 Mb/s，无法满足目前局域网的传输速度要求，所以在计算机局域网布线中，已不再使用同轴电缆。

2. 同轴电缆的分类

(1) 50 Ω 同轴电缆，也称做基带同轴电缆，特性阻抗为 50 Ω，其型号主要是 RG-8、RG-11、RG-58 或 58 系列，主要用于无线电和计算机局域网络。曾经广泛应用于传统以太网的粗缆(RG-8 或 RG-11)和细缆(RG-58)就属于基带同轴电缆。

(2) 75 Ω 同轴电缆，也称做宽带同轴电缆，特性阻抗为 75 Ω，其型号主要是 RG-6 或 6 系列、RG-59 或 59 系列，主要用于视频传输，其屏蔽层通常是用铝冲压而成。

(3) 93 Ω 同轴电缆，特性阻抗为 93 Ω，其型号主要是 RG-62，主要用于 ARCnet。

2.1.3　光纤与光缆

光纤是一种用于传输光束的细而柔韧的媒质。光缆由一捆光纤组成，与铜缆相比，光缆本身不需要电，虽然在建设初期所需的连接器、工具和人工成本很高，但其不受电磁干扰的影响，具有更高的数据传输速率和更远的传输距离，并且不用考虑接地问题，对各种环境因素具有更强的抵抗力。这些特点使得光缆在某些应用中更具吸引力，成为目前综合布线系统中常用的传输介质之一。

1. 光纤通信系统

1) 光纤的结构

计算机网络中的光纤主要是采用石英玻璃制成的，横截面积较小的双层同心圆柱体。裸光纤由光纤芯、包层和涂覆层组成，折射率高的中心部分叫做光纤芯，折射率低的外围部分叫包层。光以不同的角度送入光纤芯，在包层和光纤芯的界面发生反射，进行远距离传输。包层的外面涂覆了一层很薄的涂覆层，涂覆材料为硅酮树脂或聚氨基甲酸乙酯，涂覆层外面有套塑(或称二次涂覆)，套塑的原料大都采用尼龙、聚乙烯或聚丙烯等塑料，光纤的结构如图 2-7 所示。

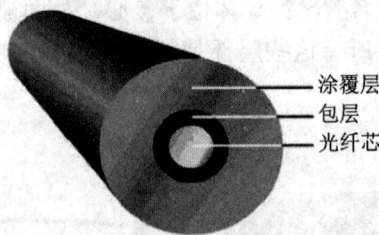

涂覆层
包层
光纤芯

图 2-7　光纤的结构

2) 光纤通信系统的组成

光纤通信系统是以光波为载体、以光纤为传输介质的通信方式。光纤通信系统的组成如图 2-8 所示。

光发送机　　光接收机　　　光纤　　　光接收机　　光发送机

图 2-8　光纤通信系统的组成

① 光纤：传输光波的导体。光信号在光纤中只能沿着一个方向传输，所以全双工系统

应采用两根光纤。

② 光发送机：主要功能是产生光束，将电信号转换为光信号，再把光信号导入光纤。目前主要使用两种光源：发光二极管(LED)和半导体激光二极管(ILD)，它们有着不同的特性，如表 2-6 所示。

表 2-6　发光二极管和半导体激光二极管的特性比较

项目	发光二极管	半导体激光二极管
数据速率	低	高
模式	多模	单模或多模
距离	短	长
生命期	长	短
温度敏感性	较小	较敏感
造价	低造价	昂贵

③ 光接收机：主要功能是负责接收光纤上传输的光信号，并将其转换为电信号，经过解码后再作相应处理。光接收机可以由光电二极管构成，在遇到光时，给出一个电脉冲。

光发送机和光接收机可以是分离的单元，也可以使用一种叫做收发器的设备，它能够同时执行光发送机和光接收机的功能。

3) 光纤通信系统的特点

与铜缆相比，光纤通信系统的主要优点有：

- 传输频带宽，通信容量大；
- 线路损耗低，传输距离远；
- 抗干扰能力强，应用范围广；
- 线径细，重量轻；
- 抗化学腐蚀能力强；
- 制造资源丰富。

与铜缆相比，光纤通信系统的主要缺点有：

- 初始投入成本比铜缆高；
- 更难接受错误的使用；
- 光纤连接器比铜连接器脆弱；
- 端接光纤需要更高级别的训练和技能；
- 相关的安装和测试工具价格高。

2. 单模光纤和多模光纤

光纤有两种形式：单模光纤和多模光纤。单模光纤使用光的单一模式传送信号，而多模光纤使用光的多种模式传送信号。光传输中的模式是指一根以特定角度进入光纤芯的光线，因此可以认为模式是指以特定角度进入光纤的具有相同波长的光束。

单模光纤和多模光纤在结构以及布线方式上有很多不同，如图 2-9 所示。单模光纤只允许一束光传播，没有模分散的特性，光信号损耗很低，离散也很小，传播距离远，单模导入波长为 1310 nm 和 1550 nm。多模光纤是在给定的工作波长上，以多个模式同时传输的光纤,从而形成模分散,限制了带宽和距离,因此,多模光纤的芯径大,传输速度低、距离短,成本低,多模导入波长为 850 nm 和 1300 nm。

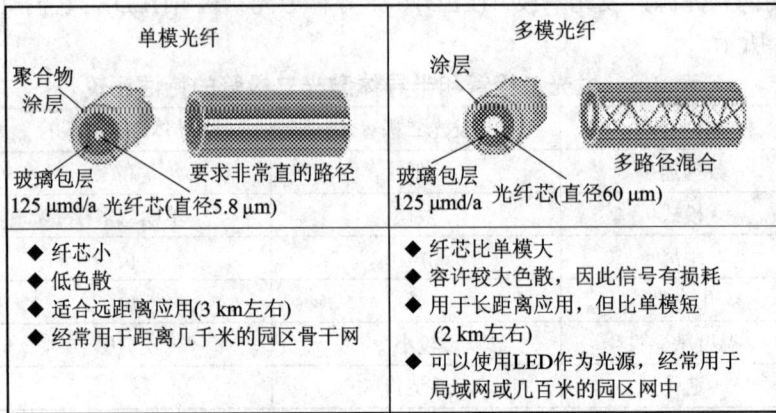

图2-9   单模光纤和多模光纤的比较

多模光纤可以使用 LED 作为光源,而单模光纤必须使用激光光源,从而可以把数据传输到更远的距离。根据 ANSI/EIA/TIA 标准,用于干线布线的单模光纤具有更高的带宽且最远传输距离可以达到 3 km,而多模光纤传送信号的距离只能达到 2 km。电话公司通过特殊设备可以使单模光纤达到 65 km 的传输距离。由于这些特性,单模光纤主要用于建筑物之间的互连或广域网连接,多模光纤主要用于建筑物内的局域网干线连接。ITU 标准规定室内单模光纤光缆的外护层颜色为黄色,室内多模光纤光缆的外护层颜色为橙色。

单模光纤和多模光纤的纤芯和包层具有多种不同的尺寸,尺寸的大小将决定光信号在光纤中的传输质量。目前常见的单模光纤主要有 8.3 μm/125 μm(纤芯直径/包层直径)、9 μm/125 μm 和 10 μm/125 μm 等规格;常见的多模光纤主要有 50 μm/125 μm、62.5 μm/125 μm、100 μm/140 μm 等规格。综合布线系统中主要使用具有 62.5 μm 纤芯直径和 125 μm 包层直径多模光纤;在传输性能要求更高的情况下也可以使用 50 μm/125 μm 多模光纤。

表 2-7 和表 2-8 中分别列出了光纤在 100M、1G、10G 以太网中支持的传输距离。

表 2-7   100M、1G 以太网中光纤的应用传输距离

光纤类型	应用网络	光纤直径/μm	波长/nm	带宽/MHz	应用距离/m
多模光纤	100BASE-FX				2000
	1000BASE-SX	62.5	850	160	220
	1000BASE-LX			200	275
				500	550
	1000BASE-SX	50	850	400	500
				500	550
	1000BASE-LX		1300	400	550
				500	550
单模光纤	1000BASE-LX	<10	1310		5000

表 2-8　10G 以太网中光纤的应用传输距离

光纤类型	应用网络	光纤直径/μm	波长/nm	模式带宽 /(MHz·km)	应用范围/m
多模光纤	10GBASE-S	62.5	850	160/150	26
				200/500	33
				400/400	66
		50		500/500	82
				2000	300
	10GBASE-LX4	62.5	1300	500/500	300
		50		400/400	240
				500/500	300
单模光纤	10GBASE-L	<10	1310		1000
	10GBASE-E		1550		30000~40000
	10GBASE-LX4		1300		1000

3. 光缆的结构

光缆是由光纤、高分子材料、金属-塑料复合带及金属加强件等共同构成的传输介质。除了光纤外,构成光缆的材料可分为三大类:

(1) 高分子材料:主要包括松套管材料、聚乙烯护套料、无卤阻燃护套料、聚乙烯绝缘料、阻水油膏、阻水带、聚酯带等。

(2) 金属-塑料复合带:主要有钢塑复合带和铝塑复合带。

(3) 中心加强件:主要包括磷化钢丝、不锈钢丝、玻璃钢圆棒等。

光缆的结构可分为层绞式、中心管式和骨架式。

1) 层绞式光缆

层绞式光缆的结构如图 2-10 所示,是由多根二次被覆光纤松套管(或部分填充绳)绕中心金属加强件绞合成圆整的缆芯。

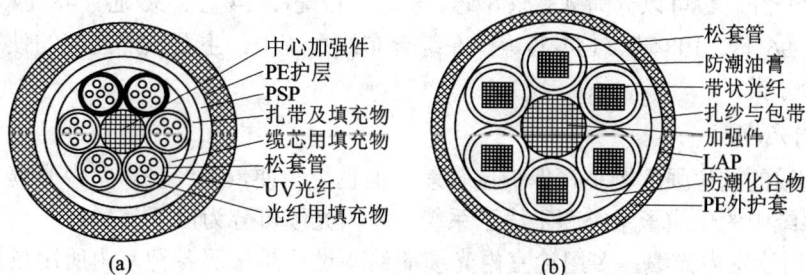

图 2-10　层绞式光缆结构

在图 2-10 中,分离光纤指光缆中使用的是单根光纤,单根光纤只能直接连接两台设备。光纤带光缆在使用中可以同时连接多个设备,光纤带光缆有利于减少铺设多条普通光缆时造成的资源浪费。

2) 中心管式光缆

中心管式光缆的结构如图 2-11 所示,中心管式光缆是由一根二次光纤松套管或螺旋形光纤松套管(无绞合直接放在缆的中心位置)、纵包阻水带和双面涂塑钢(铝)带、两根平行加强圆磷化碳钢丝或玻璃钢圆棒组成。

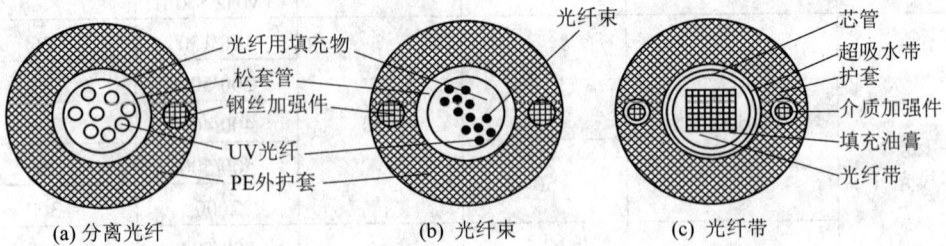

(a) 分离光纤　　　　　(b) 光纤束　　　　　(c) 光纤带

图 2-11　中心管式光缆

3) 骨架式光缆

骨架式光缆是将光纤带以矩阵形式置于 U 型螺旋骨架槽或 SZ 螺旋骨架槽中，阻水带以绕包方式缠绕在骨架上，使骨架与阻水带形成一个封闭的腔体，如图 2-12 所示。

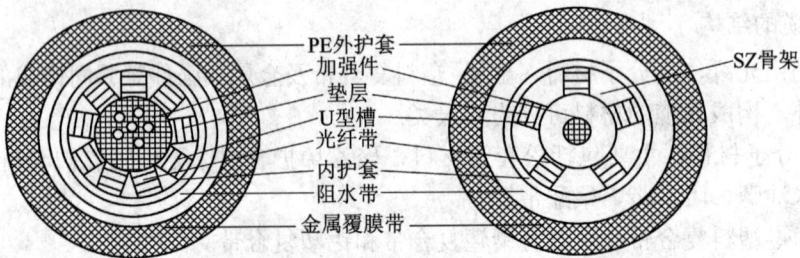

图 2-12　骨架式光缆

4. 光缆的分类

光缆有多种分类方法：按照光缆的结构可以分为层绞式光缆、中心管式光缆和骨架式光缆；按照光缆中光纤状态可以分为松套光纤光缆、半松半紧光纤光缆和紧套光纤光缆；按照光缆中光纤芯数可以分为 4 芯、6 芯、8 芯、12 芯、24 芯、36 芯、48 芯、60 芯、72 芯、84 芯、96 芯、108 芯、144 芯等。在综合布线系统中，主要按照光缆的使用环境和敷设方式进行分类。

1) 室内光缆

室内光缆的抗拉强度较小，保护层较差，但也更轻便、更经济。室内光缆主要适用于综合布线系统中的配线子系统和干线子系统。室内光缆可分为以下类型：

(1) 多用途室内光缆：多用途室内光缆的结构设计是按照各种室内所用场所的需要而定的，如图 2-13 所示。

(2) 分支光缆：多用于布线终接和维护。分支光缆便于各光纤的独立布线或分支布线，如图 2-14 所示。

(3) 互连光缆：为布线系统进行话音、数据、视频图像传输设备互连所设计的光缆，使用的是单光纤和双光纤结构。互连光缆连接容易，在楼内布线中可用作跳线，如图 2-15 所示。

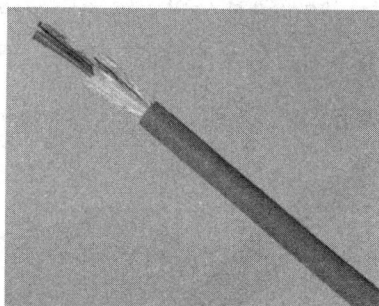

图 2-13 多用途室内光缆

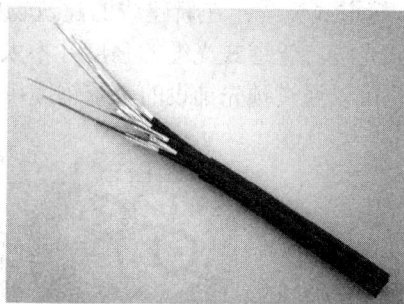

图 2-14 分支光缆

图 2-15 互连光缆

(4) 皮线光缆：皮线光缆多为单芯、双芯结构，横截面呈 8 字型，可采用金属或非金属结构，光纤位于 8 字型的几何中心。由于皮线光缆具有重量轻、柔软等特点，因此被广泛应用于住宅建筑物接入网。

2) 室外光缆

室外光缆的抗拉强度比较大，保护层厚重，在综合布线系统中主要用于建筑群子系统，根据敷设方式的不同，室外光缆可以分为架空光缆、管道光缆、直埋光缆、隧道光缆和水底光缆等。

(1) 架空式光缆：当地面不适宜开挖或无法开挖(如需要跨越河道布线)时，可以考虑采用架空的方式架设光缆。虽然普通光缆也可用于架空作业，但往往需要预先铺设承重钢缆。自承式架空式光缆将钢绞线与光缆合二为一，因此在施工时更加简单和方便，其结构如图 2-16 所示。

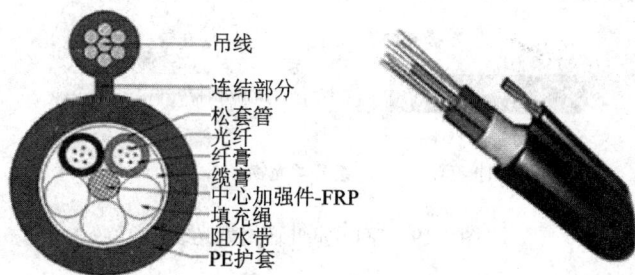

图 2-16 自承式架空式光缆

(2) 管道式光缆：在新建成的建筑物中都预留了专用的布线管道，在管道布线中多使用管道式光缆。管道式光缆的强度并不太大，但拥有非常好的防水性能，除应用于管道布线外，也可以通过预先铺设的承重钢缆用于架空作业，其结构如图 2-17 所示。

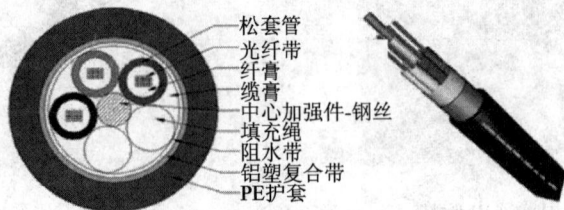

图 2-17　架空、管道光纤带光缆

(3) 直埋式光缆：直埋式光缆在布线时需要在地下开挖一定深度(约 1 m 左右)的沟，用于埋设光缆。直埋式光缆布线简单易行，施工费用较低，目前在光缆布线中较常使用。直埋式光缆通常拥有两层金属保护层，并且具有很好的防水性能，其结构如图 2-18 所示。

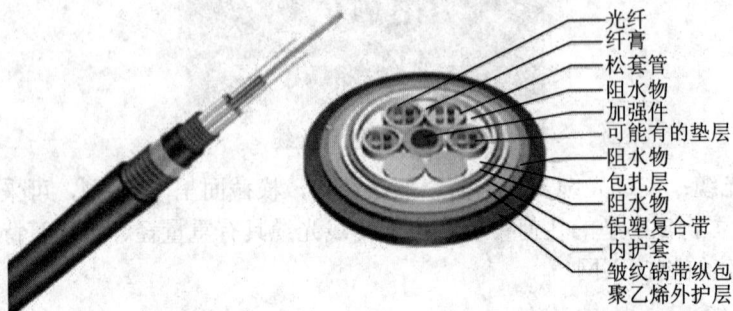

图 2-18　直埋式光缆

3) 室内/室外通用光缆

由于敷设方式的不同，室外光缆必须具有与室内光缆不同的结构特点。室外光缆要承受水蒸气的扩散和潮气的侵入，必须具有足够的机械强度及对啮咬等的保护措施。室外光缆由于有 PE 护套及易燃填充物，不适合室内敷设，因此用户在建筑物的光缆入口处为室内光缆设置了一个移入点，这样室内光缆才能可靠地在建筑物内进行敷设。室内/室外通用光缆既可在室内也可在室外使用，不需要在室外向室内的过渡点进行熔接。图 2-19 给出了一种室内/室外通用光缆的结构示意图。

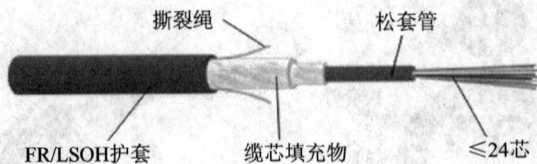

图 2-19　室内/室外通用型光缆

5. 光缆的防火特性

和双绞线电缆一样，在选择光缆的时候同样也要注意其防火特性，美国国家电气法规

(NEC)描述了不同类型的光缆及其使用的材料，光缆主要可以分为以下两种类型：

- OFC：包含金属导体填充以增加强度。
- OFN：不包含金属。

表 2-9 列出了建筑物采用不同线槽(线管)情况时，可以采用的光缆。其中 OFNP 为非传导性光纤通风道光缆、OFNR 为非传导性光纤竖井光缆、OFN 为非传导性光纤通用光缆。

表 2-9 建筑物采用不同线槽(线管)情况下光缆的选择

商业建筑物内采用 PVC 线槽(线管)情况下光缆的选择	
区　域	光缆类型
A(吊顶或地板有空调系统)	OFNP
A(吊顶或地板无空调系统)	OFNP/OFNR/OFN
B(一般工作区)	OFNP/OFNR/OFN
C(弱电竖井)	OFNP/OFNR
商业建筑物内采用阻燃 PVC 或金属线槽(线管)情况下光缆的选择	
A(吊顶或地板有空调系统)	OFNP/OFNR/OFN
A(吊顶或地板无空调系统)	OFNP/OFNR/OFN
B(一般工作区)	OFNP/OFNR/OFN
C(弱电竖井)	OFNP/OFNR/OFN

2.1.4 无线传输介质

无线传输是在自由空间利用电磁波或其他方式发送和接收信号，地球上的大气层为大部分无线传输提供了物理通道。

1. 常见的无线传输介质

(1) 微波。微波数据通信系统有两种形式：地面系统和卫星系统。使用微波传输要经过有关管理部门的批准，而且使用的设备也需要有关部门允许后才能使用。微波是在空间直线传播，如果采用地面系统传播，由于地球表面是一个曲面，因此采用微波传输的站必须安装在视线内，传输的频率为 4～6 GHz 和 21～23 GHz，传输距离一般只有 50 km 左右。如果采用卫星系统，卫星在发送站和接收站之间反射信号，传输的频率为 11～14 GHz。

(2) 激光。激光通信具有带宽高、方向性好和保密性能好等优点，多用于短距离的传输。激光通信的缺点是其传输效率受天气影响较大。

(3) 红外线。红外线通信采用发光二极管、激光二极管或光电二极管来进行站点与站点之间的数据交换，不受电磁干扰的影响。红外线通信既可以进行点到点通信，也可以进行广播式通信。但这种传输技术要求通信节点之间必须在直线视距之内，不能穿越障碍物。红外线通信的数据传输速率相对较低，在面向一个方向通信时，数据传输速率为 16 Mb/s；如果选择数据向各个方向上传输时，传输速率不能超过 1 Mb/s。

2. 无线局域网的组成

无线网络有多种标准，不同标准的无线网络其所采用的传输介质和组成方式各有不同。

目前的局域网中通常采用 Wi-Fi 技术，Wi-Fi 中的 IEEE 802.11a、IEEE802.11b 和 IEEE 802.11g 等标准，数据传输速率较快，稳定性和互用性较高，适用于局域网。图 2-20 给出了目前无线局域网最常用的一种结构。

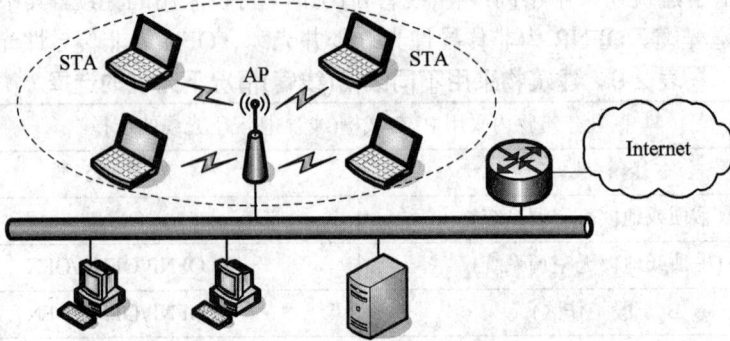

图 2-20　无线局域网的结构

在图 2-20 所示的网络结构中，无线网络部分采用了星型拓扑结构，由无线访问点(AP)、无线工作站(STA)构成。所有的无线通信都经过 AP 完成。AP 通常能覆盖几十至几百用户，覆盖半径达上百米。AP 可以连接有线网络，实现无线网络和有线网络的互联。

3. 无线传输介质与综合布线

目前国内的综合布线系统仍主要采用双绞线和光缆，但实际上有线网络在很多情况下需要无线技术作为补充和扩展，而无线网络的使用也离不开有线网络的支撑。因而在综合布线系统设计中可以考虑采用无线网络与有线网络并用的方式，使无线网络和有线网络相得益彰，互相配合，从而使得综合布线系统更加灵活、方便、经济，功能更加完善。无线传输介质在综合布线系统中的应用可以有以下几个方面：

(1) 需要改造的旧楼。对于旧的布线系统，当其数据传输速率无法满足用户的需求，必须对其进行改造，而全部更换新的线缆和设备的耗资会十分巨大。这时候就可以充分发挥无线网络安装便捷和经济节约的优势，将每个房间或相邻的几个房间划为一个单独的无线区域，该区域所有终端设备的网络连接通过一个 AP 来实现。在该无线接入点接入重新敷设的高速率线缆，这条高速率线缆再接入楼层配线间内新更换的交换机。这样就无需对每一台终端都重新敷设一条新的线缆，节约了设备材料和施工费用。

(2) 已建大楼。对于已建成的综合布线系统，当需要增加终端设备或需要组建临时或特殊用途的网络时，可以在就近的信息插座处接入一个或几个无线接入点，新增设备通过该 AP 接入网络，无需重新布线。

(3) 新建大楼。对于将要建设的综合布线系统，可以采用有线与无线相融合的布线方式。建筑物间和建筑物内的主干电缆仍然采用传统的光缆或双绞线布线方式，以保证数据传输的稳定性和高速性；配线子系统则采用有线与无线混合的方式，对数据各项指标要求高的信息点采用点对点方式敷设电缆，其他地点则引入 AP。

2.1.5　传输介质的选择

在设计综合布线系统时，需要考虑的一个关键问题就是使用何种传输介质，不同的传输介质有着不同的性能指标，适应不同的网络性能需求和布线环境。综合布线系统工程的产品类别及链路、信道等级的确定应综合考虑建筑物的功能、应用网络、业务终端类型、业务的需求及发展、性能价格、现场安装条件等因素。表 2-10 给出了《综合布线系统工程设计规范》(GB 50311—2007)中规定的布线系统等级与类别选用要求。表 2-11 给出了非屏蔽系统、屏蔽系统和光缆系统在综合布线中选用条件。

表 2-10　布线系统等级与类别选用

业务种类	配线子系统		干线子系统		建筑群子系统	
	等级	类别	等级	类别	等级	类别
话音	D/E	5e/6	C	3(大对数)	C	3(室外大对数)
数据	D/E/F	5e/6/7	D/E/F	5e/6/7(4 对)		
	光纤	62.5 μm 多模 50 μm 多模 <10 μm 单模	光纤	62.5 μm 多模 50 μm 多模 <10 μm 单模	光纤	62.5 μm 多模 50 μm 多模 <10 μm 单模
其他应用	可采用 5e/6 类 4 对对绞电缆和 62.5 μm 多模/50 μm 多模/<10 μm 多模、单模光缆					

表 2-11　非屏蔽系统、屏蔽系统和光缆系统在综合布线中选用条件

名　称	在综合布线中的选用条件
非屏蔽系统	当布线区域内存在的瞬间电磁干扰场强低于 3 V/m 时，或缆线间距满足相应规定时，可采用非屏蔽系统进行布线
屏蔽系统或光缆系统	当布线区域内存在的瞬间电磁干扰场强高于 3 V/m 时，应采用屏蔽系统进行防护，也可采用光缆系统
	用户对电磁兼容性有较高的要求(电磁干扰和防信息泄露)时，或有网络安全保密的需要时，应采用屏蔽系统或光缆系统
	采用非屏蔽系统无法满足安装现场条件对缆线的间距要求时，应采用屏蔽系统

【任务实施】

❖ 操作 1　认识双绞线电缆

(1) 根据实际条件，观摩 5e 类、6 类和 6A 类非屏蔽双绞线和屏蔽双绞线、大对数双绞线(25 对、50 对、100 对)、室外双绞线等产品实物，对其外观、基本结构、颜色编码、产品标记等进行辨识。

(2) 到市场上调查目前常用的两种不同品牌的 4 对 5e 类、6 类和 6A 类非屏蔽双绞线电缆，观察其结构和标识，对比不同双绞线电缆产品的价格和性能指标。

(3) 考察校园网或企业网综合布线工程案例，了解该工程所使用的双绞线电缆产品。

❖ 操作 2　认识光缆

(1) 根据实际条件，观摩单模光纤和多模光纤、室内光缆与室外光缆、单芯光缆与多芯光缆等产品实物,对其外观、基本结构、颜色编码、产品标记等进行辨识。

(2) 到市场上调查目前常用的两种不同品牌的光缆产品,包括光纤软线、室内光缆和室外光缆,观察其结构和标识,对比不同光缆产品的价格和性能指标。

(3) 考察校园网或企业网综合布线工程案例,了解该工程所使用的光缆产品。

任务 2.2　认识综合布线工程中使用的连接器件

【任务目的】

(1) 熟悉常用双绞线连接器件的结构和作用;
(2) 熟悉常用光缆连接器件的结构和作用。

【工作环境与条件】

(1) 校园网综合布线工程案例及相关文档;
(2) 企业网综合布线工程案例及相关文档;
(3) 能够接入 Internet 的 PC;
(4) 常用的双绞线连接器件和光缆连接器件。

【相关知识】

2.2.1　双绞线连接器件

常见的双绞线电缆连接器件包括电缆配线架、信息插座和 RJ-45 连接器等,它们用于端接或直接连接双绞线电缆和相应的设备,图 2-21 表示了双绞线连接器件在综合布线系统中的作用。

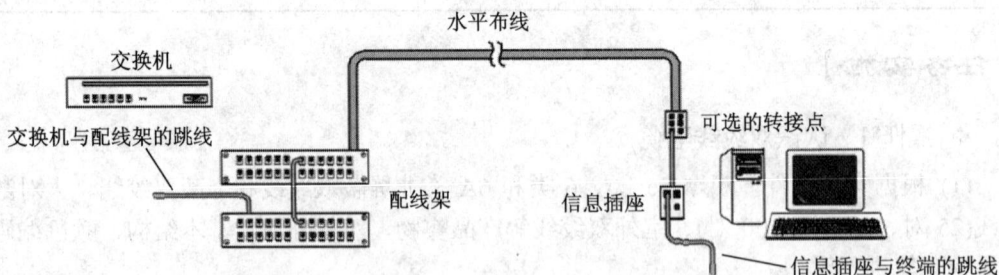

图 2-21　双绞线连接器件在综合布线系统中的作用

1. RJ-45 连接器

RJ-45 连接器是一种透明的塑料接插件,因为其看起来像水晶,所以又称做 RJ-45 水晶头。RJ-45 连接器的外形与电话线的插头非常相似,不过电话线的插头使用的是 RJ-11 连接器,与 RJ-45 连接器的线数不同。RJ-45 连接器是 8 针的,如图 2-22 所示。

在使用双绞线电缆布线时,通常要使用双绞线跳线来完成布线系统与相应设备的连接,所谓双绞线跳线是两端带有 RJ-45 连接器的一段双绞线电缆,如图 2-23 所示。

图 2-22   RJ-45 水晶头

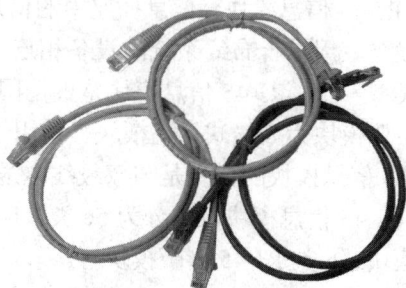

图 2-23   双绞线跳线

未连接双绞线的 RJ-45 连接器的头部有 8 片平行的带 "V" 字型刀口的铜片并排放置,"V" 字头的两尖锐处是较锋利的刀口。制作双绞线跳线的时候,将双绞线的 8 根导线按照一定的顺序插入 RJ-45 连接器中,导线会自动位于 "V" 字型刀口的上部。用压线钳将 RJ-45 连接器压紧,这时 RJ-45 连接器中的 8 片 "V" 字型刀口将刺破双绞线导线的绝缘层,分别与 8 根导线相连接。

计算机网络中常用的双绞线跳线有两种:

(1) 直通线。直通线用于将计算机连入交换机,以及交换机和交换机之间不同类型端口的连接。在综合布线系统中,直通线可以用来连接工作区的信息插座与工作站,以及电信间、设备间的配线架与交换机。根据 ANSI/EIA/TIA 568B 标准,直通线两端 RJ-45 连接器的连接线序如表 2-12 所示。

表 2-12   直通线连接线序

端1	白橙	橙	白绿	蓝	白蓝	绿	白棕	棕
端2	白橙	橙	白绿	蓝	白蓝	绿	白棕	棕

(2) 交叉线。交叉线用于计算机与计算机的直接相连、也被用于将计算机直接接入路由器的以太网接口。根据 ANSI/EIA/TIA 568B 标准,交叉线两端 RJ-45 连接器的连接线序如表 2-13 所示。

表 2-13   交叉线连接线序

端1	白橙	橙	白绿	蓝	白蓝	绿	白棕	棕
端2	白绿	绿	白橙	蓝	白蓝	橙	白棕	棕

2. 信息插座

信息插座的外形类似于电源插座,和电源插座一样也是固定于墙壁或地面,其作用是为计算机等终端设备提供一个网络接口,通过双绞线跳线即可将计算机通过信息插座连接到综合布线系统,从而接入主网络。

1) 信息插座的结构

信息插座通常由信息模块、面板和底盒三部分组成。信息模块是信息插座的核心,双绞线电缆与信息插座的连接实际上是与信息模块的连接,信息模块所遵循的标准,决定着信息插座所适用的信息传输通道。面板和底盒的不同决定着信息插座所适用的安装环境。图 2-24 给出了信息插座的结构示意图。

(1) RJ-45 信息模块。信息插座中的信息模块通过水平干线与楼层配线架相连,通过工作区跳线与应用综合布线系统的设备相连,信息模块的类型必须与水平干线和工作区跳线的线缆类型一致。RJ-45 信息模块是根据国际标准 ISO/IEC 11801、ANSI/EIA/TIA 568 设计制造的,该模块为 8 线式插座模块,适用于双绞线电缆的连接,如图 2-25 所示。

RJ-45 信息模块的类型是与双绞线电缆的类型相对应的,比如根据其对应的双绞线电缆的等级,RJ-45 信息模块可以分为 5e 类 RJ-45 非屏蔽模块、5e 类 RJ-45 屏蔽模块、6 类 RJ-45 非屏蔽模块、6 类 RJ-45 屏蔽模块等。

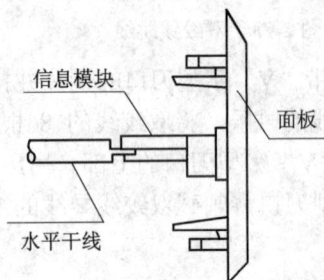

图 2-24   信息插座结构示意图

图 2-25   RJ-45 信息模块

(2) 面板。信息插座面板用于在信息出口位置安装固定信息模块。插座面板的外形尺寸一般有 K86 和 MK120 两个系列,K86 系列(英式)为 86 mm × 86 mm 正方形规格,MK120 系列(美式)为 120 mm × 75 mm 长方形规格。常见有单口、双口型号,也有三口或四口的型号。面板一般为平面插口,也有设计成斜口插口的。图 2-26 所示为 K86 系列平面插口双口面板,图 2-27 所示为 K86 系列斜口插口双口面板,图 2-28 所示为 MK120 系列四口面板。

图 2-26 英式平面双口面板

图 2-27 英式斜口双口面板

图 2-28 美式四口面板

面板又分为固定式面板和模块化面板。固定式面板的信息模块与面板合为一体,无法去掉某个信息模块,或更换为其他类型的信息模块。模块化面板使用预留了多个插空位置的通用面板,面板和信息模块可以分开购买。虽然固定式面板价格便宜,便于安装,但由于其结构不能改变,所以目前局域网中主要使用模块化面板。需要注意的是,由于存在结构上的差异,不同厂商的面板和信息模块可能不配套,除非有配套安装产品说明,否则面板和信息模块应选择同一厂商产品。

(3) 底盒。底盒有单底盒和双底盒两种，一个底盒安装一个面板，且底盒的大小必须与面板制式相匹配。接线底盒有明装和暗装两种，明装底盒安装在墙面上或预埋在墙体内。接线底盒内有固定面板用的螺孔，随面板配有将面板固定在接线底盒上的螺丝。底盒都预留了穿线孔，有的底盒穿线孔是通的，有的底盒在多个方向预留有穿线位，安装时凿穿与线管对接的穿线位即可。图 2-29 所示为单接线底盒。

图 2-29　单接线底盒

2) 信息插座的分类

信息插座根据其所采用信息模块的类型不同，面板和底盒的结构不同有很多种分类方法，在综合布线系统中通常是根据安装位置的不同，把信息插座分成墙面型、地面型和桌面型等几种类型。

(1) 墙面型插座多为内嵌式插座，安装于墙壁内或护壁板中，主要用于与主体建筑同时完成的综合布线工程。为了防止灰尘，目前使用的大部分墙面型插座都带有扣式防尘盖或弹簧防尘盖。

(2) 桌面型插座适用于主体建筑完成后进行的综合布线工程，桌面型插座有多种类型，一般可以直接固定在桌面上，如图 2-30 所示。

图 2-30　桌面型插座

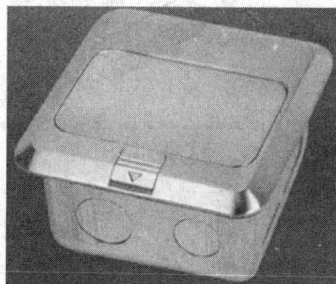

图 2-31　弹启式地面型插座

(3) 在地板上进行信息插座安装时，需要选用专门的地面型插座。地面型插座多为铜质，铜质地面型插座有旋盖式、翻扣式和弹启式三种，铜面又分为方、圆两款，其中弹启式地面插座应用最为广泛，如图 2-31 所示。弹启式地面插座通常采用铜合金或铝合金材料制成，可以安装于建筑物内任意位置的地板平面上，适用于大理石、木地板、地毯、架空地板等各种地面。不使用插座时，插座的圆盖与地面相平，不影响通行和清扫，而且在闭合的面盖上行走时，面盖不会轻易弹出。地面型插座的防渗结构可以保证水滴等在插座表面上的液体不会渗入。

3. 配线架

配线架用于终接线缆，为双绞线电缆或光缆与其他设备(如交换机、集线器等)的连接提供接口，在配线架上可进行互连或交接操作，使综合布线系统变得更加易于管理。

1) 配线架的作用

配线架在小型计算机网络中是不需要使用的。例如如果要在一间办公室内部建立一个网络，我们可以根据每台计算机与交换机的距离剪一根双绞线电缆，然后在每根双绞线电缆的两端接 RJ-45 连接器做成跳线,用跳线直接把计算机和交换机连接起来。在这种网络中,如果以后计算机需要在房间中移动位置,那么只需要更换一根双绞线就可以了。但是在综合布线系统中,网络一般要覆盖一座或几座楼宇。在布线过程中,一层楼上的所有终端都需要通过线缆连接到电信间的交换机上,这些线缆的数量很多,如果都直接接入交换机,则很难分辨交换机接口与各终端间的对应关系,也就很难在电信间对各终端进行管理。而且在这些线缆中经常有一些是暂时不使用的,如果将这些不使用的线缆接入交换机的端口,将会浪费很多的网络资源。另外综合布线系统能够支持各种不同的终端,而不同的终端需要连接不同的网络设备,例如如果终端为计算机则需要接入局域网交换机,如果终端为电话则需要连接话音主干线,因此综合布线系统需要为用户提供灵活的连接方式。综上所述,为了便于管理,节约网络资源,在综合布线系统中必须使用配线架,图 2-32 给出了配线架作用的示意图。

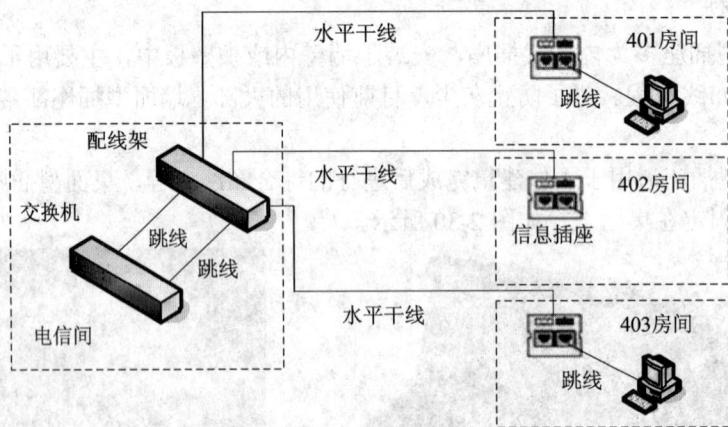

图 2-32 配线架的作用

如图 2-32 所示,在综合布线系统中,水平干线由信息插座直接接入电信间的配线架,在水平干线与配线架连接的位置,需要为每一组连入配线架的线缆在相应的标签上做上标记。在配线架的另一侧,每一组连入的线缆都将对应一个接口,如果与配线架相连的某房间的信息插座上连接了计算机或其他终端,管理员可以使用跳线将配线架上该信息插座对应的接口接入交换机或相应的其他网络设备。当计算机终端从一个房间移到另一个房间,管理员只要将跳线从配线架上原来的接口取下,插到新的房间对应的接口上就可以了。当房间的终端发生了改变,管理员只要将配线架上相应的跳线转接到相应的网络系统即可。

2) 配线架的分类

根据配线架在综合布线系统中所在的位置,配线架可以分为建筑群配线架(CD)、建筑物配线架(BD)和楼层配线架(FD)。建筑群配线架是端接建筑群干线电缆、干线光缆的连接装置。建筑物配线架是端接建筑物干线电缆、干线光缆并可连接建筑群干线电缆、干线光缆的连接装置。楼层配线架是水平电缆、水平光缆与其他布线子系统或设备相连接的装置。根据配线架所连接的线缆类型,配线架可以分为双绞线配线架和光纤配线架,双绞线配线架用于终接双绞线电缆,在综合布线系统中,双绞线配线架的类型应与其所连接的双绞线电缆的类型相对应。目前常见的双绞线配线架有以下几种:

(1) 110 型配线架。110 型连接管理系统由 AT&T 公司于 1988 年首先推出，该系统后来成为工业标准的蓝本。110 型配线架是 110 型连接管理系统的核心部分，采用阻燃、注模塑料，如图 2-33 所示。110 型配线架有 25 对、50 对、100 对、300 对等多种规格，它的套件还应包括 4 对或 5 对连接块(如图 2-34 所示)、空白标签和标签夹、基座。110 型配线系统使用方便的插拔式、快接式跳线就可以简单地进行回路的重新排列，这样就为非专业技术人员管理交叉连接系统提供了方便。

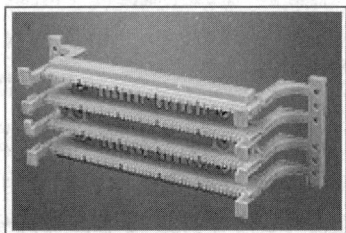

图 2-33　110 型 100 对配线架

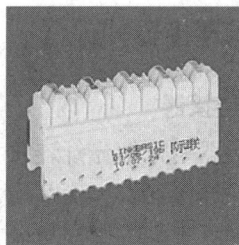

图 2-34　110 连接块

(2) 机架式配线架。机架式配线架又称为模块式快速配线架，是一种 19 英寸的模块式嵌座配线架，线架后部以安装在一块印刷电路板上的 110d 连接块为特色，这些连接块主要用于端接工作站、设备或中继电缆。110d 绝缘移动接头区通过印刷电路板的内部连接已与配线架前部的 8 针模块式嵌座联结起来。机架式配线架是一种 19 英寸导轨安装单元，可容纳 24、32、64 或 96 个嵌座。机架式配线架附件包括标签与嵌入式图标，以方便用户对信息点进行标识，机架式配线架在 19 英寸标准机柜上安装时，还需选配水平线缆管理环和垂直线缆管理环。机架式配线架使得管理区外观整洁、维护方便，如图 2-35 所示。

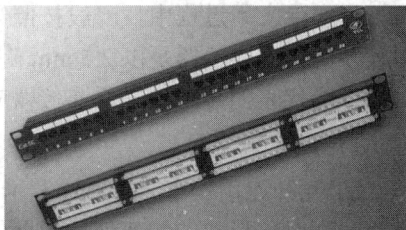

图 2-35　24 口机架式配线架

(3) 多媒体配线架。随着网络技术和传输速率的高速发展，一些布线厂商(如施耐德电气等)推出了多媒体配线架，以适应现代网络通信应用对配线系统的要求。此种配线架摒弃了以往配线架端口固定无法更改的弱点，采用标准 19 英寸宽 1U(1U = 44.45 mm)高的空配线板，在其上可以任意配置 5e 类、6 类、7 类、话音和光纤等布线产品，允分体现了配线的多元化和灵活性，为升级和扩展带来了极大的方便。由于多媒体配线架采用独立模块化配置，配线架上的每一个端口与桌面的信息端口可以一一对应，所以在配置配线架时无需按 24 或 36 的端口倍数来配置，也就不会造成配线端口的空置和浪费。另外该种配线架的安装维护和管理都在正面操作，大大简化了操作程序。图 2-36 所示为施耐德电气生产的多媒体配线架。

图 2-36　施耐德电气生产的多媒体配线架

3) 配线架在综合布线中的选用

鉴于综合布线系统的最大特性就是利用同一接口和同一种传输介质，让各种不同信息在上面传输，同时利用配线跳接方式，来灵活控制每个桌面信息点的应用功能，所以用于端接来自所有桌面信息点水平双绞线的配线架，一般应采用 RJ-45 接口机架式配线架。

对于主干布线的端接，可分为两种情况：端接来自电话主机房的大对数话音线缆，可采用相应对数的 110 型配线架，然后通过跳线与 RJ-45 接口机架式配线架跳接实现话音的连通；数据光纤主干则可通过光纤配线箱，再通过网络交换机将一路高速光信号转换成多路数据信号，然后通过 RJ-45 跳线与 RJ-45 接口机架式配线架跳接实现数据的连通。

2.2.2　光缆连接器件

1. 光纤连接器

光纤连接器用来把光纤连接到接线板或有源设备上，目前有很多种光纤连接器，在安装时必须确保连接器的正确匹配。按照不同的分类方法，光纤连接器可以分为不同的种类，如按所支持光纤类型的不同可分为单模光纤连接器和多模光纤连接器，按连接器的插针端面可分为 FC、PC(UPC) 和 APC 等。

要组成全双工的光纤传输系统，至少需要两根光纤，一根光纤用于发送，另一根用于接收。光纤连接器根据光纤连接的方式可分为两种：单连接器在装配时只连接一根光纤；双连接器在装配时要连接两根光纤。

在实际应用过程中，一般按照光纤连接器结构的不同加以区分。在综合布线系统中应用较多的光纤连接器是以 2.5 mm 陶瓷插针为主的 FC、ST 和 SC 型，另外以 LC、VF-45、MT-RJ 为代表的超小型光纤连接器应用也在不断增长。

1) ST 光纤连接器

ST 光纤连接器有一个直通和卡口式锁定机构，连接头使用一个坚固的金属卡销式耦合环和一个发散形状的凹弯使适配器的柱头可以方便地固定，这种连接与同轴电缆的连接类似。由于 ST 光纤连接器相对容易端接，所以目前仍在广泛使用，但其固定和拆卸都需要更多的空间。图 2-37 所示为 ST 光纤连接器和 ST 光纤耦合器。

图 2-37　ST 光纤连接器和 ST 光纤耦合器

2) SC 光纤连接器

SC 光纤连接器是连接 GBIC 光纤模块的连接器，由日本 NTT 公司开发，外形呈矩形，插针的断面多采用 PC 或 APC 型研磨方式。SC 光纤连接器为插拔销闩型连接器，与耦合器相接时，通过压力固定，这样只需轻微的压力就可以插入或拔出 SC 适配器，不需旋转。SC 光纤连接器既可以端接 50 μm/125 μm 和 62.5 μm/125 μm 的多模光纤光缆，也可以端接单模光纤光缆。工业布线标准推荐用棕色连接器端接多模光纤光缆，用蓝色连接器端接单模光纤光缆。图 2-38 所示为 SC 光纤连接器和 SC 光纤耦合器。

图 2-38　SC 光纤连接器和 SC 光纤耦合器

3) FC 光纤连接器

FC 光纤连接器采用金属套，紧固方式为螺丝扣。最早的 FC 型连接器，采用陶瓷插针的对接端面是平面接触方式(FC)。此类连接器结构简单，操作方便，制作容易，但光纤端面对微尘较为敏感，且容易产生菲涅尔反射，提高回波损耗性能较为困难。现在 FC 型连接器虽然外部结构没有变化，但陶瓷插针的对接端面采用球面接触方式(PC)，使得插入损耗和回波损耗性能有了较大幅度的提高。图 2-39 所示为 FC 光纤连接器和 FC 光纤耦合器。

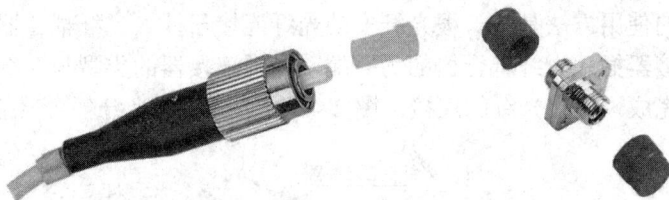

图 2-39　FC 光纤连接器和 FC 光纤耦合器

4) MU 光纤连接器

MU 光纤连接器是以 SC 型连接器为基础，由 NTT 研制开发出来的小型单芯光纤连接器。该连接器采用直插式连接方式，其体积约为 SC 型连接器的 2/5，采用 1.25 mm 直径的套管和自保持机构，可实现高密度安装。图 2-40 所示为 MU 光纤连接器和 MU 光纤耦合器。

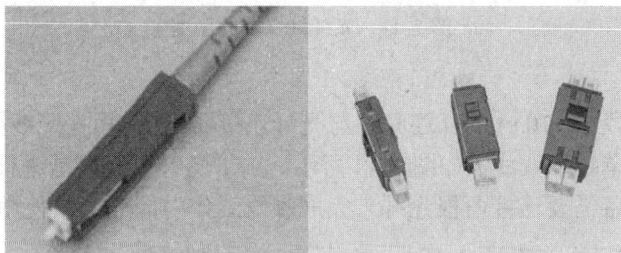

图 2-40　MU 光纤连接器和 MU 光纤耦合器

5) LC 光纤连接器

LC 光纤连接器是著名的 Bell 实验室研究开发的，是用来连接 SFP 模块的连接器，如图 2-41 所示。LC 光纤连接器采用操作方便的模块化插孔(RJ)闩锁机理制成，其所采用的插针和套筒的尺寸为 1.25 mm，是普通 SC、FC 等的一半，这样大大提高了光配线架中光纤连接器的密度。LC 光纤连接器有单模和多模两款产品，LC 多模光纤接头可以端接 62.5 μm/125 μm 及 50 μm/125 μm 多模光纤。

图 2-41　LC 光纤连接器

2. 光纤耦合器

光纤耦合器也叫光纤适配器，实际上就是光纤的插座，它的类型与光纤连接器的类型对应，有 ST、SC、FC、LC 等类型，图 2-42 所示为两端为不同类型连接口的光纤耦合器。光纤耦合器一般安装在光纤终端箱上，提供光纤连接器的连接固定，市场上有单售的光纤耦合器，网络布线人员可以在现场将其安装到终端盒上，有的厂家在光电转换器、光纤网卡上已经安装了光纤耦合器，用户只需要插入光纤连接器即可。

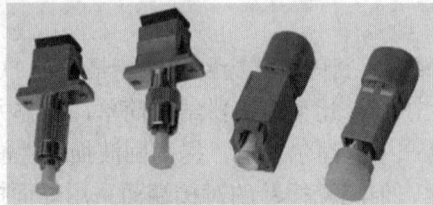

图 2-42　两端为不同类型连接口的光纤耦合器

光纤连接器的使用方法是：一根光纤安装光纤连接器插入光纤耦合器的一端，另一根光纤安装光纤连接器插入光纤耦合器的另一端，光纤连接器的类型与光纤耦合器的类型对应，接插好后就完成了两根光纤的连接。图 2-43 给出了使用光纤耦合器的示意图。

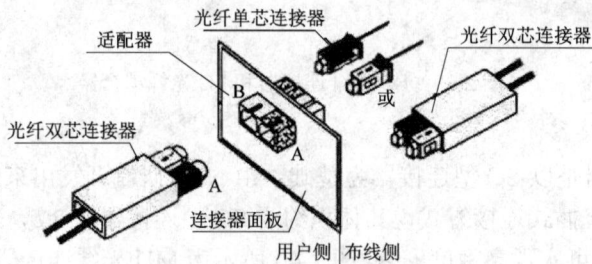

图 2-43　光纤耦合器的使用

3. 光纤跳线

光纤跳线由一段 1～10 m 的互连光缆与光纤连接器组成，用在配线架上交接各种链路。光纤跳线可以分为单线和双线，如图 2-44 所示。由于光纤一般只是进行单向传输，需要进行全双工通信的设备需要连接两根光纤来完成收发工作，因此如果使用单线跳线则一般需要两根跳线。

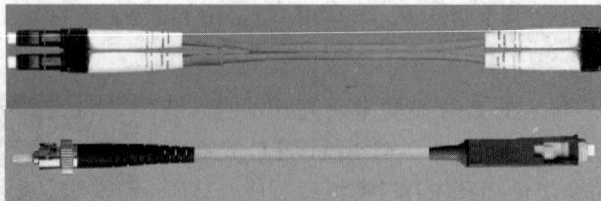

图 2-44　单线光纤跳线和双线光纤跳线

根据光纤跳线两端的连接器的类型，光纤跳线有多种类型，例如：

- ST-ST 跳线：两端都为 ST 连接器的光纤跳线。
- SC-SC 跳线：两端都为 SC 连接器的光纤跳线。

- FC-FC 跳线：两端都为 FC 连接器的光纤跳线。
- LC-LC 跳线：两端都为 LC 连接器的光纤跳线。
- ST-SC 跳线：一端都为 ST 连接器，另一端为 SC 连接器的光纤跳线。
- ST-FC 跳线：一端都为 ST 连接器，另一端为 FC 连接器的光纤跳线。
- SC-LC 跳线：一端都为 SC 连接器，另一端为 LC 连接器的光纤跳线。

4. 尾纤

尾纤又叫猪尾线，只有一端有连接头，而另一端是一根光缆纤芯的断头，通过熔接可与其他光缆纤芯相连，常出现在光纤终端盒内，用于连接光缆与光纤收发器(之间还用到耦合器、跳线等)。图 2-45 所示为 ST 型光纤尾纤。

图 2-45　ST 型光纤尾纤

5. 光纤信息插座

光纤信息插座的作用和基本结构与使用 RJ-45 信息模块的双绞线信息插座一致，是光缆布线在工作区的信息出口，用于光纤到桌面的连接，如图 2-46 所示。为了满足不同场合应用的要求，光纤信息插座有多种类型。例如，如果水平干线为多模光纤，则光纤信息插座中应选用多模光纤模块；如果水平干线为单模光纤，则应选用单模光纤模块。另外不同的光纤信息插座提供的插座类型也不相同，如 SC 信息插座、LC 信息插座、ST 信息插座等。

图 2-46　光纤信息插座

6. 光纤配线设备

光纤配线设备是光缆与光通信设备之间的配线连接设备，用于光纤通信系统中光缆的成端和分配，可方便地实现光纤线路的熔接、跳线、分配和调度等功能。光纤配线设备有机架式光纤配线架、挂墙式光纤配线盒、光纤接续盒和光纤配线箱等类型，应根据光纤数量和用途加以选择。图 2-47 所示为 24 口机架式光纤配线架。

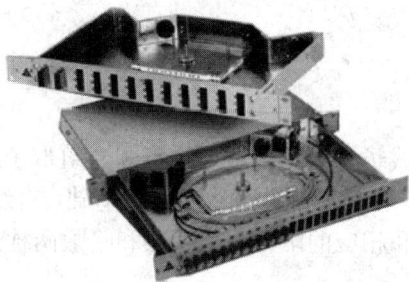

图 2-47　24 口机架式光纤配线架

【任务实施】

❖ 操作 1　认识双绞线连接器件

(1) 根据实际条件，观摩 5e 类、6 类和 6A 类等各种 RJ-45 信息模块、各种双绞线插座和双绞线配线架等产品实物，对其外观、基本结构、颜色编码、产品标记等进行辨识。

(2) 到市场上调查目前常用的两种不同品牌的 5e 类、6 类和 6A 类 RJ-45 信息模块、双绞线配线架产品，观察其结构和标识，对比不同双绞线连接器件的价格和性能指标。

(3) 考察校园网或企业网综合布线工程案例，了解该工程所使用的双绞线连接器件。

❖ 操作 2　认识光缆连接器件

(1) 根据实际条件，观摩各种光纤连接器、光纤耦合器、光纤跳线、尾纤、光纤配线架等产品实物，对其外观、基本结构、颜色编码、产品标记等进行辨识。

(2) 到市场上调查目前常用的两种不同品牌的光纤连接器、光纤耦合器、光纤跳线、尾纤、光纤配线架产品，观察其结构和标识，对比不同光缆连接器件的价格和性能指标。

(3) 考察校园网或企业网综合布线工程案例，了解该工程所使用的光缆连接器件。

任务 2.3　认识综合布线工程中使用的布线器材

【任务目的】

(1) 了解常用线管、线槽、桥架的结构和作用；
(2) 了解机柜的结构和作用；
(3) 了解其他常用布线材料。

【工作环境与条件】

(1) 校园网综合布线工程案例及相关文档；
(2) 企业网综合布线工程案例及相关文档；
(3) 能够接入 Internet 的 PC；
(4) 线管、线槽、桥架、机柜及其附件，其他布线材料。

【相关知识】

2.3.1　管槽系统

在综合布线工程中，配线子系统、干线子系统和建筑群子系统的施工材料除线缆材料外，最重要的就是管槽系统。管槽系统是干线布线的基础，对线缆起到支撑和保护的作用，主要包括线管、线槽、桥架和相应的附件，有明敷和暗敷两种敷设方式。

1. 线管

线管的管材品种较多，在综合布线系统中主要使用钢管和塑料管两种。此外，综合布线系统的户外部分也会采用混凝土管(又称水泥管)和高密度聚乙烯材料(HDPE)制成的双壁波纹管等管材。

1) 钢管

(1) 钢管的种类。钢管按照制造方法不同可分为无缝钢管和焊接钢管(或称接缝钢管、有缝钢管)两大类。无缝钢管只有在综合布线系统的特殊段落(如管路引入室内需承受极大压力时)才采用，因此使用量极少。在综合布线系统中常用的钢管为焊接钢管。焊接钢管一般是由钢板卷焊制成，按卷焊制作方法不同，又可分为对边焊接(又称对缝焊接)、叠边焊接和螺旋焊接三种，后两种焊接钢管的内径都在 150 mm 以上，在室内不会采用。

综合布线系统采用的对边焊接钢管有以下几种分类方法：

• 按钢管的壁厚不同分为普通钢管(水压试验压力为 2.5 MPa)、加厚钢管(水压试验压力为 3 MPa)和薄壁钢管(水压试验压力为 2 MPa)三种。普通钢管和加厚钢管统称为水管，有时简称为厚管(G)；薄壁钢管又称普通碳素钢电线套管，简称薄管或电管(DG)。

• 按有无螺纹可分为带螺纹(有圆锥形螺纹和圆柱形螺纹)和不带螺纹(又称光管)两种。

• 按表面是否处理可分为有镀锌(又称白铁管)和不镀锌(又称黑铁管)两种。

在综合布线系统中，水管和电管均有使用。由于水管的管壁较厚，机械强度较高，主要用在综合布线系统中的主干上升管路、房屋底层或受压力较大的地段，有时也作为保护管用于室内线缆，是使用最为普遍的线管。电管因管壁较薄，承受压力不能过大，常用于室内吊顶中的暗敷管路，以减轻管路重量。

(2) 钢管的规格。钢管的规格有多种，以外径(mm)为单位，综合布线工程施工中常用的钢管有：D16、D20、D25、D32、D40、D50、D63、D25、D110 等规格。由于在钢管内穿线难度比较大，所以在选择钢管时要注意选择管径大一点的钢管，一般管内填充物应占 30%左右，以便于穿线。

(3) 钢管的特点。钢管具有机械强度高，密封性能好，抗弯、抗压和抗拉能力强等优点，尤其是有屏蔽电磁干扰的作用。钢管管材可根据现场需要任意截锯拗弯，可以适合不同的管线路由结构，安装施工方便。但是钢管存在管材重，价格高且易锈蚀等缺点。所以随着塑料管在机械强度、密封性、阻燃防火等性能的提高，目前在综合布线工程中电磁干扰较小的场合钢管已经被塑料管代替。

(4) 钢管的附件。在钢管敷设中需要使用附件来进行分支、交叉和弯曲等。图 2-48 所示为钢管安装部分附件。

图 2-48　钢管的附件

2) 塑料管

塑料管是由树脂、稳定剂、润滑剂及添加剂配制挤塑成型的。目前按塑料管使用的主要材料，塑料管主要分为聚氯乙烯管(PVC-U 管)、聚乙烯管(PE 管)和聚丙烯管(PP 管)三种。如果加以细分，又有以高、低密度聚乙烯为主要材料的高、低密度聚乙烯管(HDPE 和 LDPE)；以软质或硬质聚氯乙烯为主要材料的软、硬聚氯乙烯(PVC-U)。此外按管材结构划分，塑料管可分为以下几种：

• 内壁光滑、外壁波纹的双壁波纹塑料管(简称双壁波纹管)；

• 内、外壁光滑，中间含有发泡层的复合发泡塑料管(简称复合发泡管)；

- 内、外壁光滑的实壁塑料管(简称实壁管);
- 壁内、外均成凹凸状的单壁波纹管。

按塑料管成型外观划分又可分为硬直管、硬弯管和可绕管等。

此外还有在高密度聚乙烯管内壁附有固体永久润滑剂硅胶层的硅芯管(简称硅管),它具有与高密度聚乙烯管相同的物理和机械特性,但其摩擦系数极小。

PVC-U 管是综合布线工程中使用最多的一种塑料管,管长通常为 4 m、5.5 m 或 6 m,PVC-U 管具有较好的耐酸碱性和耐腐蚀性,抗压强度较高,具有优异的电气绝缘性能,适用于各种条件下的电缆保护套管配管工程。PVC-U 管以外径(mm)为单位,有 D16、D20、D25、D32、D40、D45、D63、D25、D110 等多种规格,与其安装配套的有接头、螺圈、弯头、弯管弹簧、开口管卡等多种附件。图 2-49 所示为 PVC-U 管及其附件,图 2-50 所示为方便检修的 PVC-U 管附件。

图 2-49　PVC-U 管及其附件

图 2-50　方便检修的 PVC-U 管附件

在室外的建筑群子系统采用地下通信电缆管道时,其管材除主要选用混凝土管(又称水泥管)外,目前较多采用的是内外壁光滑的软、硬质聚氯乙烯实壁塑料管(PVC-U)和内壁光滑、外壁波纹的高密度聚乙烯(HDPE)双壁波纹管,有时也采用高密度聚乙烯(HDPE)的硅芯管。

3) 线管的选用

综合布线系统中线管的选用主要是管材和管径的选用。管材的选用应根据其所在场合的具体条件和要求来考虑,在一般情况下可按照表 2-14 的规定选用,但在易受电磁干扰影响的场所,必须采用钢管,并应设置良好的接地装置。

表 2-14　综合布线系统中线管的选用

管材名称	特　点	适　用　场　合
薄壁钢管	有一定机械强度,耐压力和耐蚀性较差,有屏蔽性能	一般建筑物内暗敷管路中均可采用,尤其是电磁干扰影响大的场所应采用,不宜在有腐蚀或承受压力的场合使用
厚壁钢管	机械强度较高,耐压力高,耐蚀性好,有屏蔽性能	可在建筑物底层和承受压力的地方使用,在有腐蚀的地段使用时,应作防腐蚀处理,尤其适用于电磁干扰影响较大的场合
PVC 管	易弯曲,加工方便,绝缘性好,耐蚀性高,抗压力差,屏蔽性能差	不宜在有压力和电磁干扰较大的地方使用,在有腐蚀或需绝缘隔离的地段使用较好

2. 线槽

线槽分为金属线槽和 PVC 塑料线槽。金属线槽由槽底和槽盖组成，一般长度为 2 m，槽与槽连接时需使用相应尺寸的铁板和螺丝固定。在综合布线系统中一般使用的金属槽有 50 mm × 100 mm、100 mm × 100 mm、100 mm × 200 mm、100 mm × 300 mm、200 mm × 400 mm 等多种规格。

PVC 塑料线槽是综合布线工程明敷管路时广泛使用的一种材料，它是一种带盖板封闭式的线槽，盖板和槽体通过卡槽合紧，如图 2-51 所示。塑料槽的品种规格很多，从型号上分别有 PVC-20 系列、PVC-25 系列、PVC-25F 系列、PVC-30 系列、PVC-40 系列、PVC-60 系列等。从规格上分别有 20 mm × 12 mm、25 mm × 12.5 mm、25 mm × 25 mm、30 mm × 15 mm、40 mm × 20 mm 等。与 PVC 槽配套的附件有阳角、阴角、直转角、平三通、左三通、右三通、连接头、终端头和接线盒(暗盒、明盒)等，如图 2-52 所示。

图 2-51 PVC 塑料线槽

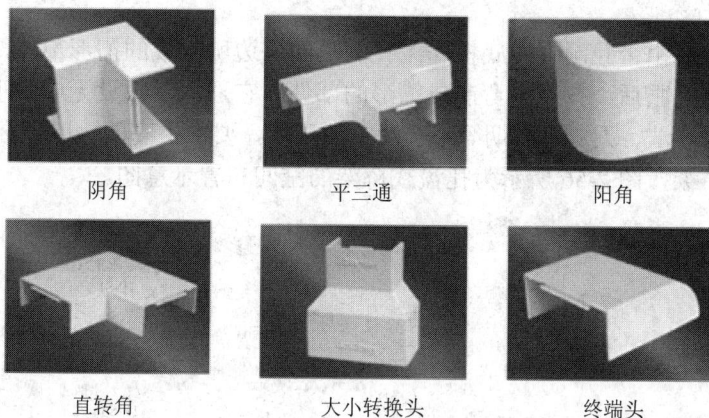

阴角 平三通 阳角

直转角 大小转换头 终端头

图 2-52 PVC 塑料线槽附件

3. 桥架

在综合布线工程中，由于线缆桥架具有结构简单，造价低，施工方便，配线灵活，安全可靠，安装标准，整齐美观，防尘防火，能延长线缆的使用寿命，方便扩充、维护检修等特点，所以其被广泛应用于建筑物内主干管线的安装施工。

桥架由多种外形和结构的零部件、连接件、附件和支、吊架等组成。因此，其类型、品种和规格极为繁多。按照桥架的制造材料分类，桥架可以分为金属材料和非金属材料两类。它们都主要用于支承和安放建筑内的各种线缆，是具有连续性的刚性组装结构。根据桥架本身的形状和组成结构分类，目前国内产品有以下类型。

1) 槽式桥架

槽式桥架的底板无孔洞眼，它是由底板和侧边构成或由整块钢板弯制成的槽形部件，因此有时称它为实底型电缆槽道。槽式桥架如配有盖时，就成为一种全封闭的金属壳体，具有抑制外部电磁干扰，防止外界有害液体、气体和粉尘侵蚀的作用。因此，它适用于需要屏蔽电磁干扰或防止外界各种气体或液体等侵入的场合。图 2-53 所示为槽式直通桥架，图 2-54 所示为槽式桥架的空间布置示意图。

图 2-53　槽式直通桥架

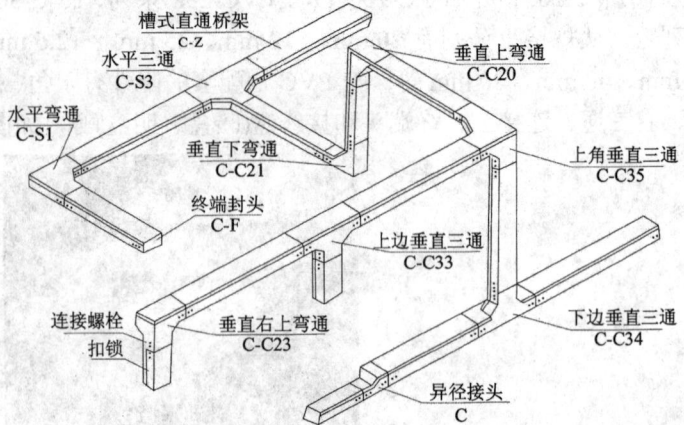

图 2-54　槽式桥架的空间布置示意图

2) 托盘式桥架

托盘式桥架是由带孔洞眼的底板和无孔洞眼的侧边所构成的槽形部件，或采用由整块钢板冲出底板的孔眼后，按规格弯制成槽形的部件。它适用于敷设无电磁干扰，不需屏蔽的地段，或干燥清洁、无灰、无烟等不会污染的环境，要求不高的一般场合。图 2-55 所示为托盘式直通桥架，图 2-56 所示为托盘式桥架的空间布置示意图。

图 2-55　托盘式直通桥架

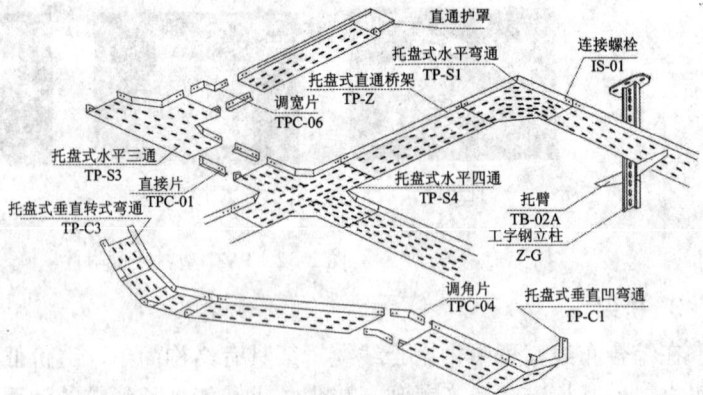

图 2-56　托盘式桥架的空间布置示意图

3) 梯式桥架

梯式桥架是一种敞开式结构，它由两个侧边与若干个横挡组装构成的梯形部件，与通信机架中常用的电缆走线架的形状和结构类似。因为它的外面没有遮挡是敞开式部件，所以在使用上有所限制，适用于干燥清洁、无外界影响的一般场合，不得用于有防火要求的区段，或易遭受外界机械损害的场所，更不得在有腐蚀性液体、气体或有燃烧粉尘的场合使用。图 2-57 所示为梯式直通桥架，图 2-58 所示为梯式桥架的空间布置示意图。

图 2-57 梯式直通桥架

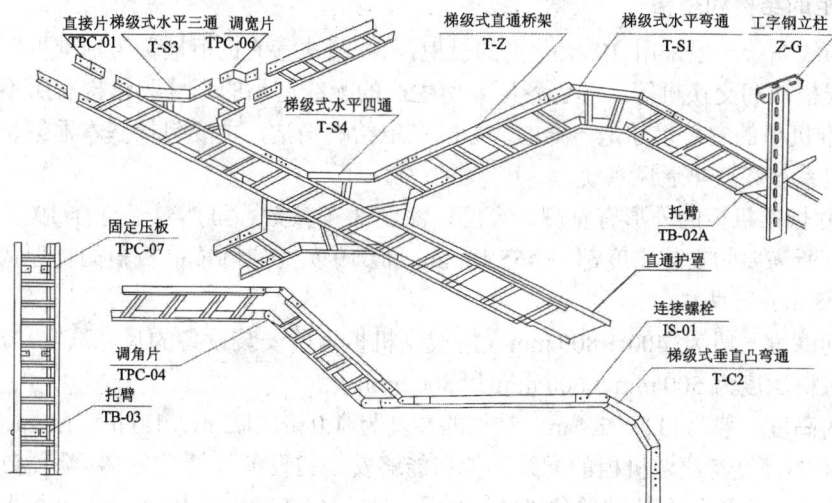

图 2-58 梯式桥架的空间布置示意图

4) 组合式托盘桥架

组合式托盘桥架(又称组装式托盘或组装式桥架)是一种适用于工程现场，可任意组合的，由若干个有孔零部件，采用配套的螺栓或插接方式，连接组装成为托盘的桥架。组合式托盘桥架具有组装规格多种多样、灵活性大、能适应各种需要等特点。因此，它一般用于电缆条数多、敷设线缆的截面积较大、承受荷载重的场合。组合式托盘桥架通常是单层安装，比多层的普通托盘桥架的安装施工简便，有利于检修线缆。组合式托盘桥架在一般建筑中很少采用，只有在特大型或重要的大型智能化建筑中设有设备层或技术夹层，且敷设的线缆较多时才采用。

在综合布线工程中受空间场地和投资等条件的限制，经常存在强电和弱电布线需要敷设在同一管线内的情况。为减少强电系统对弱电系统的干扰，可采用多层桥架的方式进行敷设。从上向下分别是计算机线缆、屏蔽控制线缆、一般控制线缆、低压动力线缆、高压动力线缆分层排列。表 2-15 为多层桥架各型线缆敷设要求。

表 2-15　多层桥架各型线缆敷设要求

层次	电缆用途	采用桥架型式	距上层桥架距离
上 ↓ 下	计算机线缆	带屏蔽罩槽式	—
	屏蔽控制电缆	带屏蔽罩槽式	—
	一般控制电缆	托盘式、槽式	≥250 mm
	低压动力电缆	梯级式、托盘式、槽式	≥350 mm
	高压动力电缆	带护罩梯级式	≥400 mm

2.3.2　机柜

机柜电磁屏蔽性能好、可减少设备噪声、占地面积小、便于管理,被广泛用于综合布线配线设备、网络设备、通信设备、系统控制设备等的安装工程中。

1. 机柜的结构和规格

综合布线系统一般采用 19 英寸宽的机柜,19 英寸宽的机柜被称为标准机柜,用以安装各种配线模块和交换机等。尽管各厂家所生产的配线产品的尺寸和结构有所不同,但对 19 英寸标准机柜的安装尺寸是一样的。标准机柜结构简洁,主要包括基本框架、内部支撑系统、布线系统和散热通风系统。

19 英寸标准机柜的外形有宽度、高度、深度 3 个参数。虽然对于符合 19 英寸标准尺寸的设备,所需要的安装宽度都为 465.1 mm,但 19 英寸实际成品机柜的物理宽度主要有 600 mm 和 800 mm 两种。

机柜的深度一般为 400～800 mm,应根据机柜内所安装设备的尺寸选定,常见的 19 英寸成品机柜深度为 500 mm、600 mm 和 800 mm。

机柜的高度一般为 0.7～2.4 m,常见的高度为 1.0 m、1.2 m、1.6 m、1.8 m、2.0 m 和 2.2 m。机柜的高度将决定机柜的配线容量和能够安装的设备数量。在 19 英寸标准机柜内,设备安装所占高度用一个特殊单位"U"表示,1U = 44.45 mm。19 英寸标准机柜的设备面板一般都是按 nU 的规格制造,机柜的容量通常用 nU 表示,多少个"U"的机柜表示能容纳多少个"U"的配线设备和网络设备。图 2-59 所示为 19 英寸标准机柜及其规格示意图,表 2-16 为某厂商部分 19 英寸标准机柜产品一览表。

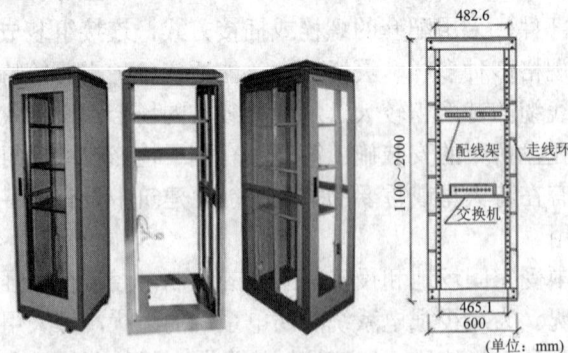

图 2-59　19 英寸标准机柜及其规格示意图

表 2-16　某厂商部分 19 英寸标准机柜产品一览表

容量	高度	宽度 × 深度(mm × mm)	风扇数	配件配置
47U	2.2 m	600 × 600	2	
		600 × 800	4	
		800 × 800	4	
42U	2.0 m	600 × 600	2	电源排插 1 套
		600 × 800	4	固定板 3 块
		800 × 600	4	重载脚轮 4 只
		800 × 800	4	支撑地脚 4 只
37U	1.8 m	600 × 600	2	方螺母螺钉 40 套
		600 × 800	4	
		800 × 600	4	
		800 × 800	4	
32U	1.6 m	600 × 600	2	电源排插 1 套
		600 × 800	4	固定板 1 块
27U	1.4 m	600 × 600	2	重载脚轮 4 只
		600 × 800	4	支撑地脚 4 只
22U	1.2 m	600 × 600	2	方螺母螺钉 20 套
		600 × 800	4	
18U	1.0 m	600 × 600	2	

2. 机柜的分类

1) 根据外形分类

根据机柜外形，机柜可分为立式机柜、挂墙式机柜和开放式机架三种。立式机柜用于独立设备间和电信间，是综合布线系统中最常用的机柜。挂墙式机柜用于没有独立房间的电信间，如图 2-60 所示。开放式机架为敞开型结构，如图 2-61 所示。开放式机架具有价格便宜、管理操作方便的优点，但不具备增强电磁屏蔽和削弱设备工作噪音等特性，同时在空气洁净度较差的环境中，设备表面更容易积灰。因此开放式机架主要用于要求不高和需要经常对设备进行操作管理的场合。

图 2-60　挂墙式机柜

图 2-61　开放式机架

2) 根据应用对象分类

根据应用对象，机柜除可分为布线型机柜和服务器型机柜两种基本类型外，还有控制台型机柜、通信机柜、EMC 机柜、自调整组合机柜及用户自行定制机柜等。

通常布线型机柜宽度为 600 mm，深度为 600 mm，主要用来安装配线架、交换机等。服务器型机柜与布线型机柜相比通常空间更大，通风散热性能更好，前、后门一般都有透气孔，排热风扇也较多，主要用于摆放服务器主机、显示器、存储设备等。图 2-62 所示为服务器型机柜，图 2-63 所示为控制台型机柜。

图 2-62　服务器型机柜　　　　　图 2-63　控制台型机柜

3) 根据组装方式分类

根据组装方式，机柜有一体化焊接型和组装型两种。组装型机柜是目前的主流结构，购买来的机柜都是散件包装，使用时组装安装简便。一体化焊接型机柜价格相对便宜，产品材料和焊接工艺是这类机柜的关键。

4) 根据制造材料分类

机柜性能与机柜的材料密切相关，机柜的制造材料主要有铝型材料和冷轧钢板两种。由铝型材料制造的机柜比较轻便，价格相对便宜，适合安放重量较轻的设备。冷轧钢板制造的机柜具有机械强度高、承重量大的特点。不管使用何种材料，优质机柜应具有稳重、符合安全规范，设备装入平稳、固定稳固、受力均匀等特点。

3. 机柜中的配件

订购机柜时，要注意机柜包含哪些标准配件，当标准配置不能满足设备安装要求时，还需要选购必要的配件。机柜中的常见配件有以下几种：

(1) 固定托盘，用于安装显示器、计算机、服务器、路由器、调制解调器、UPS 等各种设备，常规配置的固定托盘的深度有 440 mm、480 mm、580 mm、620 mm 等规格，承重一般不小于 50 kg，如图 2-64 所示。

(2) 滑动托盘，用于安装键盘及其他设备，可方便地拉出和推回，承重一般不小于 20 kg，如图 2-65 所示。

图 2-64　固定托盘　　　　　图 2-65　滑动托盘

(3) 配电单元,即电源插座,如图 2-66 所示,机柜中的配电单元通常为 1U 规格,带有适合各标准的电源插头,安装方式灵活多样。

(4) 理线器,其主要功能是配合配线架使用,起支撑和理顺线缆的作用,如图 2-67 所示。

 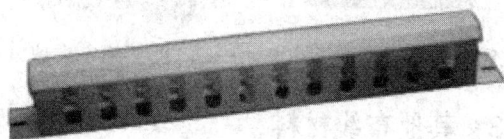

图 2-66　配电单元　　　　　　　　　　图 2-67　理线器

(5) 走线环,是一种专用理线装置,安装和拆卸非常方便,使用的数量和位置可以任意调整,如图 2-68 所示。

(6) L 支架,用于安装机柜中重量较大的标准设备,如机架式服务器等,如图 2-69 所示。

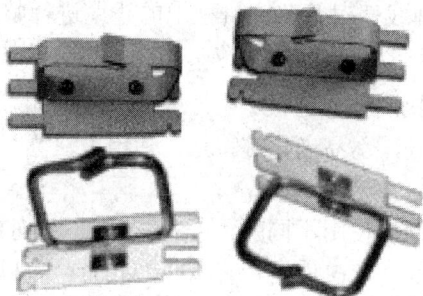 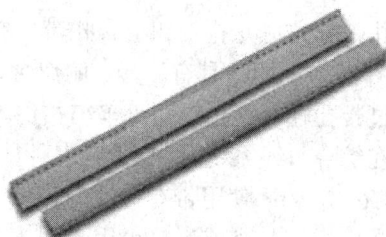

图 2-68　走线环　　　　　　　　　　图 2-69　L 支架

(7) 盲板,主要用于遮挡机柜内空余位置,有 1U、2U 等多种规格,如图 2-70 所示。

(8) 扩展横梁,主要用于扩展机柜内的安装空间,安装和拆卸非常方便,如图 2-71 所示。同时它也可以配合理线架、配电单元的安装,形式灵活多样。

图 2-70　盲板　　　　　　　　　　图 2-71　扩展横梁

(9) 键盘托架,主要用于安装标准计算机键盘,可翻折 90°,必须配合滑动托盘使用,如图 2-72 所示。

(10) 调速风机单,安装于机柜的顶部,用于机柜的散热,可根据环境温度和设备温度调节风扇的转速,有效地降低机房的噪音,如图 2-73 所示。

(11) 机架式风机单元。该单元高度为 1U,可安装在标准机柜内的任意位置上,可根据机柜内热源的情况进行配置，如图 2-74 所示。

图 2-72　键盘托架　　　　图 2-73　调速风机单元　　　　图 2-74　机架式风机单元

2.3.3　其他布线材料

1. 线缆整理材料

当大量的线缆在管路中敷设，或进入机柜端接到配线架上后，如果不对线缆进行整理，可能会出现以下问题：线缆本身有一定的重量，几十根甚至上百根的线缆会给连接器施加较大的压力，有些连接点会因为受力时间长而造成接触不良；另外数量众多的线缆很难区分管理，也很不美观。所以通常会采用扎带和理线器对管路和机柜中的线缆进行整理。

1) 扎带

扎带分为尼龙扎带和金属扎带，布线工程中通常使用尼龙扎带进行线缆捆扎。尼龙扎带如图 2-75 所示，具有耐酸、耐腐蚀、绝缘性好、不易老化等特点。使用方法为只要将带身穿过带孔轻轻一拉，即可牢牢扣住。

在综合布线系统中，扎带有多种使用方式，例如使用不同颜色的扎带，可以区分线路(如图 2-76 所示)；使用带有标签的扎带，可以加以标记；使用带有卡头的扎带，可以将线缆固定在面板。扎带使用时可用专用工具(如扎带工具枪)进行固定，也可用线扣将扎带和线缆进行固定，线扣分为粘贴型和非粘贴型两种。

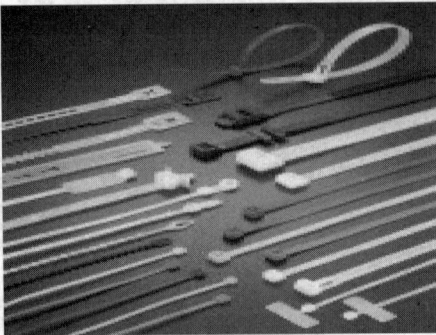

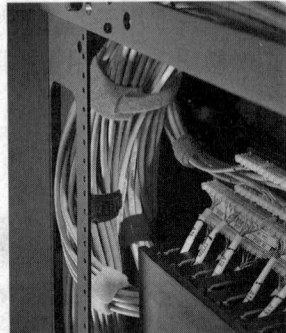

图 2-75　尼龙扎带　　　　　　图 2-76　扎带在综合布线系统中的使用

2) 理线器

理线器是为机柜中的电缆提供平行进入配线架 RJ-45 模块的通路，使电缆在压入模块之前不再多次直角转弯，减少了自身的信号辐射损耗，减少对周围电缆的辐射干扰。由于理线器使双绞线电缆有规律地、平行地进入模块，因此在线路扩充时，将不会因改变一根电缆而引起大量电缆的更动，使整体性能得到保证。理线器在机柜中的作用如图 2-77 所示。

在机柜中理线器可安装在三种位置：

(1) 垂直理线器可安装于机架的上下两端或中部，完成线缆的前后双向垂直管理。

(2) 水平理线器安装于机柜或机架的前面，与机架式配线架搭配使用，提供配线架或设备跳线水平方向的线缆管理。

(3) 机架顶部理线槽可安装在机架顶部，线缆通过机柜顶部理线槽进入机柜，为进出的线缆提供一个安全可靠的路径。

图 2-77　理线器在机柜中的作用

2. 线缆保护材料

硬质套管在线缆转弯、穿墙、裸露等特殊位置不能提供保护，此时就需要软质的线缆保护产品，主要有螺旋套管、蛇皮套管、防蜡管和金属边护套等，图 2-78 所示为蛇皮套管。

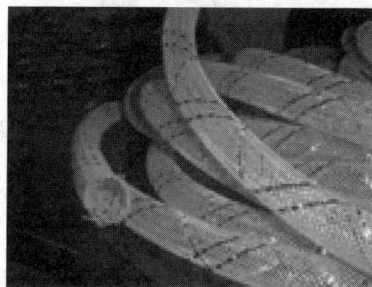

图 2-78　蛇皮套管

3. 线缆固定材料

1) 钢精轧头

钢精轧头又称为铝片线卡，多用于在线缆安装时固定护套线。它是用 0.35 mm 厚的铝片冲制而成的条形薄片，中间开有用于固定线缆的 1～3 个安装孔，如图 2-79 所示。

2) 钢钉线卡

钢钉线卡全称为塑料钢钉线卡，如图 2-80 所示，用于固定明敷的线缆，安装时用塑料卡卡住线缆，用锤子将水泥钢钉钉入建筑物墙壁即可。

图 2-79　铝片线卡

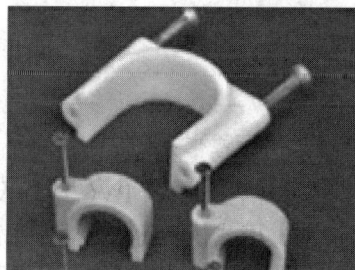

图 2-80　钢钉线卡

4. 钉、螺钉、膨胀螺栓等

(1) 水泥钉又称为特种钢钉，有很高的强度和良好的韧性，可由人工用榔头或锤子等工具直接钉入低标号的混凝土、矿渣砌体、砖墙、砂浆层和薄钢板等，从而把需要固定的构件固定上去。水泥钉可分为 T 型和 ST 型，其中 T 型为光杆型可用于混凝土、砖墙；ST 型杆部有拉丝，仅用于薄钢板。

(2) 塑料膨胀管应与木螺钉配合使用，如图 2-81 所示。在综合布线工程中，塑料膨胀管主要用于信息插座面板底盒和挂墙式设备的安装，以及 PVC 线槽、钢管和 PVC 管明敷时的固定。但在空心楼板、空心砖墙上不宜使用塑料膨胀管，应采用预埋螺栓、木砖或凿孔等方式。在采购塑料膨胀管时，应配套购买相同数量的木螺钉。

图 2-81　塑料膨胀管

(3) 钢制膨胀螺栓简称膨胀螺栓，由金属胀管、锥形螺栓、平垫圈、弹簧垫、螺母等五部分组成，如图 2-82 所示。膨胀螺栓主要用于承重较大的桥架和挂墙式机柜的安装，用螺栓口径和长度来划分不同的规格。

图 2-82　膨胀螺栓

【任务实施】

❖ **操作 1　认识管槽系统**

(1) 根据实际条件，观摩 PVC 线槽及附件(阴角、阳角等)、PVC-U 管、薄壁钢管及其附件、梯式桥架、槽式桥架等产品实物，对其外观、基本结构、产品标记等进行辨识。

(2) 到市场上调查目前常用的两种不同品牌的 PVC 线槽、PVC-U 管、薄壁钢管及桥架产品，观察其结构和标识，对比不同产品的价格和性能指标。

(3) 考察校园网或企业网综合布线工程案例，了解该工程所使用的管槽系统。

❖ 操作 2　认识机柜

(1) 根据实际条件，观摩立式机柜、壁挂式机柜及其配件等产品实物，对其外观、基本结构、产品标记等进行辨识。

(2) 到市场上调查目前常用的两种不同品牌的立式机柜、壁挂式机柜产品，观察其结构和标识，对比不同产品的价格和性能指标。

(3) 考察校园网或企业网综合布线工程案例，了解该工程所使用的机柜。

❖ 操作 3　认识其他布线材料

(1) 根据实际条件，观摩理线器、膨胀螺栓、膨胀塑料管、扎带、钢钉线卡等产品实物，对其外观、基本结构等进行辨识。

(2) 到市场上调查目前常用的理线器、膨胀螺栓、膨胀塑料管、扎带、钢钉线卡产品，观察其结构和标识，了解相关产品的价格和性能指标。

(3) 考察校园网或企业网综合布线工程案例，了解该工程所使用的其他布线材料。

任务 2.4　综合布线工程产品选型

【任务目的】

(1) 理解综合布线系统产品的组成；
(2) 熟悉综合布线产品选型的方法；
(3) 了解国内外主要综合布线产品厂商。

【工作环境与条件】

(1) 校园网综合布线工程案例及相关文档；
(2) 企业网综合布线工程案例及相关文档；
(3) 能够接入 Internet 的 PC。

【相关知识】

2.4.1　综合布线系统产品的组成

综合布线系统产品的组成，在这里是指整个系统产品中包含的所有布线部件的品种，但因为有各种组成方案，因此，它们有不同的内涵和含义。例如从产品的外形结构和功能作用来看，综合布线系统产品的组成主要有配线接续设备、连接硬件(包括通信引出端等)、各种传输介质(即各种线缆，也包括跳线和插接线等)以及其他部件(如管槽、桥架等)；又如从产品的系统地位和使用场合分析，综合布线系统产品是由建筑物内布线(包括垂直干线子系统、水平干线子系统和工作区布线等)和建筑群布线，即室内和室外两部分产品组成；目前，通常以产品外形结构和功能作用的组成为主要的方案，其他的有时也会使用。

　　另外需要注意的是，综合布线系统在其定义中明确指出它是与信息技术设备相连的通信电缆、光缆、各种软电缆及有关连接硬件构成的通用布线系统，能支持各种应用系统，这些应用系统能在综合布线系统上正常运行，但综合布线系统中不包括应用系统的各种设备。从定义中可以看出局端设备和终端设备，甚至中间设备(如交换机、路由器等)都不属于综合布线系统产品的组成，这些设备都是有源的，且必须与综合布线系统相连接后，才能正常运行。所以综合布线系统完全由布线部件组成，且都是无源的，主要是各种传输介质和相关部件，也就是各种线缆(包括电缆、光缆和各种软电缆等)和配线接续设备以及其他连接硬件等。这点必须划分清楚，以便在产品选型中能正确实施。

2.4.2　综合布线产品选型的方法

　　由于综合布线系统产品选型是一项技术要求较高、内容复杂细致、涉及方面广泛的工作，因此必须精心组织并周密安排，选择符合工程要求的优质产品。另外，由于综合布线系统的性质、使用功能和使用对象有所不同、建设规模和工程范围不一，建筑也有新建或改造等种种情况，因此，选用综合布线系统的设备和主要器材时，无论品种、规格和数量都会有些差异，产品选型工作必然会有繁有简。在实际工作中，可根据建设项目的规模、工程内容的繁简程度和具体实施的计划等情况，予以增加或简化产品选型的某些环节和工作，以适应工程实际需要。

　　1. 掌握前提条件和收集基础资料，作为产品选型的主要依据或参考因素

　　综合布线系统产品选型的前提条件是了解建设项目的建筑性质、使用功能、客观环境、建筑规模、工程范围、信息业务种类和今后发展需要等。同时要收集建筑的结构布局、平面布置、楼层面积、内部装修，其他系统和各种公用设施配备(如上下水、电气、暖气、通风、空调和燃气等管线的敷设方法)及布置等有关资料，以便考虑综合布线系统各种线缆敷设方法(例如明敷或暗敷，暗敷采用的保护方式等)和设备安装位置，这些情况和资料与产品的外形结构、安装方式、规格容量和线缆长度密切有关，有时成为产品选型的主要依据和决定因素。

　　2. 全面了解产品信息和广泛收集产品资料，便于初步筛选

　　在综合布线系统产品选型工作中，全面了解产品信息和广泛收集产品资料是产品选型的基础工作之一。在产品选型前，必须采取各种方法，如专人外出调查或发函索取有关生产厂商的产品资料，在全面掌握各种产品的性能、规格和价格外，还应了解已经使用该产品的单位，以便访问，深入调查其使用效果和各种反馈。在充分掌握各种产品信息和有关资料后，应集中分析研究产品质量的优劣，评议使用效果的利弊，认真筛选出2~3个初步入选的产品，以便进一步评估和考察。

　　3. 客观公正地通过技术经济比较对产品全面评估，选用理想的产品

　　产品选型工作一般宜与综合布线系统规划或设计同时进行，不应掺杂任何外来的干扰因素，对初选的几个产品认真评估，结合综合布线系统的技术方案进行技术经济分析比较。在分析比较时，必须遵循近期与远期相结合、局部服从整体、经济效益和社会效益并重等原则，将初步入选的产品所有优缺点和存在问题一一罗列，经过反复分析产品的优劣，认真对比使用的利弊，对每个初选产品要有一个比较公正客观的综合评价，以便提供最后决定选型的依据。在必要时，还可邀请专家，聘请有关行家对初选产品进行综合评估或向外技术咨询，以求集思广益，为选用技术先进、经济实用的理想产品做好基础工作。

4. 重点考察生产厂家和了解产品使用效果及用户反映

对初步入选的产品进行技术经济比较或综合评估后，可以从初选产品中选择某个较为理想的产品。为了进一步了解该产品情况，可以到该产品的生产厂家重点考察，例如考察生产厂家的技术力量和生产装备、生产流程和工艺水平、质量保证体系和售后服务以及产品使用后用户反馈和改进意见等。此外，应了解近期生产厂家能否提供符合更新的技术标准的先进产品等可能情况。同时对已使用该产品的单位，登门访问，进一步深入了解产品使用后的反馈，甚至可以在得到对方单位同意的情况下，选择某些基本技术性能进行实地检测，收集第一手的基础数据和资料，这些工作都有助于产品选型。

5. 决定选用产品型号和办理具体订货细节

经过对生产产品厂家重点考察和向使用产品单位访问了解后，对所选的产品有比较全面的综合性认识，结合工程实际情况，本着经济实用，切实可靠的原则，提出最后选用综合布线系统产品的意见，请建设单位或有关领导部门确定。确定选购产品的生产厂家后，应将本工程中综合布线系统所需的主要设备、各种线缆和所有布线部件的规格数量进行计算和汇总，再与生产厂家商谈具体订购产品的各项细节，尤其是产品质量、特殊要求、供货日期和交货地点及付款方式等，这些都需在订货合同中予以明确，以保证综合布线系统工程能按计划顺利进行。

从以上综合布线系统产品选型工作内容和具体步骤可以看出，这项工作是极为严密细致的，不但在网络建设规划时应予以重视，而且其与工程设计、安装施工和维护管理都有密切关系。因此，在产品选型时，要综合考虑，谨慎处理。

【任务实施】

❖ 操作 1　了解国外主要综合布线产品厂商

1. 康普

康普公司商标如图 2-83 所示。

图 2-83　康普公司商标

1) 厂商简介

SYSTIMAX Solutions™是结构化网联解决方案的全球领导者，其母公司美国康普

CommScope Inc.(NYSE：CTV)是全球最大的用于 HFC 应用宽带同轴电缆的生产商以及高性能光纤及双绞电缆的供应商。SYSTIMAX Solutions 在技术上的领先地位可以追溯到 Alexander Graham Bell 发明的电话以及 1876 年研制的第一项双绞线技术、1885 年 AT&T 的成立以及 1907 年贝尔实验室的成立。1983 年，SYSTIMAX Solutions 作为 AT&T 基础配电系统(PDS)被引进。1980 年晚期，创立的 SYSTIMAX 品牌，在从 AT&T、朗讯及向 Avaya 连续转移过程中，该品牌成为了布线及网联行业的领导者。

2) 典型产品

- SYSTIMAX GigaSPEED X10D 万兆铜缆解决方案；
- SYSTIMAX GigaSPEED 千兆布线解决方案；
- SYSTIMAX Power Sun 5e 类布线解决方案；
- SYSTIMAX OptiSPEED 光纤网络解决方案；
- SYSTIMAX LazrSPPED 光纤网络解决方案；
- SYSTIMAX AirSPEED 无线解决方案；
- SYSTIMAX iPatch System 电子配线架系统；
- SYSTIMAX FTP 屏蔽解决方案等。

3) 成功案例

其产品主要应用于各种大型项目、邮电、政府、金融、教育、商业大厦，主要成功案例包括北京首都机场 T3 航栈楼、广州白云机场、珠海机场、招商银行数据中心、厦门理工大学、上海金茂大厦、中央电视台、上海证券大厦、新上海国际大厦、云南省保险大楼、四川国际金融大厦、济南奥林匹克中心等。

4) 选型推荐

国内最知名的布线品牌，性能优越，价位稍高。

5) 网址

http://www.commscope.com/。

2. 西蒙

西蒙公司商标如图 2-84 所示。

图 2-84　西蒙公司商标

1) 厂商简介

美国西蒙公司 1903 年创立于美国康州水城，是著名的智能布线专业制造生产厂商，具有全系列的布线产品。在全球首家推出 6 类全系列产品及系统，首家推出 TBICSM 集成布线系统解决方案。1996 年进入中国，目前已为中国数千家重要用户提供布线的连接及服务。

2) 典型产品

- 西蒙 6 类布线系统 SYSTEM6；

- 智能住宅布线系统 HOMESYS；
- 开放办公布线系统 OOSYS；
- 迷你型办公布线系统 MINISYS；
- 绿色环保布线系统 GREENSYS；
- 屏蔽布线系统 SHIELDSYS；
- TBIIC 宽带互联集成布线解决方案；
- IDC 布线解决方案；
- BIAS 宽带社区布线解决方案；
- INTERNET 布线解决方案。

3) 成功案例

西蒙公司的产品主要应用于政府、通信、金融证券、商业大厦、电力、教育等领域，主要成功案例包括中华人民共和国铁道部、国家工商行政管理局、解放局总参谋部、中国联通总部、中国铁通数据中心、汇丰银行全球、中国农业银行总行、北京盈科中心、北京天银大厦、西门子公司北京总部大楼、中石化北京总部大楼、上海商品交易所、上海静安广场、国家电力调度中心、清华大学、兰州大学、西安交通大学等。

4) 选型推荐

西蒙公司产品具有良好的性能价格比和市场信誉口碑，有全系列的非屏蔽和屏蔽布线产品，全系列连接硬件及全系列铜缆、光纤产品，是一家世界级的知名品牌。

5) 网址

http://www.siemon.com.cn。

3. 耐克森

耐克森公司商标如图 2-85 所示。

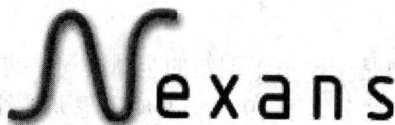

图 2-85　耐克森公司商标

1) 厂商简介

耐克森是成立于 1897 年的百年电缆制造集团，总部位于法国巴黎。阿尔卡特的电缆及部件的大部份机构于 2000 年成为了耐克森公司，Nexans 起源于拉丁文，有"连接"、"联合"之意。作为世界最大的电缆制造商，耐克森公司整合了电力和通讯电缆及电气线材业务，将广泛地服务于各种公共设施、工业领域以及与人类生活息息相关的各个部分。

耐克森公司拥有全球第一的绕组线，全球第一的海底电缆，欧洲第一的通信铜缆，欧洲第一的设备电缆，欧洲第一的数据传输电缆，全球第二的综合布线系统，欧洲第二的电气耗材，欧洲第二的电力电缆，全球第一的屏蔽布线。耐克森公司 ISO、IEC 等国际组织的重要成员，是国际标准的参与制定者，是世界屏蔽布线的领导者，也是 FTP 屏蔽电缆、6 类中心十字骨架、7 类插头和模块等技术的发明者。

2) 典型产品

- LANmark-5 超 5 类布线系统(屏蔽/非屏蔽);
- LANmark-6 6 类布线系统(屏蔽/非屏蔽);
- LANmark-7 7 类布线系统(全屏蔽);
- LANmark-OF 光纤布线系统。

3) 成功案例

耐克森主要为各地的政府大楼、电信、银行、学校、医院、各大公司企业等项目中提供综合布线。主要成功案例包括上海世博会法国馆、广州大学城、中央军委大楼、马来西亚双塔大厦、上海国际会议中心、北京瑞城中心、连云港田湾核电站、北京首都机场、中国邮电邮政总局、广东省政府、深圳市公安局、国家海关总署等。

4) 选型推荐

作为综合布线产品欧洲品牌的代表,耐克森公司提供广泛的产品和服务,其在屏蔽布线项目中竞争优势尤为明显。

5) 网址

http://www.nexans.com/。

4. 泛达

泛达公司商标如图 2-86 所示。

图 2-86　泛达公司商标

1) 厂商简介

美国泛达(PANDUIT)公司是一家勇于创新的全球公司,也是全球布线和通讯应用行业中享有盛名的制造商。美国泛达公司于 1955 年发明了尼龙扎线带,用于线束的绑扎,并在电器附件领域最先获得美国军方 MIL 认证。

2) 典型产品

- MINI-COMTM TX-6 屏蔽和非屏蔽模块插座和跳线;
- MINI-COM MINI-JACKTM 超 5 类模块插座和跳线;
- 英式倾斜式附防尘盖面板;
- MINI-COM 表面安装盒;
- PAN-PUNCH 超 5 类 110 式系统套件;
- GIGA-PUNCHTM 6 类 110 式高密度套件;
- MINI-COMTM 模块化配线架;
- OPTI-JACKTM 光纤连接器模块;
- 多模和单模光纤跳线;
- OPTICOM 光纤壁装式和机架式安装配线箱;

- 垂直与水平线缆管理系统；
- NETFRAMETM 机架系统。

3) 成功案例

泛达公司的产品主要应用于政府，教育，银行及金融机构，医疗，航空，科技，工业，职能大楼，住宅小区，新闻传播等大型项目，主要成功案例包括 CISCO 全国办公大楼、希捷国际科技有限公司厂房、外高桥造船基地、联合立华办公楼及厂房、宝钢集团、南京交行及下属 48 个营业部、温州黄龙智能小区等。

4) 选型推荐

美国泛达公司产品具有良好的性价比和售后服务，有全系列的屏蔽和非屏蔽布线产品，全系列连接硬件及全系列铜缆，光线产品，并且是 CISCO 指定的布线产品全球唯一合作伙伴。

5) 网址

http://www.panduit.com/。

5. Belden

Belden 公司商标如图 2-87 所示。

图 2-87　Belden 公司商标

1) 厂商简介

美国 Belden 公司是电线电缆行业的主要生产者，其产品被各大技术公司广泛应用于互联网、企业网、通信网络以及通过机器人与程序监控的自动生产车间的建设，并被广播公司用于制造高级数字和模拟视听设备和演播室。自从 1993 年公开上市以来，Belden 公司年混合增长率一直保持在 15%左右。Belden 公司的生产设施遍及北美、欧洲，并通过在澳大利亚和亚洲的机构将其产品扩展到几乎世界的每个地方。随着近来光纤产品需求的快速增长，Belden 已在三大洲建立了光纤生产基地。Belden 公司电线电缆和光纤产品的先进技术已经被广泛应用于电子、电气和通信市场。

2) 典型产品

美国 Belden 公司提供数据电缆系列、音视频电缆系列、工业控制电缆产品系列、新一代高档楼宇弱电电缆、智能家居布线电缆、光纤电缆等产品。

3) 成功案例

美国 Belden 公司主要成功案例包括 2002 韩日世界杯、中央电视台、西北电力、浦东机场、北京首都国际机场、北京奥体中心、Dell 中国、北京东方广场、香港 TVB、江苏电视台、南京电视台、福建电视台、河北电视台、广州新机场、解放军总参谋部、汇丰银行等。

4) 选型推荐

Belden 产品种类齐备，更以卓越的产品质量得到业界称赞。所有 Belden 的工厂均获得 ISO 9001 和 ISO 9002 质量证书，为电线电缆行业之首。同时，Belden 高质量的产品也成为同行业中的典范。

5) 网址

http://www.belden.com.cn。

6. 施耐德电气

施耐德电气公司商标如图 2-88 所示。

图 2-88　施耐德电气公司商标

1) 厂商简介

施耐德电气公司作为全球电力和控制领域的领导者，拥有悠久的历史和强大的实力，配电和自动化及控制是施耐德电气携手并进的两大业务领域，遍布民用住宅、建筑、工业、以及能源与基础设施四大市场。通过对梅兰日兰(Merlin Gerin)和奇胜(Clipsal)两大综合布线系统品牌及其产品线的整合，施耐德电气公司能够为用户提供高质量的产品、完整的解决方案，能够为用户构建现代智能建筑和工业自动数据信息系统的高品质物理基础网络。

2) 典型产品

施耐德电气 VDI(Voice，Data，Image)综合布线系统包括四大系列：Infra+, Titanium, Connect 以及智能布线箱。这些系列针对不同的市场和用户需求，提供各具特色的产品及解决方案，能够提供从超 5 类、6 类到 7 类，从非屏蔽、屏蔽到光纤，包括信息模块、跳线、面板、线槽、布线工具等在内的全系列综合布线系统产品。

3) 成功案例

施耐德电气的主要成功案例包括北京协和医院、北京电力公司报修指挥中心、经济日报社新建报业大楼、中国疾病预防控制中心、北京国际金融城、北京广播大厦、阿里巴巴杭州软件基地、上海电力调度中心、山东青岛市人民检察院综合业务楼等。

4) 选型推荐

施耐德电气 VDI 队伍是目前国际国内布线行业中最独树一帜的团队，由厂商的销售工程师和行业顾问直接为项目提供项目前、中、后三个阶段的咨询顾问式服务，让客户对项目的了解做到站得更高、看得更全，摆脱对布线行业的传统认识，新的策略、更贴心的服务也赢得了更多大客户的信任。目前施耐德电气挟两大国际知名品牌 MG 梅兰日兰、CLIPSAL 奇胜在多个地区、多个行业为客户量身定做了多种布线解决方案。

5) 网址

http://www.schneider-electric.cn/。

7. 泰科电子-安普布线

泰科电子公司商标如图 2-89 所示，安普布线公司商标如图 2-90 所示。

图 2-89 泰科电子公司商标　　　　　　　图 2-90 安普布线公司商标

1) 厂商简介

美国泰科电子公司是世界上最大的无源电子元件制造商，是无线元件、电源系统和建筑物结构化布线器件和系统方面前沿技术的领导者，是陆地移动无线电行业的关键通讯系统的供应商，泰科电子提供先进的技术产品，旗下拥有超过 40 个著名的受人尊重的品牌。安普布线(AMP NETCONNECT)是泰科电子公司的一部分，可为各种建筑物的布线系统提供完整的产品和服务。

2) 典型产品

- XG 系统解决方案；
- 光纤布线系统解决方案；
- EtherSeal 系统解决方案；
- AMPTRAC 智能布线系统解决方案；
- 存储区域及数据中心系统解决方案；
- 6 类铜缆布线系统解决方案；
- 超 5 类铜缆布线系统解决方案等。

3) 成功案例

泰科电子公司的主要成功案例包括上海 APEC 会议中心、北京大学城、广州建设银行大楼、福建省移动通信局等大型项目。

4) 选型推荐

AMP NETCONNECT 作为早在 1993 年就进入国内市场的知名布线品牌，市场占有率一直处于国内布线市场前茅。它在国内建立了完善的代理和客户基础，培养了大批工程师。为用户提供 25 年的产品性能保证。

5) 网址

http:// www.te.com.cn。

❖ 操作 2　了解国内主要综合布线产品厂商

1. 普天天纪

普天天纪公司商标如图 2-91 所示。

图 2-91 普天天纪公司商标

1) 厂商简介

南京普天天纪楼宇智能有限公司是国内专门致力于综合布线、电工电气、楼宇智能化系列产品的设计开发、生产及系统集成、技术推广的专业厂家。公司 1998 年推出中国第一套超 5 类布线系统，2000 年推出中国第一套家居布线系统、宽带小区系统，2003 年推出中国第一套 6 类布线系统，2008 年推出中国第一套超 6 类布线系统。公司连续多次获中国市场"十大综合布线品牌"称号、"智能建筑领军企业"称号、"最佳民族布线品牌"称号。

2) 典型产品

普天天纪公司现已形成超 5 类、6 类、超 6 类铜缆布线、光纤综合布线系统，宽带小区综合布线系统，家居布线系统等几大系列产品。

3) 成功案例

普天天纪公司产品在 2008 年北京奥运会工程、2010 年上海世博会工程、嫦娥探月工程、远望号考察船基地、上海火车南站、上海洋山深水港等国家重点机构和项目中广泛应用。

4) 选型推荐

普天天纪是第一家专门致力于综合布线产品的设计开发、生产及工程施工、技术推广的国内厂家，其产品一直以较高的性价比服务市场，在重大网络工程中的广泛稳定应用，标志着国产综合布线产品系列与全球技术发展同步，制造与应用服务日趋成熟。

5) 网址

http://www.telege.cn。

2. 清华同方

清华同方公司商标如图 2-92 所示。

图 2-92　清华同方公司商标

1) 厂商简介

清华同方布线系统是同方基于国际布线标准研发的高品质布线产品，是同方针对国内市场需求而推出的，作为"联横"系列的重要产品。清华同方布线系统提供给用户一个统一、开放的布线物理结构，能够为包括以太网、令牌环网、ATM 及视频应用在内的多种应用而同时支持多种逻辑网络拓扑，为适应未来"信息经纬、无处不在"的开放式环境构筑一个经济高效的网络基础。

2) 典型产品

清华同方拥有全系列的综合布线产品，其中包括，线缆、数据配线架、110 配线架、模块、面板、数据跳线，工具等以及全光纤布线产品包括室内外光缆、光纤配线架、光纤耦合器、光纤跳线等，是国内提供综合布线产品种类较齐全的厂商之一。

3) 成功案例

清华同方的产品主要应用于酒店、教育、办公楼、体育馆等多个领域，主要成功案例包括南开大学校园网、北京联合大学留学生楼、重庆交通科研设计院、北京凯迪克大酒店、北京希尔顿酒店等。

4) 选型推荐

清华同方作为国内知名 IT 企业,清华同方具有良好的性能价格比和市场信誉口碑,能够提供完善的售后服务体系。

5) 网址

http://www.egov.thtf.com.cn。

3. 大唐电信

大唐电信公司商标如图 2-93 所示。

图 2-93　大唐电信公司商标

1) 厂商简介

成都大唐线缆有限公司位于成都国家高新技术开发区西区,公司的前身原邮电部第五研究所从 20 世纪 70 年代就致力于现代通信线缆研究和制造,承担了我国许多通信光缆、电缆的科技攻关和标准制定项目,积累了几十年通信光电缆的丰富经验,是中国最重要的线缆传输研发基地之一。公司主要从事与移动通信、光纤通信、数字通信等有关的同轴电缆、通信光缆、数字电缆及相关配件产品的研究、开发、生产和销售,不但拥有一支强大的技术团队,而且配备全性能检测仪器。

2) 典型产品

大唐电信综合布线产品的种类包括室内布线/室外布线、屏蔽/非屏蔽的应用,能向广大用户提供完整的 3 类、5 类、超 5 类、6 类等数字电缆以及相应的各类连接器件,完全满足绝大部分布线系统的需求。

3) 成功案例

大唐电信的产品主要应用于国防、教育、金融、政府、商业楼宇、电信运营商(中国电信、中国网通、中国移动)等大型项目。主要成功案例包括陕西电信全省网络优化工程、广东省第十三届运动会体育场馆、中国农业银行辽宁省营业网点改造项目、四川大学、陕西人民医院、成都理工大学等。

4) 选型推荐

大唐电信承担了我国许多数字电缆的行业标准的起草工作,建立了 ISO 9001 质量保证体系,对所有影响质量的因素进行了持续、有效监控。产品先后获得泰尔认证证书、UL 认证证书及 ISO 9001 质量体系国际认证证书,完全满足并优于国家标准、行业标准和国际标准,确保在链路中传输更高速、更稳定、更安全,其优质的质量,充分满足了用户对布线系统的要求。

5) 网址

http://www.datangcable.com。

思考与练习 2

1. 常用的网络传输介质有哪些？

2. 屏蔽双绞线和非屏蔽双绞线在性能和应用上有什么差别？

3. 简述光纤通信系统的组成和各部分的作用。

4. 单模光纤与多模光纤在性能和应用上有什么差别？

5. 通常在什么情况下综合布线系统中会使用无线传输介质？

6. 按照《综合布线系统工程设计规范》的要求，在综合布线各子系统中一般应选择何种传输介质？

7. 双绞线电缆的连接器件有哪些？这些连接器件如何与双绞线电缆连接从而构成一条完整的通信链路？

8. 双绞线跳线有哪几种？分别有什么作用？

9. 配线架在综合布线系统中有什么作用？

10. 光纤介质的连接器件有哪些？各有什么作用？

11. 综合布线系统中常用的线管由哪些类型？分别应该在什么地方选用？

12. 简述综合布线系统中桥架的种类和适用场合。

13. 标准机柜的宽度是多少？一个 32U 的机柜，"32U"是什么意思？

工作单元 3　综合布线工程设计

综合布线工程设计包括系统总体方案设计和各子系统的详细设计。系统总体方案设计主要包括系统的设计目标、系统设计原则、系统设计依据、系统各类设备的选型及配置、系统总体结构等内容。综合布线工程的各个子系统设计是系统设计的核心内容，它直接影响用户的使用效果。本工作单元的目标是了解综合布线系统的设计内容和流程，理解用户需求分析和建筑物现场勘查的一般方法；理解综合布线系统在不同建筑类型中的一般结构，了解综合布线工程图纸设计的方法；熟悉综合布线系统各个子系统的基本设计思路和方法，了解综合布线工程设计方案的编写方法。

任务 3.1　综合布线工程用户需求分析

【任务目的】

(1) 了解综合布线系统的设计内容和流程；
(2) 理解用户需求分析的内容和方法；
(3) 理解建筑物现场勘查的一般方法。

【工作环境与条件】

(1) 校园网综合布线工程案例及相关文档；
(2) 企业网综合布线工程案例及相关文档；
(3) 能够接入 Internet 的 PC。

【相关知识】

3.1.1　综合布线系统设计概述

1. 综合布线系统的设计内容

1) 系统总体方案设计

在综合布线工程设计中系统总体方案设计是非常关键的部分，它直接决定了工程项目质量的优劣。系统总体方案设计主要包括系统的设计目标、系统设计原则、系统设计依据、系统各类设备的选型及配置、系统总体结构等内容。在进行总体方案设计时应根据工程具体情况，进行灵活设计，例如单个建筑物楼宇的综合布线设计就不应考虑建筑群子系统的设计。又例如有些低层建筑物信息点数量很少，考虑到系统的性价比的因素，可以取消电信间(管理间子系统)，只保留设备间，电信间与设备间功能整合在一起设计。

此外，在进行系统总体方案设计时，还应考虑其他系统(如有线电视系统、闭路视频监控系统、消防监控管理系统等)的特点和要求，提出互相密切配合，统一协调的技术方案。例如各个主机之间的线路连接，同一路由的敷设方式等，都应有明确要求并有切实可行的具体方案，同时，还应注意与建筑结构和内部装修以及其他设施之间的配合，这些问题在系统总体方案设计中都应予以考虑。

2) 各个子系统详细设计

综合布线工程的各个子系统设计是系统设计的核心内容，它直接影响用户的使用效果。按照国外综合布线的标准及规范，综合布线系统可以分为六个子系统，即工作区子系统、水平干线子系统、管理间子系统、垂直干线子系统、设备间子系统和建筑群子系统。对各个子系统进行设计时，应注意以下设计要点：

(1) 工作区子系统设计时着重注意信息点的数量及安装位置，以及信息模块、信息插座的选型及安装标准；

(2) 水平干线子系统设计时要注意线缆布设路由，线缆和管槽类型的选择，确定具体的布线方案；

(3) 管理间子系统设计时要注意管理器件的选择、水平线缆和主干线缆的端接方式和安装位置；

(4) 垂直干线子系统设计时要注意主干线缆的选择、干线布线路由走向的确定、管槽铺设的方式，确定具体的布线方案；

(5) 设备间子系统设计时要注意确定建筑物设备间位置、设备间装修标准、设备间环境要求、主干线缆的安装和管理方式；

(6) 建筑群子系统设计时要注意确定各建筑物之间线缆的路由走向、线缆规格选择、线缆布设方式、建筑物线缆入口位置。还要考虑线缆引入建筑物后，采取的防雷、接地和防火的保护设备及相应的技术措施。

当然国内外综合布线标准对于综合布线系统各子系统的划分有所不同，例如根据《综合布线系统工程设计规范》(GB 50311—2007)，将综合布线系统划分为工作区、配线子系统、干线子系统、建筑群子系统、设备间、进线间和管理七个子系统，在实际设计时可以根据用户的具体要求综合考虑，灵活选择。

3) 其他方面设计

综合布线系统其他方面的设计内容较多，主要有以下几个方面：

(1) 交直流电源的设备选用和安装方法(包括计算机、传真机、网络交换机、用户电话交换机等系统的电源)。

(2) 综合布线系统在可能遭受各种外界干扰源的影响(如各种电气装置、无线电干扰、高压电线以及强噪声环境等)时，应采取的防护和接地等技术措施。

(3) 综合布线系统要求采用全屏蔽技术时，应选用屏蔽电缆以及相应的屏蔽配线设备。在设计中应详细说明系统屏蔽的要求和具体实施的标准。

(4) 在综合布线系统中，对建筑物设备间和楼层配线间进行设计时，应对其面积、门窗、内部装修、防尘、防火、电气照明、空调等方面进行明确的规定。

2. 综合布线系统的设计流程

综合布线系统的设计流程可以参考图 3-1 所示的设计流程图，具体步骤包括：

(1) 分析用户需求；

(2) 获取建筑物平面图；

(3) 系统结构设计；

(4) 布线路由设计；

(5) 技术方案论证；

(6) 绘制综合布线施工图；

(7) 编制综合布线用料清单。

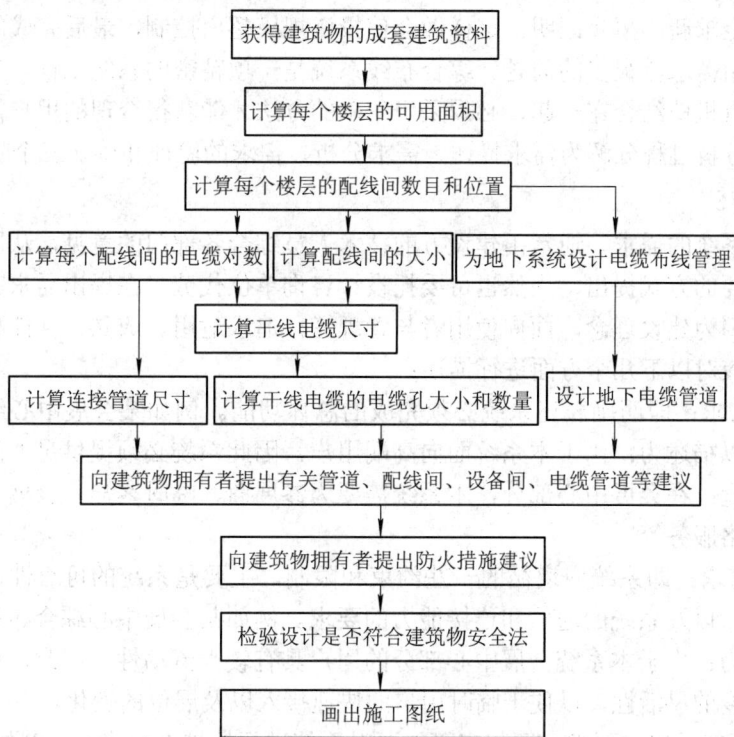

图 3-1　综合布线系统设计流程图

3.1.2　用户需求分析的内容和方法

综合布线工程用户需求分析主要是对通信引出端(即信息插座)的数量、位置以及通信业务需要进行调查预测，如果建设单位能够提供工程中所有信息点的详细资料，且能够作为设计的基本依据，那么可不进行这项工作。通常，不同的综合布线系统其建设规模、使用功能、业务性质、人员数量、组成成分以及对外联系的密切程度都会有所区别。因此，用户需求分析是一项非常复杂、极为细致和繁琐的工作。用户信息调查预测的结果是综合布线系统规划设计的基础数据，它的准确和详尽程度将会直接影响综合布线系统的网络结构、设备配置、线缆分布以及工程投资等一系列重大问题。

1. 用户需求分析的内容

综合布线工程的用户需求分析主要包含以下内容：

(1) 用户信息点的种类；

(2) 用户信息点的数量；

(3) 用户信息点的分布情况；

(4) 原有系统的应用及分布情况；

(5) 设备间的位置；

(6) 进行综合布线施工建筑物的建筑平面图以及相关管线分布图。

2. 用户需求分析的方法

通常建设方(用户)在提出综合布线系统需求的时候，受自身经验和知识等方面的限制，往往是求大求全求新。事实证明，这样做会使投资规模超出控制，最后完成的系统存在不能满足实际使用需求等很多的问题。综合布线系统是一项精密的系统工程，各个组成部分必须紧密地、有机地结合在一起，必须采用正确的方法才能获得合理的用户需求，通常可以把用户需求分析过程分解为需求描述、需求分析、需求的验证和确认三个阶段。

1) 需求描述

综合布线系统的需求，通常由建设方的技术人员综合各部门的意见，从用户的角度出发，以简明扼要的方式提出，当然也可委托设计咨询单位代劳。在提出需求的时候，应该是以理性、实用为建设理念，面向使用者与管理者，追求适用、成熟、性能稳定、使用便利。系统需求应对以下几个方面进行描述：

(1) 功能需求：即明确表述系统必须完成的总体功能。例如某会展中心综合布线系统的功能需求可以描述为：由于本系统面向高端用户，因此系统必须提供足够的网络带宽和互联网出口带宽；在会展中心部分，本系统需要为参展商、临时客户、会展主办机构提供有线和无线网络服务等。

(2) 性能需求：即系统应遵循的一些约束和限制，主要是系统的可靠性、灵活性、安全性、健壮性，以及系统的通信和连接能力的要求。例如某会展中心综合布线系统的性能需求可以描述为：由于本系统会展中心部分的用户具有较大流动性，因此，该部分网络服务必须具有高度的灵活性，以便于临时用户的快速接入以及展位的变化。

(3) 将来可能提出的要求：即将来可能要对系统进行的扩充和修改。例如在若干年后，如需要对网络进行升级，布线系统应保持足够的传输能力之类的要求。

综上所述，在本阶段，综合布线工程建设方的任务是提出合理、实际、有前瞻性的需求，完整表达建设方对综合布线系统的期望。这一部分内容将体现在工程的招标文件中。

2) 需求分析

由于建设方一般不具备专业方面的知识和经验，因此设计单位需要对其需求进行细化和分析，其主要任务是将建设方在需求描述中所表达的笼统意图，转化为具体、专业的实现方法，并对该方法进行性能和效益分析。

(1) 系统的整体规划：包括系统的设计原则、设计理念、实现目标以及系统的定位。系统的整体规划要与建设方对整个建设项目的目标相适应，同时，也要与当前的主流技术和建设方投入的资金相适应，还应该考虑周围的环境。

(2) 系统的结构化分析：综合布线系统的设计与大型软件的开发有许多相似之处，它采用模块化结构，每个子系统之间都是高内聚、低耦合的关系。因此在分析时可以借鉴软件工程学中的结构化分析方法，自顶向下、逐步求精。

(3) 文档规范：对系统的分析结果，应该用文档正式地记录下来，作为需求分析的阶段性成果，在文档中至少应该包括系统的规格说明、系统各组成部分的描述、相似系统的类比、系统设计计划等内容。

3) 需求的验证和确认

结合现场调查，核定用户需求预测结果。参照以往类似性质工程设计中的有关数据和计算指标，到工程现场进行调查了解，分析预测结果与现场实际是否相符，对以下三个方面进行验证：

- 一致性：即需求报告中的所有需求应该是一致的，不能相互冲突。
- 完整性：需求是完整的，能够充分覆盖用户的意图。
- 现实性：需求是可实现的，是能为用户产生效益的。

由于设计单位和建设方在对综合布线工程的理解上存在一定的偏差，所以对用户需求的分析和预测结果的确认是一个反复商讨的过程，经过建设方和设计单位的验证后，双方都应在文档上签字确认，作为下一步工作的依据。

3. 用户需求分析的基本要求

为了达到准确、翔实的目的，用户需求分析需要做到以下几点：

(1) 以工作区为核心，提高用户需求分析的准确性。

要分析用户对综合布线系统的需求，关键是确定建筑物中需要信息点的类型和场所，即确定工作区的位置和性质。对于所有用户信息业务种类(包括电话机、计算机、图像设备和控制信号装置等)的信息需求的发生点都应包含三个要素，即用户信息点出现的时间、所在的位置和具体数量，否则在工程设计中将无法确定配置设备和敷设线缆的时间、地点、规格和容量。因此，对此三个要素的调查预测应尽量做到准确、翔实而具体。

(2) 以近期需求为主，适当结合今后发展需要，留有余地。

建筑物一旦建成，其建筑性质、建设规模、结构形式、使用功能、楼层数量、建筑面积和楼层高度等一般都已经固定，并在一定程度和具体条件下已决定其使用特点和用户性质(如办公楼或商贸业务楼等)。因此从近期来看，在建筑物中设置的通信引出端(信息插座)的位置和数量，在一般情况下是固定的，在用户需求分析中，应以近期需求为主，但也要考虑建筑物的使用功能和用户性质在今后有可能变化。因此，通信引出端的分布数量和位置要适当留有发展和应变的余地。例如：对今后有可能发展变化的房间和场所，要适当增加通信引出端的数量，其位置也应布置得较为灵活，使之具有应变能力。

(3) 对各种信息终端统筹兼顾、全面分析。

综合布线系统的主要特点之一是能综合话音、数据、图像和监控等设备的传输性能要求，具有较高的兼容性和互换性。因此，在需求分析过程中，对所有信息终端设备都要统筹兼顾、全面考虑，以免造成遗漏。

(4) 多方征求意见，不断完善用户需求信息。

根据调查收集到的基础资料和了解的工程建设项目的情况，参照其他类似综合布线系统的情况进行分析比较和预测，可以初步得到综合布线系统工程设计所需的用户需求信息。之后应将初步得到的用户需求分析结果提供给建设方或有关部门共同商讨，广泛听取意见。如初步分析结果是由建设方提供时，工程设计人员应了解该分析结果的依据及有关资料，共同对初步分析结果进行讨论，并进行必要的补充和修正。同时应参照以往其他类似工程设计中的有关数据和计算指标，结合工程现场调查研究，分析该结果与现场实际是否相符，特别要避免项目丢失或发生重大错误。

3.1.3 建筑物现场勘察

综合布线系统的设计较为复杂，设计人员和施工人员要熟悉建筑物的结构主要通过两种方法，首先是查阅建筑图纸，然后是到现场勘察。

现场勘查是建设单位(招标方)向投标单位提供的一个可以查看可能影响设计施工的任何问题的机会，由招标方提供的招标文件可能并没有说明问题的复杂性，例如在一些图纸中可能显示了楼层之间需要提升线缆或规定了线缆的尺寸，但可能没有显示是否楼层之间有现成的孔洞，如果需要在楼层之间进行取芯钻孔很可能是要使用分包商的。因此投标单位必须到施工现场进行勘察，以确定具体的布线方案。

通常勘察现场的时间已在招标文件中指定，由招标单位在指定时间内统一组织。现场勘察的参与人包括工程负责人、布线系统设计人、施工督导人、项目经理及其他需要了解工程现场状况的人，当然还应包括建筑单位的技术负责人，以便现场研究决定一些事情。

因为图纸并不总是能够显示具体的路径信息，例如某普通办公室可能和配线间只一墙之隔，从图纸上看可以在墙上简单的钻孔将线缆引入办公室，但在勘察现场时可能会发现墙上是不能钻孔的，不得不采用其他的路由布线。所以在现场勘察时要特别仔细，应对照"平面图"查看建筑物，逐一确认以下任务：

(1) 查看各楼层、走廊、房间、电梯厅、大厅等吊顶的情况，包括吊顶是否可打开、吊顶高度、吊顶距梁高度等。然后根据吊顶的情况确定水平主干线槽的铺设方法，对于新建筑物要确定是走吊顶内线槽，还是走地面线槽；对于旧建筑物改造工程要确定水平主干线槽的敷设路线。另外还应找到综合布线系统需要用到的电缆竖井，查看竖井有无楼板，询问竖井中是否有其他系统的线路，如监控、空调、消防、有线电视、自动控制、广播音响等。

(2) 查看建筑物中的其他弱电系统，确定计算机网络线路是否需要与其他线路共用槽道。综合布线系统是建筑物弱电系统中的一部分，在建筑工程管线设计时，通常是与其他弱电系统各子系统通盘考虑，在空间有限时则大多采用混合敷设的方式。需要注意的是在国家标准《综合布线系统工程设计规范》(GB 50311—2007)中，明确要求综合布线线缆应单独敷设，并要求与其他弱电系统的线缆间距应符合设计要求(可以加金属隔板)。这样做有助于提高综合布线系统的工程质量和长期可靠性。

(3) 若没有可用的电缆竖井，则要和甲方技术负责人商定垂直槽道的位置，并选择垂直槽道的种类，如梯式桥架、托盘式桥架、槽式桥架、钢管等。

(4) 在设备间和楼层配线间要确定机柜的安放位置，确定到机柜的主干线槽的铺设方式。查看设备间和楼层配线间有无高架活动地板，并测量楼层高度数据，要特别注意的是一般主楼和裙楼、一层和其他楼层的楼层高度会有所不同，同时还要确定卫星配线箱的安放位置。

(5) 如果在竖井内墙上挂装楼层配线箱，要求竖井内有电灯，并且有楼板，而不是直通的。如果是在走廊墙壁上暗嵌配线箱，则要看墙壁是否贴大理石，是否有墙围需要做特别处理，是否离电梯厅或房间门太近影响美观。

(6) 确定卫星配线箱槽道的铺设方式和槽道种类。

(7) 讨论对建筑物结构尚不清楚的问题。一般包括哪些是承重墙、建筑外墙哪些部分有玻璃幕墙、设备层在哪层、大厅的地面材质、墙面的处理方法(如喷涂、贴大理石、木墙围等)，柱子表面的处理方法(如喷涂、贴大理石、不锈钢包面等)等。

【任务实施】

❖ 操作 1 估算用户信息点需求量

1. 用户信息点需求量的估算方法和参考指标

由于建筑物的类型较多，其建筑规模、使用性质、工程范围和人员结构也不同，因此，用户信息点需求量的估算方法和参考指标也有多种。而且这些方法和指标也不是一成不变的，应结合工程现场的实际情况，不宜生搬硬套，以免产生错误的结果。

1) 用户信息点需求量的估算方法

对于综合布线系统用户信息点数量的估算，除了和建筑面积的大小有关外，更重要的是和建筑物的性质和类型有关。

(1) 综合办公和商贸租赁大厦等类型。本类型包括政府机关、公司总部、商务贸易中心等，也包括专业银行、保险公司、股票证券市场等。这些建筑的用户信息点需求量的估算方法有以下几种：

• 按在职工作人员的数量估算：通常党政机关、金融单位、科研设计部门的每名工作人员应配有一个信息点。规模较小或不太重要的部门可以 2~3 名工作人员配有 1 个信息点。在比较特殊或重要的部门，其信息点数量可增加到每人两个或更多。

• 按组织机构的设置估算：在一般行政机关、工矿企业、科研设计等部门，可根据其组织机构、人员编制及对外联系的密切程度来考虑。一般单位的科室至少应配有 2 个信息点，也可根据实际需要和业务量多少增减信息点数量。

(2) 交通运输和新闻机构。这一类单位包括航空港、火车站、长途汽车客运枢纽站、航运港、通信枢纽楼、公交指挥中心等，此外还有广播电台、电视台、新闻通讯社和报社等。上述单位的建筑都属于重要的公共建筑，要求很高，信息点需求量大，一般有以下几种估算方法：

• 按工作人员的数量估算：根据单位的工作性质、业务量多少和对外联系密切程度估算。重要单位每人应配备 1 个信息点，一般单位最少 2~3 个人配有 1 个信息点。

• 按工作岗位设置估算：有些单位(如客运、货运调度岗位)采用的是 24 h 工作制，而且业务性质较重要，除必备信息点外，还应设置备用信息点，以保证工作不间断。

• 按参与活动和来往人员的多少估算：在从事交通运输工作建筑中，参与活动和来往人员较多，且活动时间较长和对外联系较频繁，因此，可根据上述因素估算信息点数量。一般可以按正比关系考虑，信息点的设置位置也应考虑人员活动分散的特点。

(3) 其他类型的重要建筑。这类建筑较为复杂，各有特点，其中有高级宾馆饭店、商城大厦、购物中心、医院、急救中心、贸易展览场馆、社会活动中心或会议中心等。其信息点需求量的估算除可采用上述方法外，还可用以下几种：

· 按经营规模的大小或工作岗位的多少来估算：如商场按柜台、宾馆饭店按房间、会议中心按座位、医院按床位或门诊病人数量作为基本计量单位。但要注意上述各类建筑本身的差异很大，对信息的需求也就不同，在估算时必须有所区别。

· 按建筑面积大小估计：上述几种场所也可按建筑面积的大小，办公室房间的多少、商场营业面积、商贸洽谈场所数量面积和展览摊位数来估算。

此外，还可以根据建筑的性质，按建筑中的具体单位数量估算，例如租赁大厦因租用单位较多，需要按租用单位分别估算。还有一些特殊情况的估计方法，例如高科技科研业务楼和高等学校的教学楼可采用人员数量和建筑面积相结合的估算方法等。

2) 用户信息点需求量的参考指标

综合布线系统的用户信息需求分析包括所有信息业务，如话音、数据、图像和自控信号等。对于单纯的电话用户预测方法和有关指标可参考有关书籍。作为综合性信息点的估算较为复杂，到目前还没有能较准确反映实际的数据。表 3-1 列出了办公性质建筑物用户信息点需求量的参考指标，仅供参考，不能作为标准的依据。

表 3-1　办公性质建筑物用户信息点需求量的参考指标

类别		1(一般)	2(中等)	3(高级)	4(重要特殊)
办公室房间面积		15 m² 以下/间	10~20 m²/间	15~25 m²/间	20~30 m²/间
建筑性质	行政办公类型	1~3	2~4	3~5	4~6
	商贸租赁类型	1~3	3~5	3~5	5~7
	交通运输新闻科技类型	1~3	2~4	2~4	4~6
信息业务种类		话音、数据、图像	话音、数据、图像、监控	话音、数据、图像、监控、保安	话音、数据、图像、监控、保安、报警
备注		1. 办公室房间面积一般不小于 10 m²/间　2. 办公室房间面积大于 30 m²/间时，本表不适用			

表 3-1 中类别 1、2、3、4 类分别为"一般"、"中等"、"高级"、"重要特殊"，它们是按建筑所处环境、建筑性质和使用功能来分类的。如以建筑所处环境来分："一般"是指中等城市的行政办公楼；"中等"是指大中城市中的办公楼；"高级"是指首都、直辖市或特大城市中的办公楼；"重要特殊"是指用户要求极高、内部功能齐全、社会影响较大的国家级办公楼。

居住建筑用户信息点需求量应分别从居住建筑的套型、房间数和智能化程度来估算。表 3-2 列出了居住建筑用户信息点需求量的参考指标，仅供参考，不能作为标准的依据。

表 3-2　居住建筑用户信息点需求量的参考指标

套型	特大	大	中	小
房间数量(不包括厅)	4室以上	3室~4室	2室~3室	1室~2室
智能化程度类型	领先型(超前型)	先进型~领先型	普及型~先进型	普及型
用户信息点数	5个以上	4个~5个	3个~4个	2个~3个
信息业务种类	所有智能化功能且有开发性的前景	话音、监控、保安、数据、报警、视频、计算机网络	话音、监控、保安、数据、报警、视频、计算机网络	话音、监控、保安、数据、报警、视频
备注	有些国外产品、资料将智能化程度分为二级/三级，与本表有所不同，这方面尚无统一规定和标准			

2. 用户信息点需求量的估算

请根据实际情况，以一座实际大楼(学生宿舍、教学大楼、办公大楼等)或模拟大楼综合布线工程为分析目标，估算该综合布线工程对用户信息点的需求量。

❖ **操作 2　阅读需求文档**

请认真阅读综合布线工程需求文档样例，了解综合布线工程需求文档的基本结构和书写方法。

××单位办公楼综合布线工程需求文档(技术方面)

一、建筑群功能及布线系统技术要求

××单位办公楼位于××市××路，是一幢带有停车场的办公楼，地下 2 层，地上 6 层，局部 7 层，建筑高度 23.10 米，地下 2 层至地上 1 层为停车场，2 层以上为办公用房，总建筑面积 23745.24 平方米。根据甲方提出的对弱电工程的要求，包括综合布线系统、保安监控系统、有线电视系统、楼宇自控系统等几个主要的弱电系统。综合布线系统作为各弱电子系统的物理支撑，在设计上，主要思路是系统的合理性、经济性、灵活性和长远性。从功能实现上，以上各系统的传输介质均可通过综合布线系统实现，但从合理性、实用性及经济性的角度考虑，在系统的配置上，主要考虑将电话系统和计算机网络系统两个主要的子系统挂到综合布线系统上，而其他的各个子系统相对比较独立，考虑到投资效益比，单独布线更为合理。

本综合布线系统主要实现的是百兆到桌面，千兆光纤为主干的高速数据应用和提供到位的话音布线服务。由于布线系统服务的对象是综合性办公楼，因此确保网络的稳定性和高性能运转，减少网络误码率和故障率，变得尤为重要。由于本工程规模较大，布线设计要提供管理上灵活的技术实现方法。

本布线系统应满足如下的技术要求：

(1) 符合最新的国家标准《综合布线系统工程设计规范》(GB 50311—2007)，保证计算机网络的高速、可靠传输信息要求，并具有高度灵活性、可靠性、综合性、易扩容性。

(2) 进行开放式布线，所有插座端口都支持数据通信、话音和图像传递，满足电视会议，多媒体等系统的需要；能满足灵活的应用要求，即任一信息点能够方便地任意连接计算机或电话。

(3) 所有接插件都应是模块化的标准件，以方便将来有更大的发展时，很容易地将设备扩展进去。

(4) 能够支持千兆速率的数据传输，可支持以太网、ATM 等网络及应用。

本工程设计遵循如下相关标准：

- 《Commercial Building Telecommunication wiring Standard》(EIA/TIA 568-91)
- 《Generic cabling for customer premises cabling》(ISO 11801)
- 《综合布线系统工程设计规范》(GB 50311—2007)
- 《综合布线系统工程验收规范》(GB 50312—2007)
- 《计算机站场地技术条件》(GB 2887—89)
- 《计算机站场地安全要求》(GB 9361—88)
- 《电子计算机机房设计规范》(GB 50174—93)
- 《民用建筑电气设计规范》(JGJ/T 16—92)

二、实现该功能的网络技术及所需的带宽

根据已有的网络系统设计，为实现上述功能，我们采用千兆位以太网解决方案(基于光纤)，到桌面铜缆带宽大于 100 MHz，同时能满足 550 MHz 的模拟带宽话音应用，逻辑上采用两层树型拓扑结构。

三、该网络技术需要的传输介质

为实现此种网络技术，常见的传输介质是光纤、铜缆。光纤的特点是容量大、速率高、传输距离远、抗干扰性能好，但从目前实际应用来看，许多用户在建设网络初期时还不需要高带宽的网络连接，或还暂不需要光纤到桌面，如果建网初期就全程铺设光纤，不仅前期投资巨大，网络也不能完全发挥效用。所以光纤介质适用于作建筑群主干线缆和大型楼宇的垂直主干应用。

光纤是将电信号转换为光信号传输的优良传输介质，外界噪声(电磁波)对其不构成影响，同时信号不会泄漏，保密性能好。光纤分为单模光纤与多模光纤两种。单模传输距离远，需要激光做光源；多模传输距离较近，可用普通光源或激光光源。光缆的传输能力在国际上用模式带宽来表示，模式带宽与对光缆所提供的光源有直接关系。本工程选用多模光纤光缆，在 850/1300 nm 光源下，模式带宽为 200 MHz·km，支持的千兆传输距离为 220 m，如用激光做光源，模式带宽变为 550 MHz·km，支持的千兆传输距离可达 600 m。

虽然目前 6 类布线国际标准已推出，但采用 5e 类系统已能满足用户所要求的传输速率，可满足千兆网络的布线应用。对于用户来说，5e 类系统的性能与 6 类系统相比差异不大，而且 5e 类线缆和模块的价格较之 6 类具有一定的优势，而且施工和管理维护也较为容易，因此从布线系统的性价比考虑，本工程将选用 5e 类系统。

四、用户的布线规模

从功能先进性、投资经济性、系统可靠性、未来扩展性等来考虑，××单位办公楼综合布线工程的数据通信部分采用 5e 类布线系统，具有支持千兆以太网的优点；主干采用 6 芯 62.5/125 μm 室内多模光纤，水平全部采用 5e 类非屏蔽双绞线(UTP)，信息出口插座采用标准 RJ-45 接口的 5e 类信息模块，整个数据通信部分按 EIA/TIA 568 标准设计。

从经济性考虑，话音通信部分采用 5 类大对数双绞线电缆为主干，水平区考虑到话音、数据点的互换性，也采用 5e 类非屏蔽双绞线，信息出口插座采用标准 RJ-45 接口的 5e 类信息模块,整个水平话音通信部分按 EIA/TIA 586 标准设计,便于与数据通信部分的调配使用。

整个系统的设计按实际多预留 20%,以满足将来的扩展需要。

本方案可支持从 10 Mb/s 到 1 Gb/s 计算机网络高速传输的需要,支持 DDN、X.25、Frame Relay 等通信模式以及 ATM、FDDI、100BASE-T、1000BASE-T、TCP/IP、IPX 等目前流行的网络标准和协议;能组成树型、星型、网状型等物理拓扑结构的局域网,能与外界搭建高速的网络接口,其接口速率可随计算机技术的提高而提高;同时又可灵活扩展,只要积木式叠加相应设备,原来的系统不用变动,十分方便;如果应用系统的设备增加,可以充分利用原系统的设计预留量进行扩展,不需重新布线。

1. 管理区分布

××单位办公楼的数据主配线架及话音主配线架设置于一层的相应配线间内。

一层的信息点数量不多,因此考虑在二层弱电井配线间设置分配线架(包括光纤的和铜缆的),统一管理一、二层的信息点;二层以上办公区域,在每层弱电井配线间内设分配线架(包括光纤的和铜缆的),对该层水平线路做集中管理。水平布线接至相应的楼层配线间,满足水平布线不超过 90 m 的要求,同时完全遵循甲方对布线的总体规划和标书对布线规模的要求。

2. 各楼层信息口分布

工作区设置在水平干线末端,每个工作区均设置至少 2 个信息插座,其中一个插座支持话音传输,另一个插座支持数据传输。根据甲方的需求具体配置如下:

1) 写字楼区域(一层以上)

- 每个办公区域考虑话音、数据点各 4 个;
- 每间小会议室考虑话音、数据点各 1 个;
- 服务台区域考虑话音、数据点各 1 个。

2) 停车场区域(一层):

- 门卫值班室考虑话音点 1 个;
- 每间值班室考虑话音、数据点各 1 个;
- 消防控制室考虑话音、数据点各 1 个;
- 控制室考虑话音、数据点各 1 个。

五、用户的土建进度

客户的土建和装修进度将直接影响和制约本综合布线工程的进度,因此施工方在现场允许的条件下会全力推进工程进度。

综合布线工程施工方将与工程土建方就交叉作业的一些细则签署配合协议,并请建设方协调可能出现的问题和监督执行协议。

任务 3.2 综合布线工程总体结构设计

【任务目的】

(1) 理解各类不同建筑中的综合布线系统结构;

(2) 了解综合布线工程总体结构设计时应注意的问题;

(3) 熟悉绘制综合布线工程图纸的一般方法。

【工作环境与条件】

(1) 校园网综合布线工程案例及相关文档；
(2) 企业网综合布线工程案例及相关文档；
(3) 能够接入 Internet 的 PC；
(4) 常用绘图软件(如 Microsoft Visio、AutoCAD 等)。

【相关知识】

3.2.1　各类不同建筑中的综合布线系统结构

目前的建筑类型很多，其具体的综合布线系统设计既有共性，又有个性，其特点及形式各有不同，综合布线系统可根据建筑的实际情况进行灵活的结构设计和设备配置。

1. 建筑物标准 FD-BD 结构

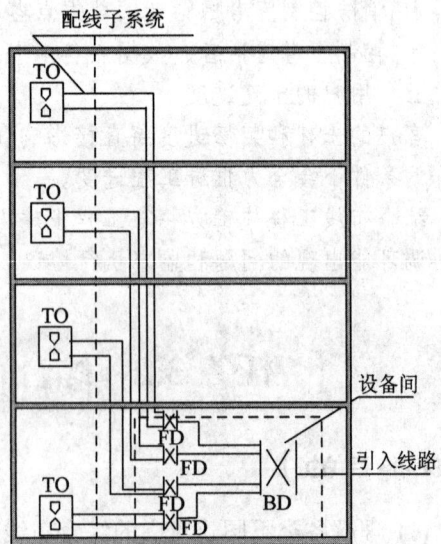

这种结构主要适用于单幢的中小型智能化建筑，其附近没有其他房屋建筑，不会发展成为智能化建筑群。在这种结构中可以不设建筑群配线架，也不需要建筑群子系统，在单幢建筑中，需设置两次配线点，即建筑物配线架和楼层配线架，只采用配线子系统和干线子系统。这种综合布线系统的网络结构最简单，且使用比较普遍，如图 3-2 所示。

2. 建筑物 FD/BD 结构

这种结构就是大楼没有楼层配线间(电信间)，建筑物配线架和楼层配线架全部设置在大楼设备间，如图 3-3 所示。该结构主要适用于以下两种情况：

(1) 小型建筑物中信息点少且 TO 至 BD 之间电缆的最大长度不应超过 90 m，没有必要为每个楼层设置一个电信间。

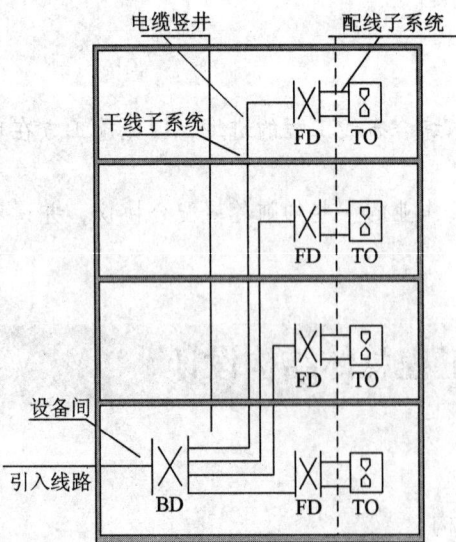

图 3-2　建筑物标准 FD-BD 结构　　　　　图 3-3　建筑物 FD/BD 结构

(2) 当建筑物不大但信息点很多，TO 至 BD 之间电缆的最大长度不超过 90 m 时，为便于维护、管理和减少对空间的占用。

3. 建筑物 FD-BD 共用楼层配线间结构

当单幢建筑的楼层面积不大，用户信息点数量不多时，为了简化网络结构和减少接续设备，可以采取每 2～5 个楼层设置楼层配线架，由中间楼层的楼层配线架分别与相邻楼层的通信引出端相连的连接方法，如图 3-4 所示。但是这种结构要求通信引出端至楼层配线架之间的水平线缆的最大长度不应超过 90 m，以满足标准规定的传输通道要求。

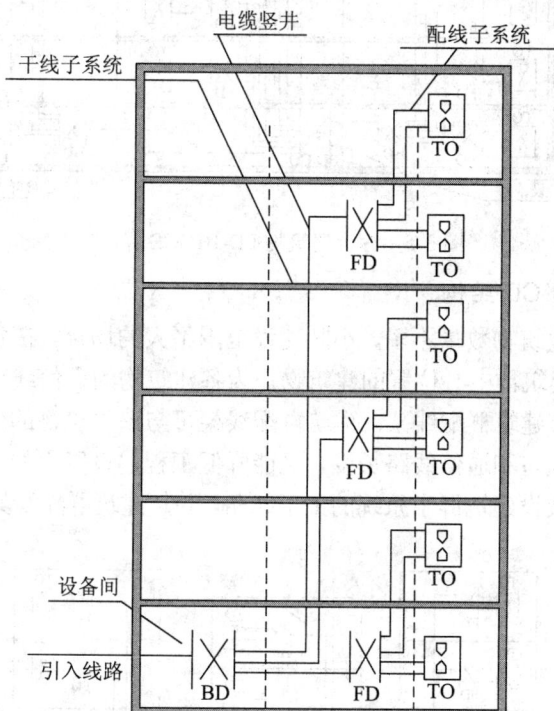

图 3-4   建筑物 FD-BD 共用楼层配线间结构

4. 综合建筑物 FD-BD-CD 结构

单幢大型建筑由于建设规模和建筑面积大，同时建筑性质和功能不同，其建筑外形或层数也不同。因此，在综合布线系统工程设计时，应根据该建筑的分区性质、功能特点、楼层面积大小、目前用户信息点的分布密度和今后发展等因素综合考虑。

当建筑物是主楼带附楼结构，楼层面积较大，用户信息点数量较多时，可将整幢建筑物进行分区，将各个分区视作多幢建筑物组成的建筑群。在建筑物的中心位置设置建筑群配线架，在各个分区的适当位置设置建筑物配线架。如图 3-5 所示，建筑物中的主楼、附楼 A 和附楼 B 被视作多幢建筑，在建筑物的中心位置主楼设置建筑群配线架，在附楼 A 和附楼 B 的适当位置设置建筑物配线架，主楼的建筑物配线架 BD 可与建筑群配线架 CD 合二为一，这时该建筑物中包含有在同一建筑物内设置的建筑群子系统，此外，还有干线子系统和水平配线子系统。这种综合布线系统的设备配置较为典型，采用的网络结构也较为复杂。

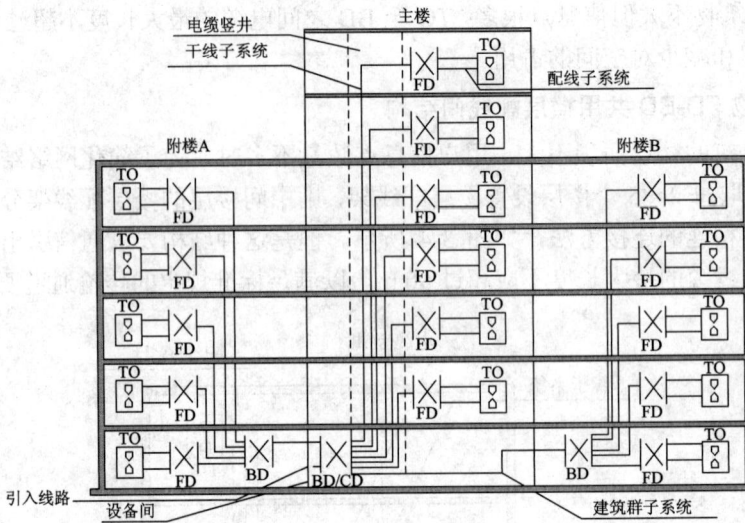

图 3-5　综合建筑物 FD-BD-CD 结构

5. 建筑群 FD-BD-CD 结构

　　这种结构适用于建筑物数量不多、小区建设范围不大的场合。在建筑群综合布线系统设计时，最好选择位于建筑群中心位置的建筑物作为各建筑物的通信线路和对公用通信网连接的汇接点，并在此安装建筑群配线架。建筑群配线架可与该建筑物的建筑物配线架合设，达到既能减少配线接续设备和通信线路长度，又能降低工程建设费用的目的。各建筑物中分别装设建筑物配线架和敷设建筑群子系统的主干线路，并与建筑群配线架相连，如图 3-6 所示。

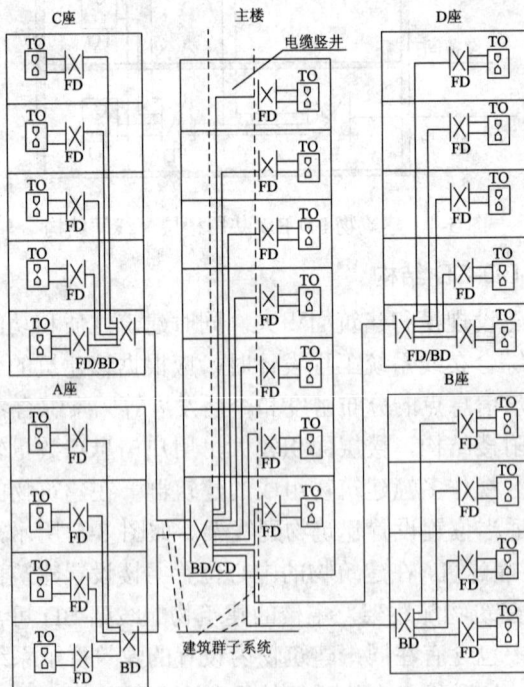

图 3-6　建筑群 FD-BD-CD 结构

3.2.2　总体结构设计时应注意的问题

在进行综合布线系统总体结构设计时应注意以下问题：

(1) 楼层配线架的配备应根据楼层面积大小、用户信息点数量多少等因素来考虑。一般情况下，每个楼层通常在电信间设置一个楼层配线架。如楼层面积较大(超过 $1000~m^2$)或用户信息点数量较多，可适当分区增设楼层配线架，以便缩短水平干线子系统的线缆长度。如某个楼层面积虽然较大，但用户信息点数量不多(如在门厅、地下室或地下车库等场合)，可不必单独设置楼层配线架，由邻近的楼层配线架越层布线供给使用，以节省设备数量，但应注意其水平布线最大长度不应超过 90 m。

(2) 为了简化网络结构和减少配线架设备数量，允许将不同功能的配线架组合在一个配线架上。如图 3-6 中，建筑群配线架和建筑物配线架的功能就组合在一个配线架上，同样图 3-6 中的建筑物配线架和底层的楼层配线架的功能也可以合二为一，在一个配线架上实现。

(3) 建筑物配线架至每个楼层配线架的垂直干线子系统的主干电缆或光缆，一般采取分别独立供线给各个楼层的方式，各个楼层之间无连接关系。这样当线路发生障碍时，影响范围较小，容易判断和检修。同时，这样做还可以取消或减少电缆或光缆的接头数量，有利于安装施工。缺点是因分别单独供线，使线路长度和条数增多，工程造价提高，安装敷设和维护的工作量增加。

(4) 综合布线系统总体方案中的主干线路连接方式均采用星型网络拓扑结构，其目的是为了简化布线系统结构和便于维护管理。因此，要求整个布线系统的主干电缆或光缆的交接次数在正常情况下不应超过两次，即从楼层配线架到建筑群配线架之间，只允许经过一次配线架，即建筑物配线架，成为 FD-BD-CD 的结构形式。在有些智能化建筑中的底层(如地下一、二层或地面上一、二层)，因房屋平面布置限制或为减少占用建筑面积，可以不单独设置交接间安装楼层配线架。如与设备间在同一楼层时，可考虑将该楼层配线架与建筑物配线架共同装在设备间内，甚至将 FD 与 BD 合二为一，既可减少设备，又便于维护管理。但是采用这一方法时，必须在 BD 上划分明显的分区连接范围和增加醒目的标志，以示区别。

【任务实施】

❖ 操作 1　绘制综合布线系统结构图

在综合布线工程中，设计人员和施工人员需要自始至终地与图纸打交道，设计人员首先通过建筑图纸来了解建筑物的结构并设计综合布线系统结构图和施工图，施工人员根据设计图纸组织施工，最后验收阶段需将相关技术图纸移交给建设方。综合布线图纸能够直观的反映网络和布线系统的结构、管线路由和信息点分布等情况，因此，识图、绘图能力是综合布线工程设计和施工人员必备的基本功。

1. 综合布线工程图纸的类型

综合布线工程图纸一般应包括以下类型：

- 网络拓扑结构图;
- 综合布线系统拓扑(结构)图;
- 综合布线管线路由图;
- 楼层信息点平面分布图;
- 机柜配线架信息点分布图。

2. 图纸设计应注意的问题

在进行综合布线工程图纸设计时应主要注意以下问题:

- 综合布线工程图纸要按一定比例绘图,标明布线路由,示意所在地点和标注相关的尺寸长度,最后要说明图中符号含意。
- 工程图的设计和绘制必须与有关专业密切配合,做好电源容量的预留,管线的预埋和预留,保证以后能顺利穿线和系统调试。
- 工程图的绘制应认真执行绘图的规定,所有图形和符号都必须符合相关标准,不足部分应补充并加以说明。绘图要清晰整洁,字体规整,原则上要求宋体字书写,力求图纸简化,方便施工,既详细而又不繁琐地表达设计意图。
- 绘制图纸要求主次分明,应突出线路敷设。电器元件和设备等为中实线,建筑轮廓为细实线,建筑平面的主要房间,应标示房间名称,绘出主要轴线标号。
- 相同的平面,相同的布线要求,可只绘制一层或单元一层平面,局部不同时,应按轴线绘制局部平面图。
- 比例尺的规定:凡在平面图上绘制多种设备,而数量又较多时,宜采用 1:100。但面积很大,设备又较少,能表达清楚的话可采用 1:200。
- 剖面图复杂的宜用 1:20,1:30,甚至 1:5,以比例关系细小部分清晰度而定。
- 施工图的设计说明力求语言简练,表达明确。凡在平面图上表示清楚的不必另在说明中重复叙述;凡施工图中未注明或属于共性的情况,以及图中表达不清楚者,均需加以补充说明。

3. 使用绘图软件

综合布线工程图纸的绘制主要可以采用以下几种方式:

- 在建筑物楼层平面图上进行手工绘图标定布线的路由和信息点位置;
- 利用相应的绘图软件如 AutoCAD、Visio 等绘制综合布线系统图、路由图及信息点分布图;
- 利用专业厂商提供的布线绘制软件绘制综合布线系统图、路由图及信息点分布图。

Visio 作为 Microsoft Office 组合软件成员,是一套易学易用的图形处理软件,使用者经过很短时间的学习就能掌握其基本操作。Visio 能使专业人员和管理人员快捷灵活地制作各种建筑平面图、管理机构图、网络布线图、机械设计图、工程流程图、审计图及电路图等。同时,Visio 还提供对 Web 页面的支持,用户可轻松地将所制作的绘图发布到 Web 页面上。此外,用户可在 Visio 用户界面中直接对其他应用程序文件(如 Microsoft Office 系列、AutoCAD 等)进行编辑和修改。

在综合布线设计中,通常可以使用 Visio 绘制网络拓扑图、布线系统拓扑图、信息点分布图等。使用 Microsoft Visio 应用软件绘制网络拓扑结构图的基本步骤如下:

(1) 运行 Microsoft Visio 应用软件，打开 Microsoft Visio 主界面，如图 3-7 所示。

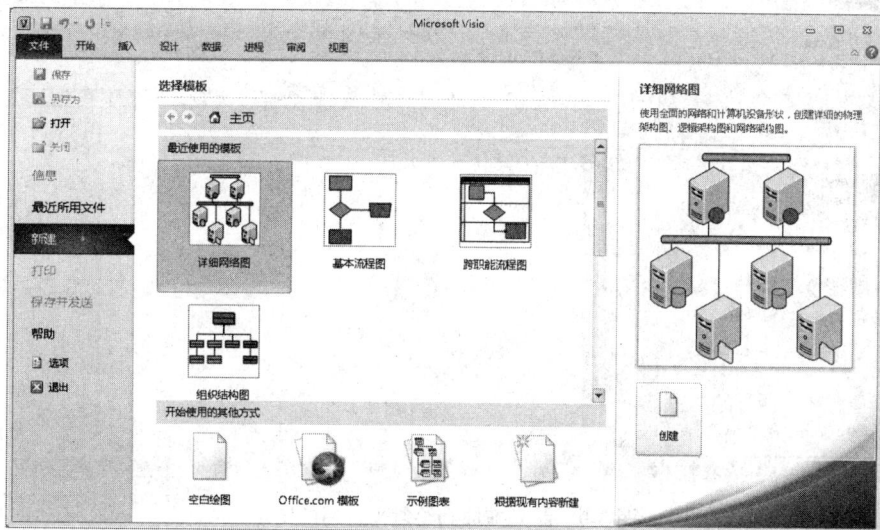

图 3-7　Microsoft Visio 主界面

(2) 在 Microsoft Visio 主界面中间"选择模板"窗格中选择"模板类别"中的"网络"，在打开的"网络"类别的模板中选择"详细网络图"，此时可打开"详细网络图"绘制界面，如图 3-8 所示。

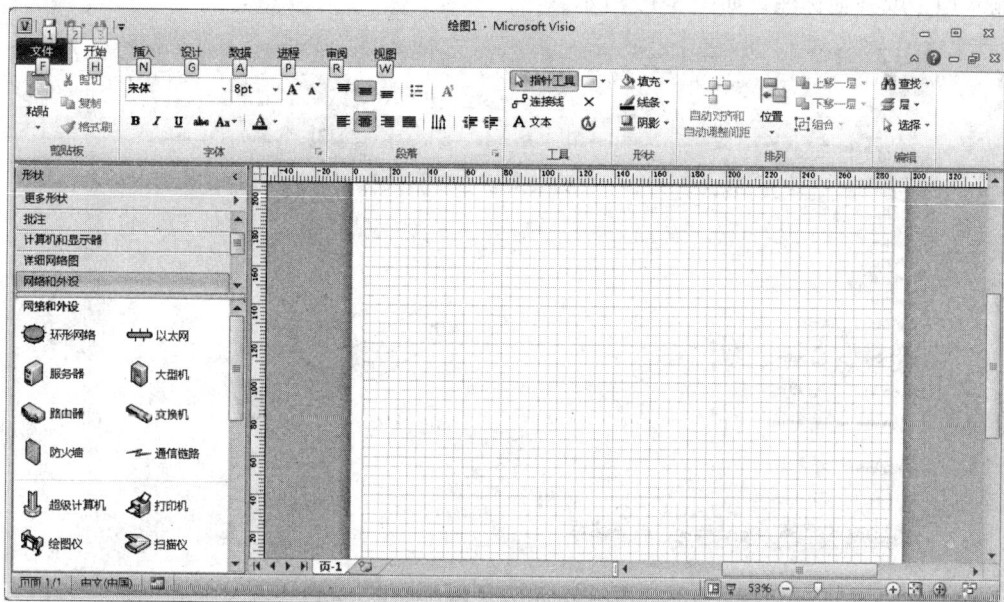

图 3-8　"详细网络图"绘制界面

(3) 在"详细网络图"绘制界面左侧的形状列表中选择相应的形状，按住鼠标左键把相应形状拖到右侧窗格中的相应位置，然后松开鼠标左键，即可得到相应的图元。如图 3-9 所示，在"网络和外设"形状列表中分别选择"交换机"和"服务器"，并将其拖至右侧窗格中的相应位置。

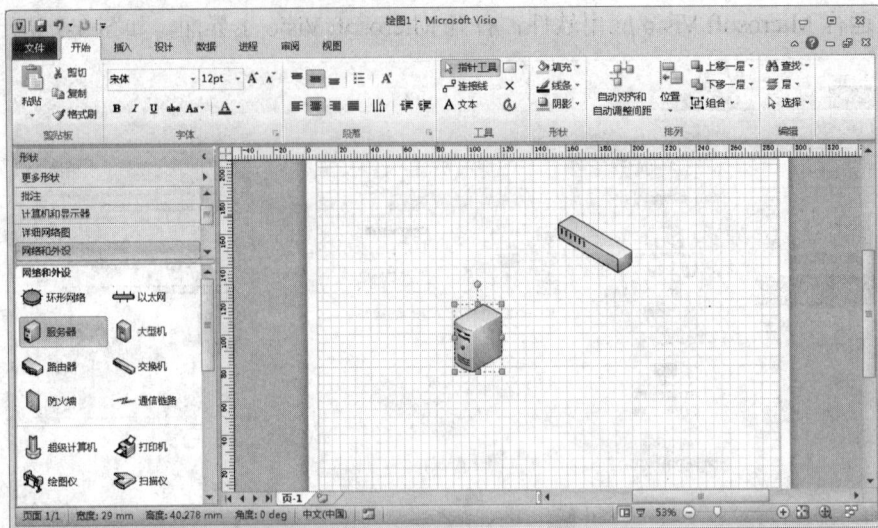

图 3-9　图元拖放到绘制平台后的图示

(4) 可以在按住鼠标左键的同时拖动四周的绿色方格来调整图元大小，可以通过按住鼠标左键的同时旋转图元顶部的绿色小圆圈来改变图元的摆放方向，也可以通过把鼠标放在图元上，在出现 4 个方向的箭头时按住鼠标左键以调整图元的位置。如要为某图元标注型号可单击工具栏中的"文本工具"按钮，即可在图元下方显示一个小的文本框，此时可以输入型号或其他标注，如图 3-10 所示。

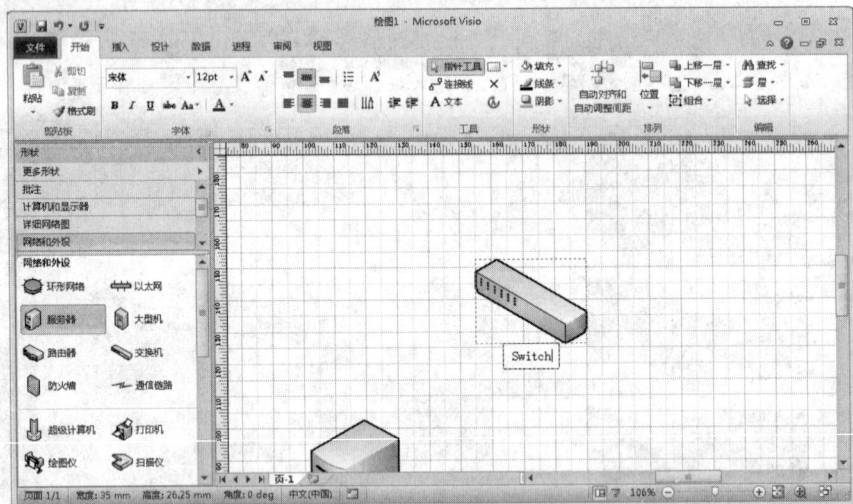

图 3-10　给图元输入标注

(5) 可以使用工具栏中的"连接线工具"完成图元间的连接。在选择了该工具后，单击要连接的两个图元之一，此时会有一个红色的方框，移动鼠标选择相应的位置，当出现紫色星状点时按住鼠标左键，把连接线拖到另一图元，注意此时如果出现一个大的红方框则表示不宜选择此连接点，只有当出现小的红色星状点即可松开鼠标，连接成功。图 3-11 所示为交换机与一台服务器的连接。

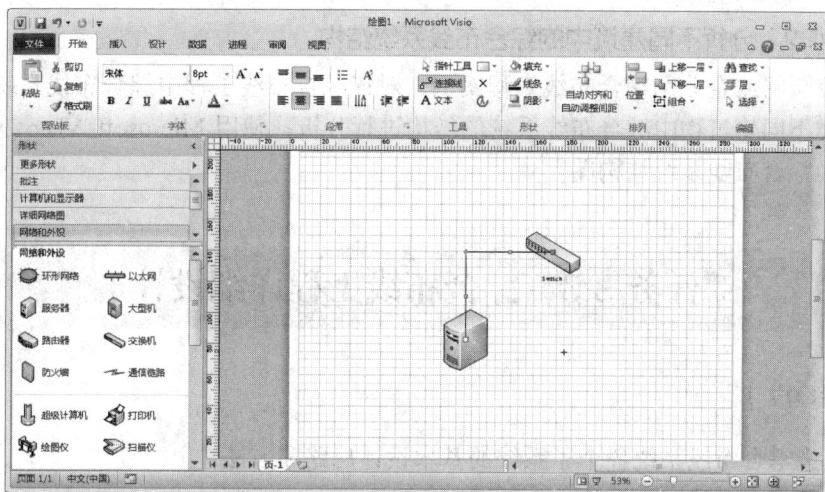

图 3-11　交换机与一台服务器的连接

(6) 把其他网络设备图元一一添加并与网络中的相应设备图元连接起来，当然这些设备图元可能会在左侧窗格中的不同类别形状选项中。如果在已显示的类别中没有，则可通过单击左侧窗格中的"更多形状"按钮，从中可以添加其他类别的形状。

(7) Microsoft Visio 应用软件的使用方法比较简单，操作方法与 Word 类似，这里不再赘述。请使用 Microsoft Visio 应用软件绘制如图 3-12 所示的某大楼综合布线系统拓扑结构图，并将该图保存为"JPEG 文件交换格式"的图片文件。

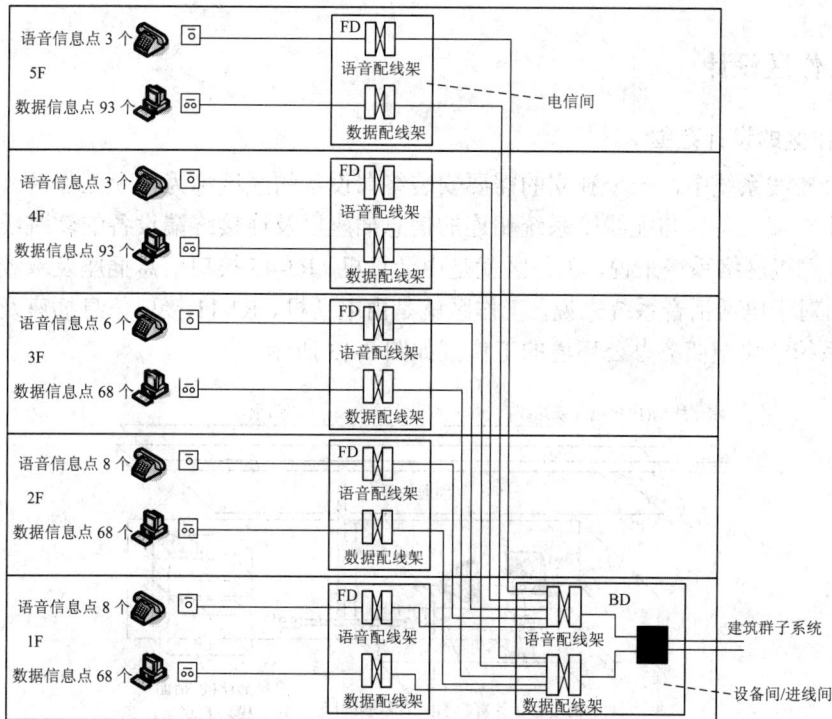

图 3-12　某大楼综合布线系统拓扑结构图

❖ **操作 2　分析不同建筑中的综合布线系统结构**

考察校园网或企业网综合布线工程案例,对该综合布线工程中综合布线系统的总体结构以及各类不同建筑物中综合布线系统的结构进行分析,使用 Microsoft Visio 应用软件绘制该工程的综合布线系统结构图。

任务 3.3　综合布线工程详细设计

【任务目的】

(1) 熟悉综合布线系统各个子系统的基本设计思路和方法;
(2) 了解综合布线工程设计方案的编写方法。

【工作环境与条件】

(1) 校园网综合布线工程案例及相关文档;
(2) 企业网综合布线工程案例及相关文档;
(3) 能够接入 Internet 的 PC。

【相关知识】

3.3.1　工作区设计

1. 工作区的设计范围

在综合布线系统中,一个独立的需要安装终端设备的区域称为一个工作区。综合布线工作区是由终端设备、与配线子系统相连的信息插座以及连接终端设备的软跳线构成。例如,对于计算机网络系统来说,工作区就是由计算机、RJ-45 接口信息插座及双绞线跳线构成的系统;对于电话话音系统来说,工作区就是由电话机、RJ-11 接口信息插座及电话软跳线构成的系统。典型商务办公环境的工作区如图 3-13 所示。

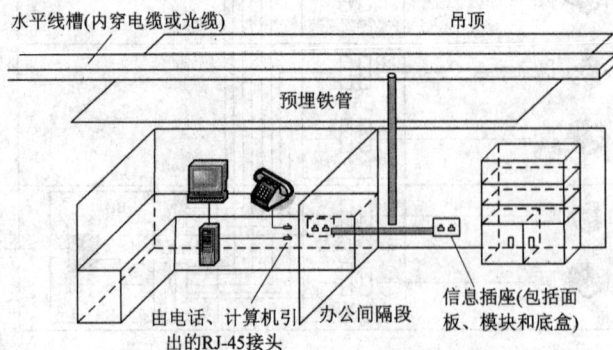

图 3-13　典型商务办公环境的工作区

2. 工作区设计要点

工作区是综合布线系统不可缺少的一部分，根据综合布线系统相关标准及规范，对工作区的设计要注意以下要点。

1) 工作区的面积

目前建筑物的功能类型较多，大体上可以分为商业、文化、媒体、体育、医院、学校、交通、住宅、通用工业等类型，因此，对工作区面积的划分应根据应用的场合做具体的分析后确定，工作区面积需求可参考表 3-3 所示内容。

表 3-3　工作区面积划分表

建筑物类型及功能	工作区面积/m^2
网管中心、呼叫中心、信息中心等终端设备较为密集的场地	3～5
办公区	5～10
会议、会展	10～60
商场、生产机房、娱乐场所	20～60
体育场馆、候机室、公共设施区	20～100
工业生产区	60～200

2) 工作区的规模

工作区的设计要确定每个工作区内应安装信息点的数量。根据相关设计规范要求，一般来说，每个工作区可以按每 5～10 m^2 设置一部电话或一台计算机终端，或者既有电话又有计算机终端来确定信息点的数量，也可根据用户提出的要求并结合系统的设计等级确定信息插座安装的种类和数量。除了根据目前需求以外，还应考虑为将来扩充而留出一定的余量。

3) 工作区信息插座的类型

信息插座必须具有开放性，即能兼容多种系统的设备连接要求。一般说来，工作区应安装足够的信息插座，以满足计算机、电话机、传真机、电视机等终端设备的安装使用。例如，工作区配置 RJ-45 信息插座以满足计算机连接，配置 RJ-11 信息插座以满足电话机和传真机等电话话音设备的连接，配置有线电视 CATV 插座以满足电视机连接。

3. 工作区的设计步骤

工作区的设计比较简单，一般来说可以分为以下步骤。

1) 确定信息点数量

工作区信息点数量主要根据用户的具体需求来确定。对于用户不能明确信息点数量的情况，应根据工作区设计规范来确定，即每 5～10 m^2 面积的工作区应配置一个话音信息点或一个计算机信息点，或者一个话音信息点和一个计算机信息点。如果在用户对工程造价考虑不多的情况下，考虑系统未来的可扩展性可向用户推荐每个工作区配置两个信息点。

2) 确定信息插座数量

确定了工作区应安装的信息点数量后，信息插座的数量就很容易确定了。如果工作区配置单孔信息插座，那么信息插座数量应与信息点的数量相当。如果工作区配置双孔信息插座，那么信息插座数量应为信息点数量的一半。假设信息点数量为 M，信息插座数量为 N，信息插座插孔数为 A，则应配置信息插座的计算公式应为

$$N = \text{INT}\left(\frac{M}{A}\right)，\ \text{INT()}\text{为向上取整函数}$$

考虑系统应为以后扩充留有余量，因此最终应配置信息插座的总量 P 应为

$$P = N + N \times 3\%$$

式中，N 为实际所需信息插座数量，$N \times 3\%$ 为富余量。

3) 确定信息插座的安装方式

工作区的信息插座分为暗埋式和明装式两种方式，暗埋方式的插座底盒嵌入墙面，明装方式的插座底盒直接在墙面上安装，用户可根据实际需要选用不同的安装方式。通常情况下，新建建筑物采用暗埋方式安装信息插座；已有的建筑物增设综合布线系统则采用明装方式安装信息插座。考虑到信息插座要与建筑物内部装修相匹配，工作区的信息插座应安装在距离地面 30 cm 以上的位置，而且信息插座与计算机设备的距离应保持在 5 m 范围以内。有些建筑物装修或终端设备连接要求信息插座安装在地板上，这时应选择翻盖式或跳起式地面插座，以方便设备连接使用。另外光纤信息插座模块安装的底盒大小应充分考虑光缆终接处的光缆盘留空间和满足光缆对弯曲半径的要求。

为了便于有源终端设备的使用，每个工作区在信息插座附近应至少配置 1 个 220 V 交流电源插座，工作区的电源插座应选用带保护接地的单相三孔电源插座，保护地线和零线应严格分开。图 3-14 给出了同墙面信息插座与电源插座的安装要求，图 3-15 给出了墙体两侧信息插座与电源插座的安装要求。

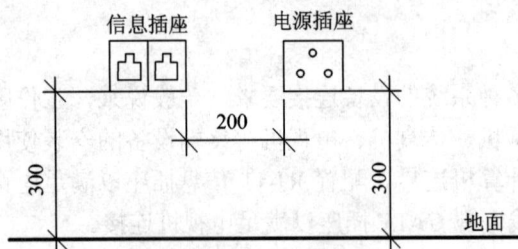

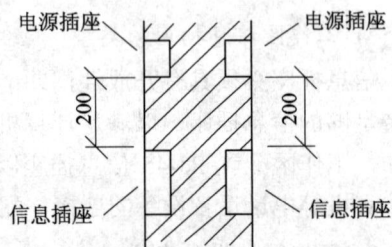

图 3-14　同墙面信息插座与电源插座的安装　　　　图 3-15　墙体两侧信息插座与电源插座的安装

4) 确定信息插座的安装位置和编号

应该在建筑平面图上明确标出每个信息插座的具体位置并进行编号，便于日后的施工。各信息插座的编号应与其相对的配线架相应位置相同，特殊标号另行注明，通常可以采用以下编号方法：

- 一层数据点是 1C×× (C = Computer)。
- 一层语音点是 1P×× (P = Phone)。
- 一层数据主干是 1CB×× (B = Backbone)。
- 一层语音主干是 1PB×× (B = Backbone)。

3.3.2 配线子系统设计

1. 配线子系统的设计范围

配线子系统应由工作区的信息插座模块、信息插座模块至电信间配线设备(FD)的配线电缆和光缆、电信间的配线设备及设备缆线和跳线等组成。信息插座模块至电信间配线设备(FD)的配线电缆和光缆通常沿楼层平面的地板或房间吊顶布线。

配线子系统的设计涉及配线子系统的网络拓扑结构、布线路由、管槽设计、线缆类型选择、线缆长度确定、线缆布放、设备配置等内容。配线子系统往往需要敷设大量的线缆，因此如何配合建筑物装修进行布线，以及布线后如何更为方便地进行线缆的维护工作也是设计过程中应注意考虑的问题。

2. 配线子系统的设计要点

1) 配线子系统的基本设计要求

根据综合布线系统相关标准及规范，配线子系统应根据下列要求进行设计：

(1) 根据工程提出的近期和远期终端设备的设置要求、用户性质、网络构成及实际需要，确定建筑物各层需要安装信息插座模块的数量及其位置，配线应留有扩展余地。

(2) 配线子系统应采用非屏蔽或屏蔽 4 对双绞线电缆，在需要时也可采用室内多模或单模光缆。

(3) 每一个工作区信息插座模块数量不宜少于 2 个，并满足各种业务的需求。

(4) 底盒数量应以插座盒面板设置的开口数确定，每一个底盒支持安装的信息点数量不宜大于 2 个。

(5) 光纤信息插座模块安装的底盒大小应充分考虑到水平光缆(2 芯或 4 芯)终接处的光缆盘留空间和光缆对弯曲半径的要求。

(6) 工作区的信息插座模块应支持不同终端设备接入，每个 8 位模块通用插座应连接 1 根 4 线对双绞线电缆；对每个双工或 2 个单工光纤连接器件及适配器连接 1 根 2 芯光缆。

(7) 从电信间至每一个工作区水平光缆宜按 2 芯光缆配置。光纤至工作区域满足用户群或大客户使用时，光纤芯数至少应有 2 芯备份，按 4 芯水平光缆配置。

(8) 连接至电信间的线缆应终接于相应的配线模块，配线模块应与缆线容量相适应。

(9) 电信间 FD 主干侧各类配线模块应按电话交换机、计算机网络的构成及主干线缆的所需容量要求及模块类型和规格的选用进行配置。

(10) 电信间 FD 采用的设备线缆和各类跳线宜按计算机网络设备的使用端口容量和电话交换机的实装容量、业务的实际需求或信息点总数的比例进行配置，比例范围为 25%～50%。

2) 配线子系统的拓扑结构

配线子系统的网络拓扑结构通常为星型结构，楼层配线架 FD 为主结点，各工作区信息插座为分结点，二者之间采用独立的线路相互连接，形成以 FD 为中心向工作区信息点辐射的星型网络。这种结构可以对楼层的线路进行集中管理，也可以通过电信间的配线设备进行线路的灵活调整，便于线路故障的隔离以及故障的诊断。

3) 配线设备的连接方式

(1) 电话交换配线的连接方式: 电信间 FD 与电话交换配线之间的连接方式如图 3-16 所示。

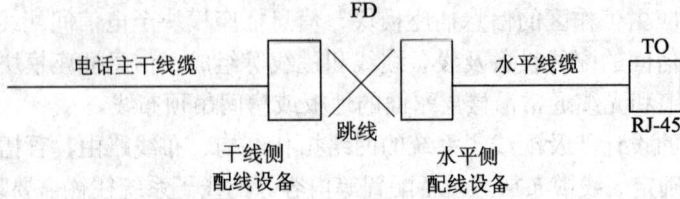

图 3-16　电话系统连接方式

(2) 计算机网络设备连接方式: 电信间 FD 与计算机网络设备的连接方式有两种情况, 经跳线连接如图 3-17 所示, 经设备缆线连接如图 3-18 所示。

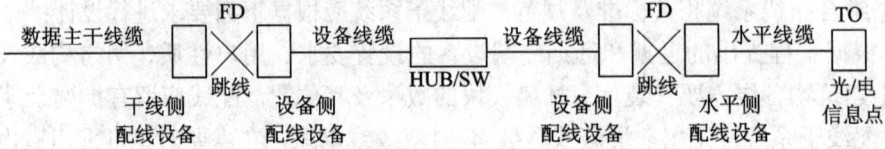

图 3-17　数据系统连接方式(经跳线连接)

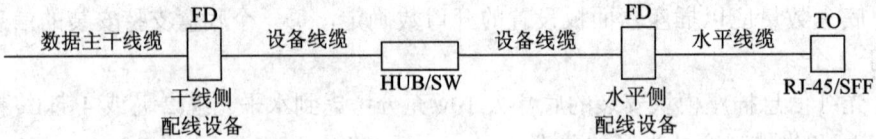

图 3-18　数据系统连接方式(经设备缆线连接)

3. 配线子系统的设计步骤

1) 确定路由和布线方法

根据建筑物结构、用途, 确定配线子系统路由设计方案。新建建筑物可依据建筑施工图纸来确定配线子系统的布线路由方案。旧式建筑物应到现场了解建筑结构、装修状况、管槽路由, 然后再确定合适的布线路由。档次比较高的建筑物一般都有吊顶, 水平走线可在吊顶内进行。一般建筑物, 配线子系统可采用地板管道布线方法。

2) 确定线缆的类型

要根据综合布线系统所包含的应用系统来确定线缆的类型。对于计算机网络和电话话音系统可以优先选择 4 线对双绞线电缆, 对于屏蔽要求较高的场合, 可选择 4 线对屏蔽双绞线; 对于屏蔽要求不高的场合应尽量选择 4 线对非屏蔽双绞线电缆; 对于有线电视系统, 应选择 75 Ω 的同轴电缆。对于要求传输速率高或保密性高的场合, 应选择室内光缆。

3) 确定线缆的长度

当楼层信息点的分布比较均匀时, 配线子系统线缆长度的计算, 一般方法如下:

(1) 根据布线方式和走向测量信息插座到楼层配线架最远和最近距离, 如图 3-19 所示;

(2) 确定线缆的平均长度 =(最远线缆长度＋最近线缆长度)/2 + 3 m(3 m 为预留的线缆端接长度);

(3) 根据所选厂家每箱(盘)装线缆的标称长度(例如 1000 ft/305 m),取整计算每箱线缆可含平均长度线缆的根数;

(4) 每个信息插座与楼层配线架之间必须布设一条线缆,因此每个插座就代表一条平均长度的线缆,根据信息插座的总量就可以计算所需线缆的箱数。

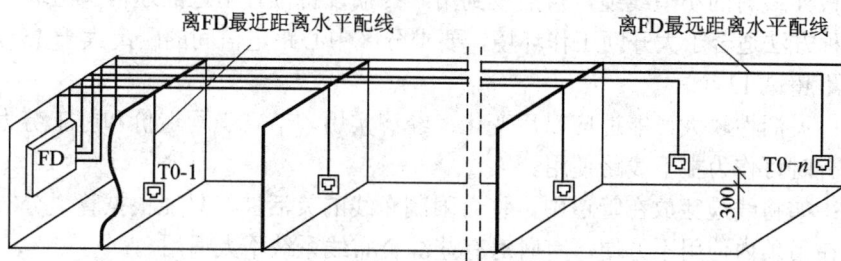

图 3-19　配线子系统线缆长度的确定

例如:某综合布线工程共有 800 个信息点,布点比较均匀,距离 FD 最近的信息插座布线长度为 7.5 m,最远插座的布线长度为 82.8 m,则:

$$线缆的平均长度 = \frac{7.5 \text{ m} + 82.8 \text{ m}}{2} + 3 \text{ m} = 48.15 \text{ m}$$

若选用线缆的每箱标称长度为 305 m,则:

$$每箱可含平均长度线缆的根数 = \frac{305 \text{ m}}{48.15 \text{ m}} = 6.3$$

由于 0.3 不足一条电缆的长度,应舍去,取 6;

$$共需线缆箱数 = \frac{800}{6} = 133.3$$

进位取整为 134 箱。

在计算和统计配线子系统的线缆长度时,应注意防止以下不正确的算法:

$$48.15 \times 800 = 38520 \text{ m}(线缆总长), \quad \frac{38520}{305} = 126.3$$

取整后为 127 箱。

这两种算法的结果明显不同。

4. 配线子系统的布线方法

由于建筑有新建、扩建改造和已建成多种情况,所以配线子系统的线缆敷设方法较多。又因在新建的建筑中已将配线子系统线缆所需的暗敷管路或槽道等支承结构建成,所以选择配线子系统路由时会受到已建管路等的限制。目前常用的配线子系统线缆敷设方法主要有在吊顶内敷设和在地板下敷设两大类型。

1) 吊顶内敷设线缆的方法

这类方法是在天棚或吊顶内敷设线缆,通常要求有足够的操作空间,以利于安装施工和今后维护检修以及扩建更换。此外,在吊顶的适当地方,应设置检查口,以便日后维护检修。在吊顶内敷设线缆的方法有分区法、内部布线法、电缆槽道布线法等，这些方法在新建或已建成的建筑中都可选用。

(1) 吊顶内设集合点的敷设方式。将吊顶内的空间分成若干个小区域来敷设线缆，大容量的线缆(或根据信息插座数量，用多根 4 线对双绞线电缆捆扎成束)由电信间用管道穿放敷设，或直接在吊顶内将线缆敷设到每个集合点。由集合点分出的线缆经过墙壁或立柱引向房间的各个通信引出端。也可在分区中心设适配器，适配器将大容量电缆(如 25 对线)分成若干根 4 线对的小型线缆，再敷设到用户终端设备位置附近的通信引出端，如图 3-20 所示。这种方法适合于大开间工作环境，要求分区中心距电信间的距离大于 15 m，其对应的端口数不超过 12 个。

优点： 灵活性较大，能适应以后变化；经济实用，节省工程造价和施工劳力；配线容量较大，有时可作为主干线路使用。

缺点： 如将线缆穿放在管道中，将会限制布线的灵活性，只能根据管道分布来确定；适配器等在吊顶内使用不方便，有时对有些综合布线系统不太适用。

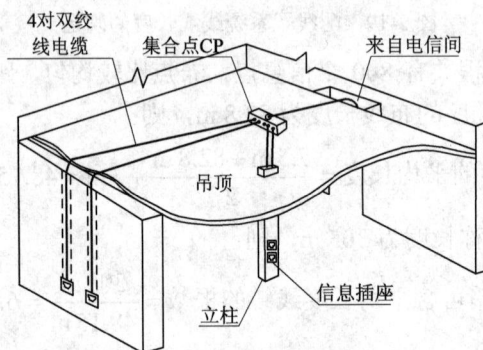

图 3-20 吊顶内设集合点敷设方式

(2) 从电信间直接引至信息点的敷设方式。该方式是直接从电信间将 4 线对双绞线电缆直接通过吊顶敷设到信息插座，如图 3-21 所示。该方法可以消除大容量线缆相互间的干扰，但初始布线费用比设置集合点要高一些，适合于楼层面积不大，信息点不多的一般办公室和家居布线环境。吊顶内的线缆可以使用金属管道或硬质阻燃 PVC 管保护，但这样会影响其灵活性。

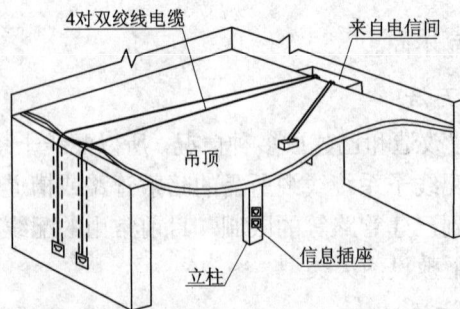

图 3-21 从电信间直接引至信息点的敷设方式

优点： 灵活性最大，不受其他因素限制；经济实用，不需要其他设施；因线缆独立敷设，不在同一电缆内传输不同信号，所以不发生相互干扰。

缺点：要按需要对不同的信息插座独立供线，线缆条数较多；初始工程投资费用比分区法多；因线缆条数较多，工程施工的工作量较大。

(3) 线槽、保护管相结合的敷设方式(桥架法)。该方式是将电信间引出的线缆先通过吊顶内的桥架、管道，再通过墙体内的暗管敷设到工作区的信息插座，如图 3-22 所示。该方法适用于大型建筑物或布线系统比较复杂的场合，设计时应尽量将线槽放在走廊的吊顶内，并且去各房间的支管应适当集中在检修孔附近，以便于维修。由于楼层内一般走廊最后才吊顶，所以综合布线施工不会影响室内装修，并且一般走廊处于整个建筑物的中间位置，布线的平均距离最短。桥架法适用于各种类型的建筑，使用场合较多，是我国目前广泛使用的一种布线方法。

优点：对线缆有较好的机械保护措施，安全可靠性好；便于施工，扩建和检修方便。

缺点：对线缆的路由有一定限制，灵活性不高；安装施工费用较高，且技术上较为复杂；有可能增加顶棚的荷载。

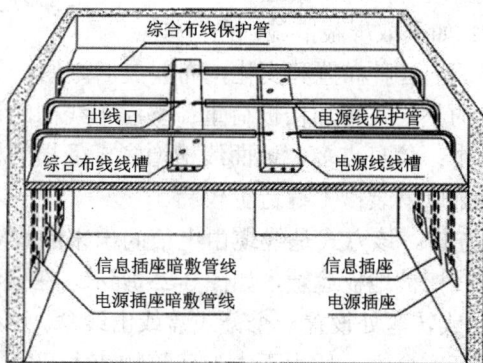

图 3-22　线槽、保护管相结合的敷设方式

2) 地板下敷设线缆的方法

地板下敷设线缆的方法在综合布线系统中使用较为广泛，尤其是在新建和改建的建筑中更为适宜。线缆敷设在地板下面，既不影响美观，又不需考虑其荷重，维护检修和安装施工均在地面，操作空间大、劳动条件好。目前，地板下敷设线缆有多种方法，根据客观环境条件，这些方法可以单独使用，也可以混合使用。

(1) 穿保护管在楼板内敷设方式。该方式是将金属管道或阻燃高强度 PVC 管直接埋入混凝土楼板或墙体中，并从电信间向各个信息插座辐射，如图 3-23 所示。一般多选用 D16 和 D20 的管子，同一管道适合穿一条综合布线线缆。这种方法由于从电信间引出的管线过多，所以需要较厚的地面垫层，且不容易变更和维护，在现代建筑中已逐步被其他布

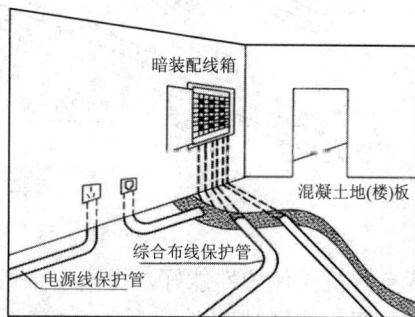

图 3-23　穿保护管在楼板内敷设方式

线方式取代。但对于信息点数量较少，或楼层面积较小的场合(如塔式楼、住宅楼等)仍可采用，并可以与其他布线方法配合使用。

优点：初期工程安装费用低；安全可靠，减少障碍机会；美观，隐蔽性好。

缺点：灵活性较差；穿放更换电缆不便；检修维护困难。

(2) 地面垫层下金属线槽敷设方式，该方式是将线槽放在地面的垫层中，同时埋设地面通信引出端(即地面插座)，电信间出来的线缆沿着地面线槽敷设到地面通信引出端，或由分线盒引出支管到墙上的信息插座，如图 3-24 所示。线槽敷设的地面垫层的厚度一般应为 6.5 cm 以上，每隔 4～8 m 设置一个分线盒或出线盒，强、弱电可以走同路由相邻的线槽，金属线槽应屏蔽接地。由于这种方式不依赖于墙或柱体而直接走地面垫层，因此适合于大开间或需要打隔断的场合，但这种方式要求楼板具有一定的厚度，而且造价较高，多用于高档办公楼。

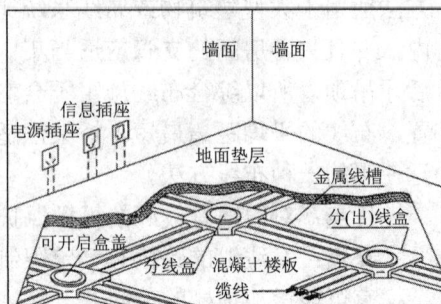

图 3-24　地面垫层下金属线槽敷设方式

优点：布线方便简捷；如采取屏蔽措施，强、弱电可以同一路由敷设；能适应各种布置和变化，布置灵活方便。

缺点：需要设置较厚的垫层，增加楼板荷重；垫层中线槽的设置会使楼板实际厚度减少，因而容易被吊装件打中；信息点多，地面线槽增多，受损的机会增加；地板为高级大理石等材料时，信息插座难以安装；工程造价较高。

(3) 地板下线槽敷设方式。该方式是线缆由电信间出来的线缆走线槽到地面出线盒或墙上的信息插座，线缆走线槽被地板遮蔽，如图 3-25 所示。在这种布线方法中，强、弱电线槽应分开，每隔 4～8 m 或转弯处设置一个分线盒或出线盒。这种方法可提供良好的机械保护、减少电气干扰、提高安全性，适用于大型建筑物或大开间的工作环境。

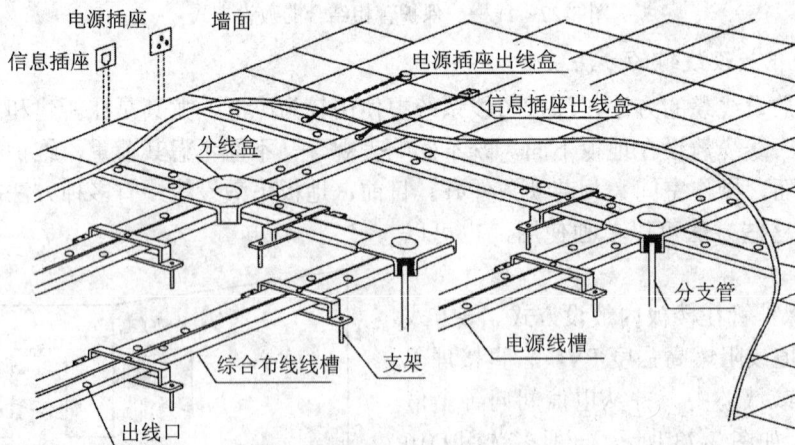

图 3-25　地板下线槽敷设方式

优点：机械保护性能好，提高安全可靠性，减少障碍机会；隐蔽性好，美观；灵活方便；与电源系统同时建成，对综合布线系统供电和使用有利。

缺点：工程造价较高；地板结构复杂，增加地板厚度和重量；与房屋建筑设计和施工必须加强配合协调；不适用于铺设地毯的场合，因随时要开启地板维护检修。

(4) 穿保护管在地板下敷设方式。该方式与地板下线槽敷设方式类似，但安装费用较低，且外观良好，适合于普通办公室和家居布线，如图 3-26 所示。

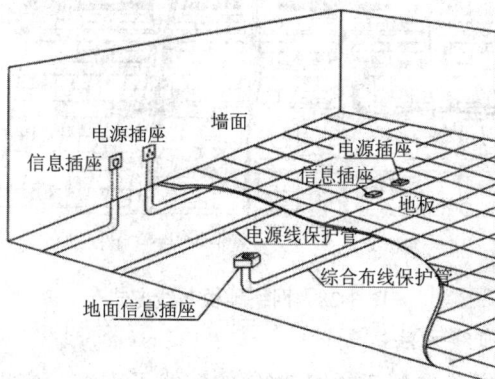

图 3-26 穿保护管在地板下敷设方式

(5) 活动地板布线方式。活动地板为高架地板，是由许多方块板组成，这种面板搁置在固定于房间地板上的铝制或钢制的锁定支架上。活动地板一般是在钢底板上胶粘多层刨花木板，然后再敷贴耐磨层贴砖或聚乙烯贴砖。任何一块方块地板都能活动，以便维护检修或敷设、拆除电缆。这种方法一般用于机房布线，信息插座和电源插座一般安装在墙面，必要时也可安装于地面或桌面，如图 3-27 所示。

优点：布线极为灵活，适应性强；容易安装施工，操作空间极大；电缆条数多，都能容纳，不受限制；美观，隐蔽性好。

缺点：初始安装费用高；房间净高降低；地板下为压力通风系统时，需采用实心电缆；在活动地板上走动时，会产生共鸣效应。

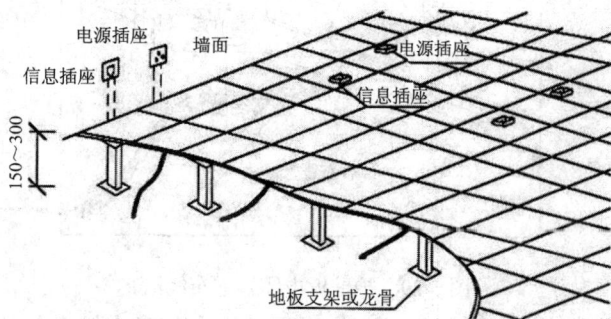

图 3-27 活动地板布线方式

(6) 网络地板布线方式。网络地板又称布线地板，是一种为适应现代化办公，便于网络布线而专门设计的地板。网络地板主要包括塑料网络地板和全钢 OA 网络地板(分为带线槽、不带线槽两种)两种类型。网络地板高度低、安装方便、能够自然形成布线槽，比传统高架地板更节省净空，但网络地板上需要铺地毯或其他面层，适用于写字楼等大空间办公场所。网络地板布线方式如图 3-28 所示。

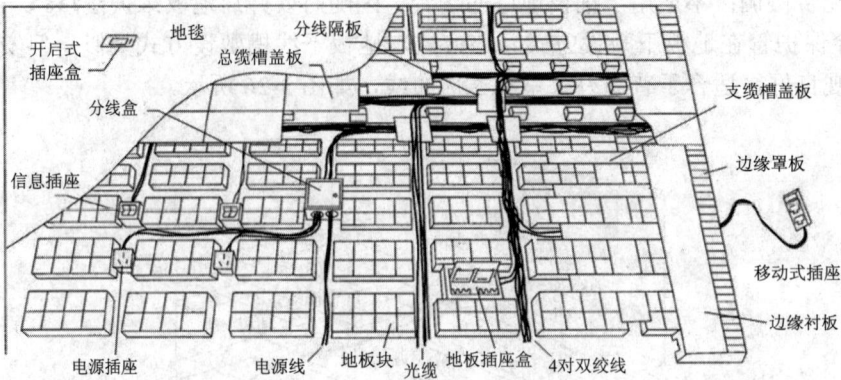

图 3-28　网络地板布线方式

3) 旧建筑物的水平布线方法

对已建成的建筑(包括改造翻新的旧建筑)的配线子系统，应根据建筑结构、房间平面布置和内部装修的具体条件等选用适宜、可行的敷设方式。例如建筑结构较好，且有可能(原楼层净空高度较高)时，可考虑采用桥架布线的方法；有些段落不能采用暗敷管路或有困难时，可适当采用明敷线槽的方法；有些建筑走廊内增设吊顶和敷设桥架有困难时，也可考虑采用地面线槽方式。另外也可以考虑以下几种布线方法：

(1) 护壁板电缆管道布线法。这种布线方法是沿墙壁在护壁板内(或踢脚板以及木墙裙)敷设金属管道，通常用于墙壁上装有大量的通信引出端的中、小型建筑，电缆管道上盖有活动盖板，通信引出端可装在沿管道附近的位置，如图 3-29 所示。

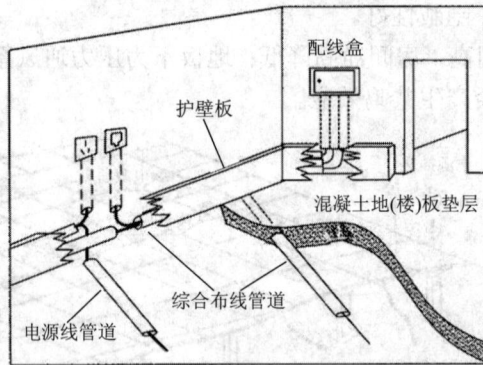

图 3-29　护壁板电缆管道布线法

优点：容易施工和检修；灵活性较大；适用于用户信息点较密集的中、小型建筑。

缺点：因布线通道的空间较大，不能用于用户信息点较少、分散的场合；安全隐蔽性较差。

(2) 地板上导管布线法。这种方法将金属管道固定在楼板上，线缆穿在管中，利用盖板或胶皮将导管遮盖。信息插座一般以墙上安装为主，地上型的信息插座应设在不影响活动的位置，如图 3-30 所示。该方法适用于人员流动量不大的普通办公室，一般不要在过道或主楼层区使用。

优点：容易安装，迅速方便；工程建设投资少；适用于通行量不大的区域(如办公室)

和不是通道的场合(如沿靠墙壁的区域)。

缺点： 使用场合受到限制；安全和隐蔽性差。

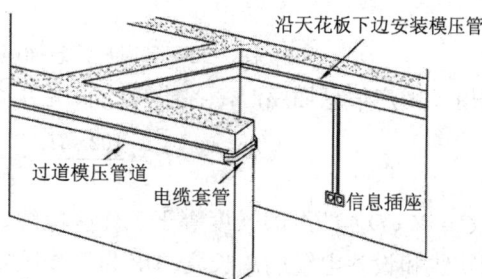

(3) 模压电缆管道布线法。专制模压电缆管道是一种金属模压件，它可以固定在接近顶棚与墙壁接合处，一般在房间或过道的墙上，管道连通到电信间。在穿越墙壁时用小套管连通，以便电缆经套管后穿放到另一房间，模压件还可将连接到通信引出端的电缆掩盖并保护，起到美观作用，如图 3-31 所示。

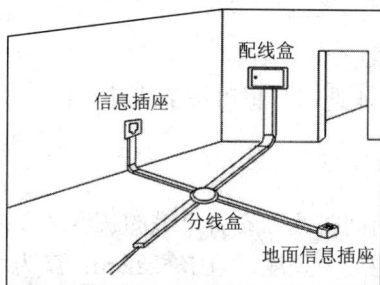

图 3-30　地板上导管布线法　　　　　　　　图 3-31　模压电缆管道布线法

优点： 安装费用较低；能起到美观装饰作用，又能保护缆线，并隐蔽安全。

缺点： 灵活性差，受到限制较多；适用于要求较高的场合。

5. 大开间配线子系统的设计

现在，绝大多数的企业办公室及出租办公楼都实行大开间标准结构的集体办公方式，这样的办公方式有利于增强员工的地位平等感。出租办公楼与专用办公楼的大开间，由于对其出售、租赁或使用对象的数量不确定和流动等因素，可以采用开放办公室综合布线系统，通常是使用分隔板将大开间分成若干个小工作区。信息插座的选用、安装方法和安装位置会受到分隔板的影响。

1) 信息插座的安装位置

对于出租及专用办公室等大开间场合而言,信息插座的安装位置有地面、墙面及隔板三种。

如果采用地上型插座，要求安装于地面的金属底盒应当是密封的，防水、防尘并可带有升降功能。此方法的造价较高，并且由于可能事先无法预知工作人员具体的办公位置，因此灵活性不是很好，建议根据房间的功能用途确定位置后做好预埋。地面插座不适宜大量使用，以免影响美观。

如果采用墙上型插座，可沿大开间四周的墙面每隔一定距离均匀地安装 RJ-45 埋入式插座。RJ-45 插座与其旁边的电源插座应保持 20 cm 的距离，信息插座和电源插座的底边沿线距地板水平面 30 cm；隔板处安装和墙面安装相同，有时要在一块隔板两面都安装信息插座和电源插座，此时信息插座和电源插座不能处于同一位置(正反两面)，需要注意错开，也保持上述距离。

2) 开放办公环境下的布线系统应用

(1) 多用户信息插座(MUTO)设计方案。多用户信息插座(MUTO)是将多个多种信息模块组合在一起的多用户电信出口的集合。按照从电信间到 MUTO，然后从 MUTO 到工作区设备的链路连接方式进行连接，每个 MUTO 最多管理 12 个工作区(24～36 个信息点)，如图 3-32 所示。通常多用户信息插座应安装在易于接近并且是永久固定的区域(柱子或者墙面)，然后用跳线沿隔断、墙壁或墙柱而下，接到终端设备上。

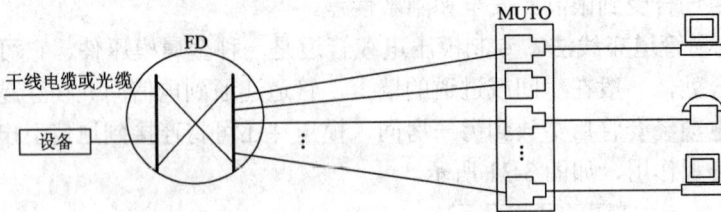

图 3-32　多用户信息插座(MUTO)方案示意图

采用多用户信息插座时，各段缆线长度可按表 3-4 选用，也可按下式计算：

$$C = \frac{102 - H}{1.2}, \quad W = C - 5$$

式中：$C = W + D$，即缆线长度等于工作区电缆、电信间跳线和设备电缆的长度之和；D 为电信间跳线和设备电缆的总长度；W 为工作区电缆的最大长度，且 $W \leqslant 22$ m；H 为水平电缆的长度。

表 3-4　各段缆线长度限值

电缆总长度 C	水平布线电缆 H	工作区电缆 W	电信间跳线和设备电缆 D
100 m	90 m	5 m	5 m
99 m	85 m	9 m	5 m
98 m	80 m	13 m	5 m
97 m	75 m	17 m	5 m
97 m	70 m	22 m	5 m

(2) 集合点(CP)或转接点(TP)设计方案。集合点(CP)是水平电缆的转接点，宜安装在距离 FD 不小于 15 m 的墙面或柱子等固定结构上，集合点的配线设备容量宜以满足 12 个工作区信息插座需求进行设置，不设跳线，也不接有源设备；同一条水平电缆不允许超过一个集合点或同时存在转接点(TP)；从集合点引出的水平电缆必须接于工作区的信息插座或多用户信息插座上，如图 3-33 所示。

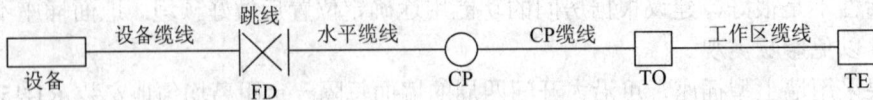

图 3-33　集合点(CP)方案示意图

集合点可用模块化表面安装盒(6 口，12 口)、配线架(25 对，50 对)、区域布线盒(6 口)等。设置集合点的目的是针对那些偶尔进行重组的场合，不像多用户信息插座所针对的是重组非常频繁的办公区，集合点应该容纳尽量多的工作区。

3.3.3　干线子系统设计

1. 干线子系统的设计范围

干线子系统是综合布线系统中非常关键的组成部分，由设备间至电信间的干线电缆和光缆，安装在设备间的建筑物配线设备(BD)及设备缆线和跳线组成。干线子系统的设计与建筑设计有着密切关系，例如设计干线子系统时必须确定建筑物上升部分的建筑方式(如采用上升管路、电缆竖井和上升房)和上升路由数量及其具体位置等，在某种程度上受到建筑结构和楼层平面布置的约束。

2. 干线子系统的设计要点

根据综合布线的标准及规范，应按下列设计要点进行干线子系统的设计工作。

1) 确定线缆类型

应根据建筑物的结构特点以及应用系统的类型，决定所选用的干线线缆类型。在干线子系统设计时通常使用以下线缆：

- 4 对双绞线电缆(UTP 或 STP)；
- 100 Ω 大对数电缆(UTF 或 STP)；
- 62.5 μm/125 μm 多模光缆；
- 8.3 μm/125 μm 单模光缆。

目前，针对电话话音传输一般采用 3 类或 5 类大对数电缆(25 对、50 对、100 对等规格)，针对数据和图像传输采用光缆或 5e 类以上 4 对双绞线电缆。在选择主干线缆时，还要考虑主干线缆的长度限制，如 5e 类以上 4 对双绞线电缆的敷设长度不宜超过 90 m，否则宜选用单模或多模光缆。

2) 确定路由

干线线缆的布线走向应选择较短的安全的路由。路由的选择要根据建筑物的结构以及建筑物内预留的电缆孔、电缆井等通道位置决定。建筑物内有封闭型和开放型两种通道，宜选择带门的封闭型通道敷设干线线缆。开放型通道是指从建筑物的地下室到楼顶的一个开放空间，中间没有任何楼板隔开。封闭型通道是指一连串上下对齐的空间，每层楼都有一间，电缆竖井、电缆孔、管道电缆、电缆桥架等穿过这些房间的地板层。

3) 确定通道规模

确定干线子系统的通道规模，主要就是确定干线通道和楼层配线间的数目。确定的依据是综合布线系统所要覆盖的可用楼层面积，如果给定楼层的所有信息插座都在楼层配线间的 75 m 范围之内，那么可采用单干线接线系统。单干线接线系统就是采用一条垂直干线通道，每个楼层只设一个电信间。如果有部分信息插座在电信间 75 m 范围之外，那就要采用双通道干线子系统，考虑在该楼层设置两个电信间。

4) 线缆的交接

为了便于综合布线的路由管理，干线电缆、干线光缆布线的交接不应多于两次，即从楼层配线架到建筑群配线架之间只应通过一个配线架，即建筑物配线架(在设备间内)。

5) 线缆的端接

干线电缆可采用点对点端接，也可采用分支递减端接。点对点端接是最简单、最直接的配线方法，设备间的每根干线电缆直接延伸到指定的电信间，如图 3-34 所示。分支递减端接是用 1 根大对数干线电缆来支持若干个楼层配线间的通信容量，经过电缆接头保护箱分出若干根小电缆，它们分别延伸到相应的电信间，并终接于目的地的配线设备，如图 3-35

所示。点对点端接的主要优点是可以在干线中采用较小、较轻、较灵活的电缆，不必使用昂贵的绞接盒。分支递减端接的优点是干线中的主馈电缆总数较少，可节省空间，在某些情况下，分支递减端接的成本低于点对点端接方法。

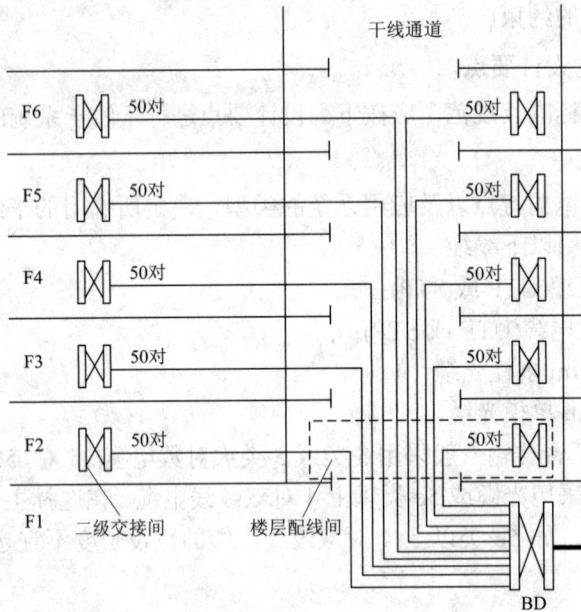

图 3-34　点对点端接

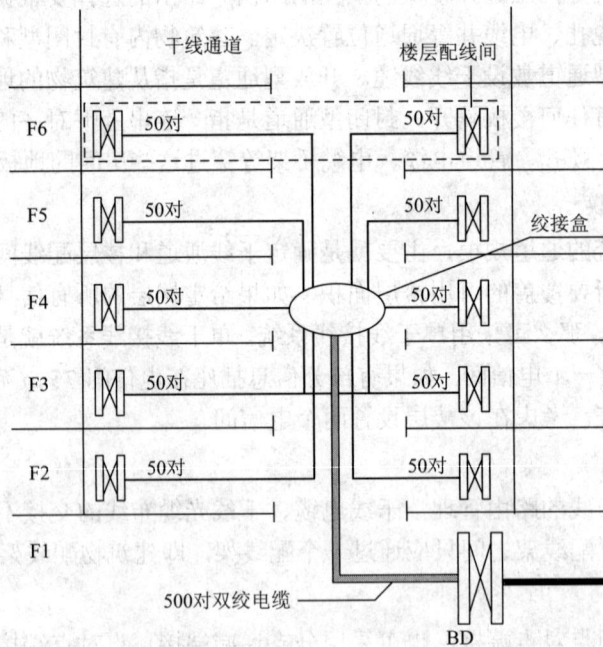

图 3-35　分支递减终接

6) 线缆容量的确定

一般而言，在确定每层楼的干线类型和数量时，要根据楼层配线子系统所有的话音、数据、图像等信息插座的数量来进行计算的。具体计算的原则如下：

(1) 对话音业务，大对数主干电缆的对数应按每一个电话 8 位模块通用插座配置 1 对线，并在总需求线对的基础上至少预留约 10%的备用线对。

(2) 对于数据业务应以交换机或集线器群(按 4 个交换机或集线器组成 1 群)，或以每个交换机或集线器设备设置 1 个主干端口配置。每 1 群网络设备或每 4 个网络设备宜考虑 1 个备份端口。主干端口为电缆端口时，应按 4 对线配置容量，为光纤端口时则按 2 芯光纤配置容量。

(3) 当工作区至电信间的水平光缆延伸至设备间的光配线设备(BD/CD)时，主干光缆的容量应包括所延伸的水平光缆光纤的容量。

(4) 当楼层信息插座较少时，在规定长度范围内，可以多个楼层共用交换机，并合并计算光纤芯数。

3. 干线子系统的布线方法

干线子系统的布线方式大多是垂直型的，但也有水平型的，这主要根据建筑的结构而定。大多数建筑物都是垂直向高空发展的，因此很多情况下会采用垂直型的布线方式。但是也有一些建筑物是横向发展的，如飞机场候机厅、工厂仓库等建筑，这时也会采用水平型的主干布线方式。

1) 垂直通道布线方法

垂直通道的干线布线路由主要采用电缆孔和电缆竖井两种方法。

(1) 电缆孔方法。干线通道中所用的电缆孔是很短的管道，通常是用一根或数根直径为 10 cm 金属管组成。它们嵌在混凝土地板中，这是浇注混凝土地板时嵌入的，比地板表面高出 2.5～5 cm，也可直接在地板中预留一个大小适当的孔洞。电缆往往捆在钢绳上，而钢绳固定在墙上已铆好的金属条上。当楼层配线间上下都对齐时，一般可采用电缆孔方法，如图 3-36 所示。

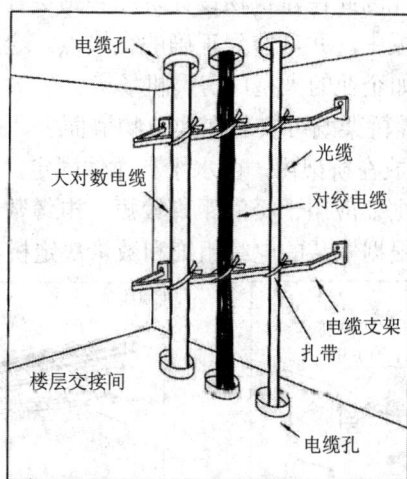

图 3-36   电缆孔方法

(2) 电缆竖井方法。电缆竖井是指在每层楼板上开出一些方孔，一般宽度为 30 cm，并有 2.5 cm 高的井栏，具体大小要根据所布干线电缆的数量而定，如图 3-37 所示。与电缆孔方法一样，电缆可以是捆扎或箍在支撑用的钢绳上，钢绳靠墙上的金属条或地板三角架固定。当然也可以在电缆竖井中直接敷设桥架，在桥架中敷设线缆。电缆竖井比电缆孔更为灵活，可以让各种粗细不一的电缆以任何方式布设通过，但在建筑物内开电缆竖井造价较高，而且不使用的电缆竖井很难防火。

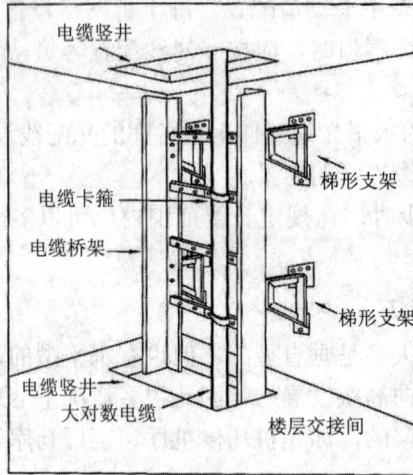

图 3-37　电缆竖井方法

2)　水平通道布线方法

对于单层平面建筑物水平通道的干线布线主要用金属管道和电缆桥架两种方法。

(1) 金属管道方法。该方法是指在水平方向架设金属管道，金属管道对干线电缆起到支撑和保护的作用，如图 3-38 所示。对于相邻楼层的干线电信间存在水平方向的偏距时，就可以在水平方向布设金属管道，将干线电缆引入下一楼层的电信间。金属管道不仅具有防火的优点，而且它提供的密封和坚固空间使电缆可以安全地延伸到目的地。但是金属管道很难重新布置且造价较高，因此在建筑物设计阶段必须进行周密的考虑，在土建工程阶段要将选定的管道预埋在地板中，并延伸到正确的交接点。金属管道方法较适合于低矮而又宽阔的单层平面建筑物，如企业的大型厂房、机场等。

(2) 电缆桥架方法。电缆桥架既可安装在建筑物墙面上、吊顶内，也可安装在天花板上，如图 3-39 所示。电缆布放在桥架内，由水平支撑件固定，必要时还要在桥架下方安装电缆绞接盒。电缆桥架方法主要应用于楼间距离较短、电缆数量很多且要求采用架空的方式布放干线线缆的场合，要根据安装的电缆粗细和数量决定桥架的尺寸。

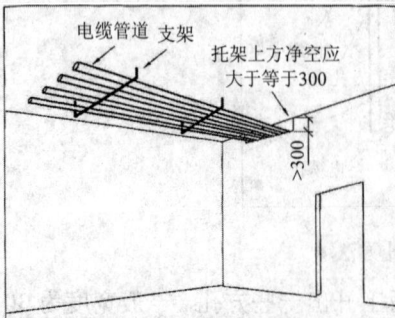

图 3-38　金属管道方法　　　　　　　　　图 3-39　电缆桥架方法

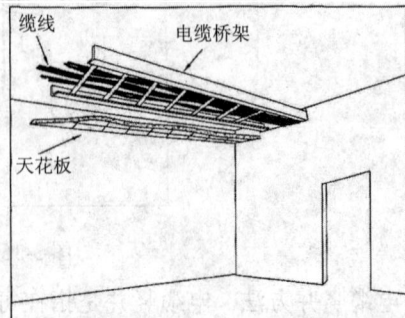

3.3.4　建筑群子系统设计

1. 建筑群子系统的设计范围

建筑群子系统由连接多个建筑物之间的主干电缆和光缆、建筑群配线设备(CD)以及设备缆线和跳线组成。单幢建筑物的综合布线系统可以不考虑建筑群子系统。建筑群子系统的设计主要考虑布线路由选择、线缆选择、线缆布线方式等内容，其工程范围和特点与其他子系统有所不同，主要特点如下：

(1) 建筑群子系统中除建筑群配线架等设备装在室内外，其他所有设施都在室外。因此客观环境和建设条件都比较复杂，易受外界干扰，工程范围大，技术要求高。

(2) 由于综合布线系统必须与外界通信联系，需通过建筑群子系统与公用通信网连成整体，因此，建筑群子系统是公用通信网的一个组成部分，它的技术要求与公用通信网相同，必须保证整个通信网的传输质量。

(3) 建筑群子系统主要是室外布线，建在公用道路或小区内，所以其通信线路的建设原则、工艺要求、技术指标以及与其他管线之间的综合协调等，应与城市中市区街坊的通信线路要求相同，都必须执行本地网通信线路的有关标准规定。

(4) 建筑群子系统的通信线路是公用管线基础设施之一，其建设计划应纳入相应的总体建设规划内。例如通信线路的分布(包括路由和位置)应符合所在地区的城市建设规划和小区总平面布置要求，符合有关部门的规定，以求通信线路建成后能长期稳定、安全可靠地正常运行。

(5) 在已建成或正在建的小区内，如已有地下通信电缆管道或架空通信杆路时，应尽量设法利用，与该设施的主管单位(包括公用通信网或用户自备建设的专用网)进行协商，可根据具体条件采取合用或租用等方式，避免重复建设，节省工程建设造价。

(6) 建筑群子系统是综合布线系统的线路骨干部分，其工程质量的高低、技术性能的优劣直接影响综合布线系统的运行效果。目前，国内对于大型综合布线系统工程的室内部分较为重视，但有时会忽略室外的建筑群子系统，甚至会采取分开设计或划界施工的方式，这样就很可能造成工程整体分裂的不良后果。

2. 建筑群子系统的设计要点

1) 考虑环境美化要求

建筑群子系统设计应充分考虑建筑群覆盖区域的整体环境美化要求，干线线缆应尽量采用地下管道或电缆沟敷设方式。如因客观原因不得不采用架空布线方式，也应尽量选用原有已架空布设的电话线或有线电视电缆路由，以减少架空敷设的线路。

2) 考虑建筑群未来发展需要

在布线设计时，要充分考虑各建筑需要安装的信息点种类和数量，选择相对应的干线线缆以及线缆敷设方式，使综合布线系统建成后，保持相对稳定，并能满足今后一定时期内新的信息业务发展需要。

3) 线缆的选择

建筑群子系统一般应选用多模或单模室外光缆，芯数不少于 12 芯，宜用松套型、中央束管式。当使用光缆与电信公用网连接时，应采用单模光缆，芯数应根据综合通信业务的需要确定。建筑群子系统如果选用双绞线电缆时，一般应选择高质量的大对数双绞线。当从 CD 至 BD 使用双绞线电缆时，总长度不应超过 1500 m。

4) 线缆路由的选择

考虑到节省投资，线缆路由应尽量选择距离短、线路平直的路由。但具体的路由还要根据建筑物之间的地形或敷设条件而定。在选择路由时，应考虑原有已铺设的地下各种管道，线缆在管道内应与电力线缆分开敷设，并保持一定间距。

5) 干线电缆、光缆交接要求

建筑群的主干电缆、主干光缆布线的交接不应多于两次，即从每幢建筑物的楼层配线架(FD)到建筑群配线架(CD)之间只应通过一个建筑物配线架(BD)。CD 宜安装在进线间或设备间，并可与入口设施或 BD 合用场地。CD 配线设备内、外侧的容量应与建筑物内连接 BD 配线设备的建筑群主干缆线容量及建筑物外部引入的建筑群主干缆线容量相一致。

3. 建筑群子系统的布线方法

1) 架空布线法

架空布线法要求用电线杆将线缆在建筑物之间悬空架设，一般是先架设钢丝绳，然后在钢丝绳上挂放线缆。架空线缆应采用塑料线缆，在引入建筑物时，通常应先穿入建筑物外墙上的 U 形钢保护套，然后向下(或向上)延伸，从电缆孔进入建筑物内部，如图 3-40 所示。电缆入口的孔径一般为 5 cm。建筑物到最近处的电线杆的距离应小于 30 m。通信电缆与电力电缆之间的间距应遵守当地有关部门的规定。

(1) 优点：

• 施工技术比较简单；

• 施工不受地形等条件的限制；

• 能适应今后变动，易于拆除、迁移、更换或调整，便于扩建增容；

• 工程初次投资费用较低。

(2) 缺点：

• 产生障碍的机会较多，通信安全有所影响；

• 易受外界腐蚀和机械损伤，电(光)缆使用寿命较短；

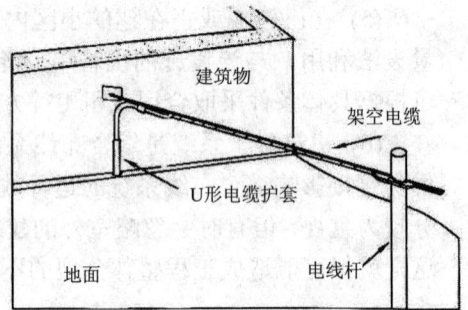

图 3-40　架空布线法示意图

• 维护工作和维护费用较多；

• 对周围环境美观有影响。

(3) 适用场合：

• 不定型的街坊或小区以及道路有可能变化的地段；

• 有其他架空杆路可利用，能够节约成本的场合；

• 因客观条件限制无法采用地下方式的地段。

(4) 不适用场合：

• 附近有空气腐蚀或高压电力线的场合；

• 环境要求美观的街坊和小区；

• 特殊重要的地段，如广场等。

2) 直埋线缆布线法

直埋线缆布线法是根据选定的布线路由在地面挖沟，然后将线缆直接埋在沟内的布线方法。直埋布线的线缆除了穿过基础墙的那部分电缆有线管保护外，电缆的其余部分直埋于地下，没有保护，如图 3-41 所示。直埋线缆通常应埋在距地面 0.6 m 以下的地方，或按照当地有关部门的相关法规施工。如果在同一土沟内埋入了通信电缆和电力电缆，应设立明显的共用标志。直埋线缆应根据不同环境条件采用不同形式的钢带铠装电(光)缆，一般不采用塑料护套电(光)缆。

(1) 优点：

· 比架空布线安全，产生障碍机会少，有利于使用和维护；

· 维护工作和费用较少；

· 线路隐蔽，环境美观不受影响；

· 工程初次投资较管道布线低，不需建人孔和管道，施工技术较简单；

· 建筑条件不受限制，与其他地下管线发生矛盾时，易于处理。

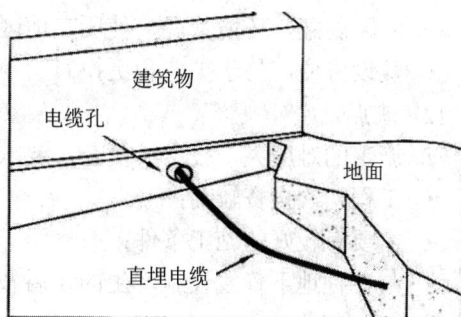

图 3-41　直埋线缆布线法示意图

(2) 缺点：

· 维护、更换及扩建都不方便；

· 发生故障后必须挖掘，修复时间较长，影响通信；

· 与其他地下管线较为邻近时，双方在维修时，会增加外界机械损伤机会。

(3) 适用场合：

· 用户数量比较固定，线缆容量和条数不多且今后不会扩建的场所；

· 要求线缆隐蔽，采用管道不经济或不能建设管道的场合；

· 敷设线缆条数很少的特殊重要地段。

(4) 不适用场合：

· 今后需要翻建的道路或广场；

· 规划用地或今后有发展的地段；

· 地下有化学腐蚀或电气腐蚀，以及土质不好的地段；

· 地下管线和建筑物比较复杂，且常有挖掘可能的地段；

· 已建成高级路面的道路。

3) 直埋管道布线法

直埋管道布线是一种由管道组成的地下系统，一根或多根管道通过基础墙进入建筑物内部，把建筑群的各个建筑物连接在一起，如图 3-42 所示。地下管道对线缆起到很好的保护作用，因此线缆受损坏的机会较少，而且不会影响建筑物的外观及内部结构。管道内线缆不宜采用外包钢带铠装结构，一般采用塑料护套电

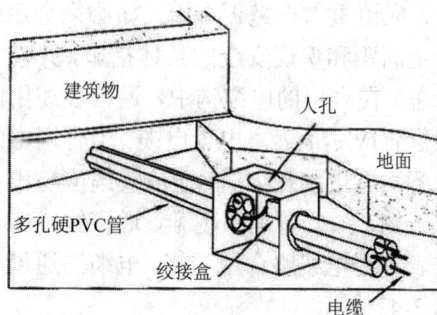

图 3-42　直埋管道布线法示意图

(光)缆。直埋管道的埋设深度一般在 0.8～1.2 m,或符合当地有关部门相关法规规定的深度。为了方便日后的布线,管道安装时应预埋一根拉线。为了方便线缆的管理,地下管道应间隔 50～180 m 设立一个接合井(人孔),以方便人员维护。

(1) 优点:

- 线缆安全,有最佳的保护设施;
- 产生障碍机会少,有利于使用和维护;
- 维护工作和费用少;
- 线路隐蔽,环境美观,使所在地区整齐有序;
- 敷设方便,易于扩建和更换。

(2) 缺点:

- 施工的难度大,技术较复杂,要求较高;
- 工程初次投资较高;
- 需要有较好的施工条件;
- 与各种地下管线设施产生的矛盾较多,协调工作较复杂。

(3) 适用场合:

- 较为定型的街坊或小区,道路基本不变的地段;
- 要求环境美观的街区和智能化小区;
- 特殊地段,如广场或花园等;
- 重要场所(如交通路口)或其他敷设方式不适用时。

(4) 不适用场合:

- 街坊和道路尚不定型,今后有变化的地段;
- 地下有化学腐蚀或电气腐蚀的地段;
- 地下管线和障碍物较复杂的地段;
- 地质土壤不稳定、土壤松软塌陷的地段;
- 地面高度相差较大和地下水位较高的地段。

4) 电缆沟通道布线法

在有些特大型的建筑群体之间会设有公用的综合性隧道或电缆沟,如其建筑结构较好,且内部安装的其他管线设施不会对通信系统线路产生危害,则可以考虑利用该设施进行布线。如隧道或电缆沟中有其他危害通信线路的管线时,应慎重考虑是否合用,如必须合用时,应有一定间距和保证安全的具体措施,并设置明显的标志。在合用的电缆沟中,通信线缆用的电缆托架位置应尽量远离电力电缆。当合用电缆沟中的两侧均有电缆托架时,通信线缆应与电力电缆各占一侧,如安排确有困难,通信线缆应与信号和仪表等弱电线路合用一侧。电缆沟通道布线法如图 3-43 所示。

(1) 优点:

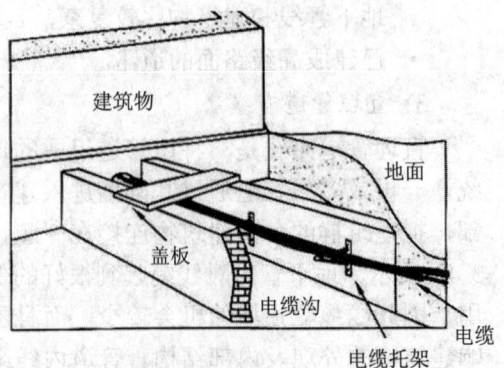

图 3-43　电缆沟通道布线法

- 线路隐蔽安全稳定，不受外界影响；
- 施工简单，工作条件比直埋方式等要好；
- 查修故障和今后扩建均较方便；
- 如与其他弱电线路合用，工程初次投资少。

(2) 缺点：

- 如为专用电缆沟，工程初次投资较高；
- 与其他弱电线路共建需要在施工和维护方面互相配合，有时会发生矛盾；
- 如公用设施中设有危害通信线路的管线时，需要增设保护措施，会增加维护费用和维护工作。

(3) 适用场合：

- 较为定型的街坊或小区，道路基本不变的地段；
- 在特殊场合或重要场所，要求各种管线综合建设的地段；
- 已有电缆沟并可以使用的地段。

(4) 不适用场合：

- 附近有影响人身和线缆安全因素的地段；
- 地面要求特别美观的广场等地段。

3.3.5　设备间和电信间设计

1. 设备间的设计范围

设备间是大楼的电话交换机设备和计算机网络设备，以及建筑物配线设备(BD)安装的地点，也是进行网络管理的场所。对综合布线工程设计而言，设备间主要安装主配线设备。当信息通信设施与配线设备分别设置时考虑到设备电缆有长度限制的要求，安装总配线架的设备间与安装电话交换机及计算机主机的设备间之间的距离不宜太远。图 3-44 所示为典型设备间的布置示意图。

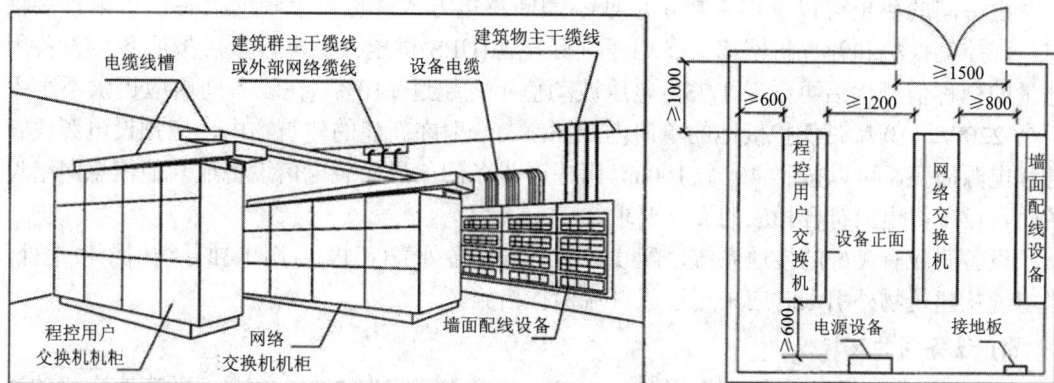

图 3-44　典型设备间的布置示意图

2. 设备间的设计要点

设备间子系统的设计主要考虑设备间的位置以及设备间的环境要求。具体设计要点请参考下列内容：

1) 设备间的位置

设备间的位置应根据设备的数量、规模、网络构成等因素综合考虑确定。每幢建筑物内应至少设置 1 个设备间，如果电话交换机与计算机网络设备分别安装在不同的场地或根据安全需要，也可设置 2 个或 2 个以上设备间，以满足不同业务的设备安装需要。一般而言，设备间应尽量位于建筑平面及其综合布线干线综合体的中间位置。在高层建筑内，设备间也可以设置在 2、3 层。另外还要注意以下问题：

(1) 设备间宜处于干线子系统的中间位置，并考虑主干缆线的传输距离与数量。

(2) 设备间宜尽可能靠近建筑物线缆竖井位置，有利于主干缆线的引入。

(3) 设备间的位置宜便于设备接地。

(4) 设备间应尽量远离高低压变配电、电机、X 射线、无线电发射等有干扰源存在的场地。

设计人员应与建设方协商，根据建设方的要求及现场情况具体确定设备间的最终位置。只有确定了设备间的位置后，才可以设计综合布线的其他子系统，因此用户需求分析时，确定设备间的位置是一项重要的工作内容。

2) 设备间的面积

设备间内应有足够的设备安装空间，其使用面积不应小于 10 m²，该面积不包括程控用户交换机、计算机网络设备等设施所需的面积在内。若在设备间安装网络设备和其他应用设备时，一般不应小于 20 m²。如果一个设备间以 10 m² 计，大约能安装 5 个 19 英寸的机柜。在机柜中安装电话大对数电缆多对卡接式模块，数据主干缆线配线设备模块，大约能支持总量为 6000 个信息点所需(其中电话和数据信息点各占 50%)的建筑物配线设备安装空间。

设备间梁下净高不应小于 2.5 m，采用外开双扇门，门宽不应小于 1.5 m。设备间的地面宜采用抗静电活动地板，切忌铺毛质地毯；墙面宜涂阻燃漆或铺设涂防火漆的胶合板；吊顶和隔断等均应采用耐燃的材料。

3) 设备间的供电

设备间的供电可以采用直接供电或不间断供电方式，也可将辅助设备由市电直接供电，程控交换机和计算机网络设备由不间断电源(UPS)供电。供电容量可按照各台设备用电量的标称值相加后再乘以 1.73，电压波动值不宜超过 ±10%。在设备间内应提供不少于两个 220 V、10 A 带保护接地的单向电源插座。一般在新建的建筑物内，应预设电源线管道和电源插座，可以按照 40 个/100 m² 考虑。设备间如果安装电信设备或其他信息网络设备时，设备供电应符合相应的设计要求。

设备间应有良好的接地系统，配线架和有源设备外壳(正极)宜用单独导线引至接地处，当电缆从建筑物外引入时应采用过压过流保护措施。

4) 设备间的环境

(1) 温湿度。设备间室温应为 10～35℃，相对湿度应为 20%～80%，并应有良好的通风。设备间的温湿度可以通过安装具备降温或加温、加湿或除湿功能的空调设备来控制。选择空调设备时，南方地区主要考虑降温和除湿功能；北方地区要全面考虑降温、升温、除湿、加湿功能。空调的功率主要根据设备间的大小及设备多少而定。

(2) 尘埃。设备间应防止有害气体(如氯、碳水化合物、硫化氢、氮氧化物、二氧化碳等)侵入，并应有良好的防尘措施，尘埃含量限值应符合表 3-5 的规定。

表 3-5　设备间尘埃指标要求

尘埃颗粒的最大直径/μm	0.5	1	3	5
灰尘颗粒的最大浓度/(粒子数/m³)	1.4×10^7	7×10^5	2.4×10^5	1.3×10^5

要降低设备间的尘埃度，需要定期的清扫灰尘，工作人员进入设备间应更换干净的鞋具。

(3) 照明。为了方便工作人员在设备间内操作设备和维护相关综合布线器件，设备间内必须安装具有足够照明度的照明系统，并配置应急照明系统。设备间内距地面 0.8 m 处，照明度不应低于 200 lx。设备间配备的应急照明系统，在距地面 0.8 m 处，照明度不应低于 5 lx。

(4) 电磁场干扰。根据综合布线系统的要求，设备间无线电干扰的频率应在 0.15~1000 MHz 范围内，噪声不大于 120 dB，磁场干扰场强不大于 800 A/m。

5) 设备间的设备安装

在设备间内安装的 BD 配线设备干线侧容量应与主干缆线的容量相一致。设备侧的容量应与设备端口容量相一致或与干线侧配线设备容量相同。机架或机柜前面的净空不应小于 800 mm，后面的净空不应小于 600 mm。壁挂式配线设备底部离地面的高度不宜小于 300 mm。在设计时应预留好各类进出线缆的管路孔洞，以及将来扩展时所需安装配线设备和应用设备的位置。

6) 设备间的防火

为了保证设备使用安全，设备间应安装相应的消防系统，配备防火防盗门，其耐火等级必须符合相关标准中耐火等级的规定。在设备间的活动地板下、吊顶上方及易燃物附近都应设置烟感和温感探测器，设备间内应设置二氧化碳(CO_2)自动灭火系统，并备有手提式二氧化碳灭火器，禁止使用水、干粉或泡沫等易产生二次破坏的灭火器。为了在发生火灾或意外事故时方便设备间工作人员迅速向外疏散，对于规模较大的建筑物，在设备间或机房应设置直通室外的安全出口。

3. 设备间的线缆敷设

设备间内的线缆敷设方式，应根据房间内设备布置和线缆经过区域的具体情况，分别选用在活动地板下预埋管路布线或在机架上布线等不同方法。在建筑设计中应根据工艺要求和通信线路设计中提供的资料进行考虑，以便在建筑设计或施工中同步进行(例如预留沟槽和孔洞、预埋暗敷管路或槽道，以及考虑采用活动地板后的楼层净高等)，保证今后综合布线系统的线缆施工能顺利进行。

其中活动地板下预埋管路布线可参照配线子系统布线方案中的介绍，走线架(或线槽、桥架)布线方式是在设备(机架)上或沿墙安装走线架的敷设方式。走线架的尺寸根据线缆的需要进行设计。在已建(除楼层层高较小的建筑外)或新建的建筑中均可使用这种敷设方式，适应性较强，使用场合较多。

4. 电信间的设计要点

电信间也可称为管理间、楼层配线间，是在楼层安装配线设备和计算机网络设备(主要是交换机)的场地，同时在该场地也应设置竖井、等电位接地体、电源插座、UPS 配电箱等设施。在场地面积满足的情况下，也可设置诸如安防、消防、建筑设备监控、无线信号覆盖等系统的布缆线槽和功能模块。如果综合布线系统与弱电系统设备合设于楼层中的同一场地，从建筑的角度出发，也可称其为弱电间。

1) 电信间数量和位置

电信间的数量应按所服务的楼层范围及工作区面积来确定。如果该层信息点数量不大于 400 个，水平缆线长度在 90 m 范围以内，应设置一个电信间；当超出这一范围时宜设两个或多个电信间；每层的信息点数量数较少，且水平缆线长度不大于 90 m 的情况下，宜几个楼层合设一个电信间。电信间应与强电间分开设置，电信间内或其紧邻处应设置缆线竖井。

2) 电信间的设备配置和面积

一般情况下，综合布线系统的配线设备和计算机网络设备采用 19 英寸标准机柜安装。机柜尺寸通常为 600 mm(宽) × 900 mm(深) × 2000 mm(高)，共有 42U 的安装空间。机柜内可安装光纤连接盘、RJ-45(24 口)配线模块、多线对卡接模块(100 对)、理线器、交换机等设备。在电信间内安装机柜，正面应有不小于 800 mm 的净空，背面应有不小于 600 mm 的净空，墙面安装(或壁挂式)设备，其底部离地面高度应不小于 300 mm。如果按建筑物每层电话和数据信息点各为 200 个考虑配置上述设备，大约需要有 2 个 19 英寸(42U)的机柜空间，以此测算电信间面积至少应为 5 m²(2.5 m × 2.0 m)。对于涉及布线系统设置内、外网或专用网时，19 英寸机柜应分别设置，并在保持一定间距的情况下预测电信间的面积，其尺寸的确定可以参考表 3-6。图 3-45 给出了 2 个机柜的电信间设备布置示意图。

表 3-6　电信间的尺寸

服务区面积/m²	电信间的尺寸(m × m)
1000	3 × 3.4
800	3 × 2.8
500	3 × 2.2

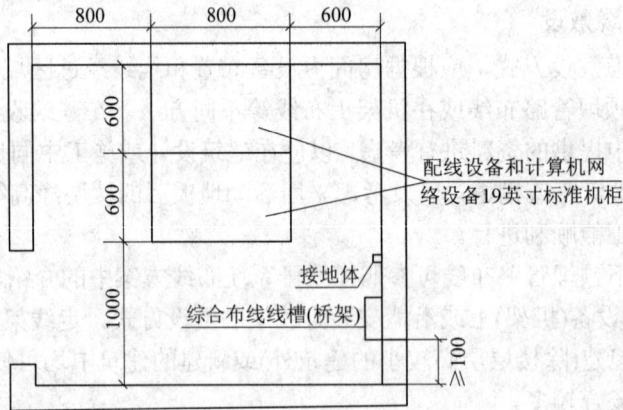

图 3-45　电信间设备布置示意图

3) 机柜配置与配线架端子数的计算

一般来说，干线电缆或光缆的容量小，适合布置在机柜顶部；配线子系统的电缆容量大，而且跳接次数相对较多，适合布置在机柜中部，便于操作；网络设备为有源设备，布置在机柜下部。图 3-46 所示为某建筑物电信间机柜配置的示意图。

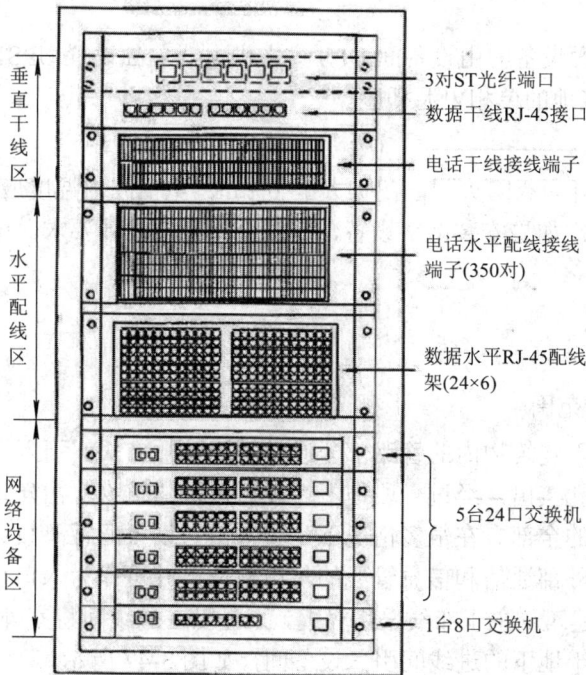

图 3-46 某建筑物电信间机柜配置的示意图

（1）水平配线区的端子数。该建筑物的某一层需要设 200 个信息插座，其中 80 个电话出线口，120 个计算机出线口，配线子系统全部采用 5e 类 4 对双绞线电缆，共 200 根。按照一般要求，配线子系统的所有芯线都应连接在配线架上，该层电信间楼层配线架的水平配线区的端子数量可按下式计算：

$$D = 4H(1 + u) + 4J(1 + u)$$

其中：D 为楼层配线架水平配线区的端子数；H 为电话出线口的数量；J 为计算机出线口的数量；u 为配线架上的备用量，一般取 5%～15%。

在配线架上，一般将电话端子和数据端子分别设置，故上式中电话端子和数据端子应分别根据配线架规格取整后相加，将例子中的数据代入上式，则：

$$D = 4 \times 80(1 + 10\%) + 4 \times 120(1 + 10\%)$$
$$= 352 + 528 = 375 + 550$$
$$= 925(对)(按 25 对取整)$$

由上述计算，确定该楼层配线架水平配线区应配置 925 对端子，若在计算机出线口使用 24 口 RJ-45 模块快速配线架，则需要采用 6 个，占用 $4 \times 24 \times 6 = 576$ 对线。

（2）垂直干线区的端子数。楼层配线架垂直干线区的端子数，应根据干线子系统的数量来确定，在本例中用于电话干线的端子数为 200 对，连接电话主干线；用于数据干线的端子数为 20 对，连接作为数据干线的 5e 类双绞线电缆；同时配置 3 对光纤连接端口，连接光缆。

(3) 网络设备的配置。本例中网络设备的配置可考虑在 128～144 端口之间，即配置 5 台 24 端口和 1 台 8 端口的交换机，也可配置 6 台 24 端口的交换机。

4) 电信间的供电

电信间的网络有源设备应由设备间 UPS 集中供电或单独设置 UPS，并应至少设置 2 个 220 V、10 A 带保护接地的单相电源插座。

5) 电信间的环境

电信间应采用外开丙级防火门，门宽大于 0.7 m。电信间内温度应为 10～35℃，相对湿度宜为 20%～80%。如果安装网络设备，应符合相应的设计要求。电信间的其他环境要求与设备间相同。

3.3.6　进线间设计

1. 进线间的设计范围

综合布线系统引入建筑物内的管路部分通常采用暗敷方式。引入管路从室外地下通信电缆管道的人孔或手孔接出，经过一段地下埋设后进入建筑物，由建筑物的外墙穿放到室内，这就是引入管路的全部。在很多情况下，引入口与设备间距离较远，这时需要设进线间。进线间是建筑物外部通信和信息管线的入口部位，并可作为入口设施和建筑群配线设备的安装场地。如果建筑群主干布线采用光缆，则可以在进线间将室外光缆转为室内光缆，然后将光缆从地下或半地下的进线间引入设备间，如图 3-47 所示。

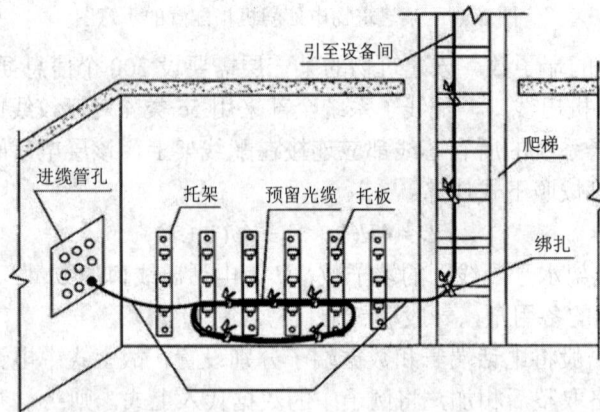

图 3-47　在进线间将室外光缆转换为室内光缆

2. 引入管道设计

综合布线系统建筑物引入口的位置和方式的选择需要同城建规划和电信部门确定，应留有扩展余地。对于入口钢管，要采用防腐和防水措施；钢管穿过墙基后应延伸到未扰动地段，以防出现应力；预埋钢管应由建筑物向外倾斜，坡度不小于 0.4%；在两个牵引点之间不得有两处以上 90° 拐弯；光缆引入时应预留 5～10 m；架空电缆(光缆)引入时要注意接地处理；综合布线线缆不得在电力线或电力装置检修孔中进行接续或端接。图 3-48 为管道电缆引入建筑物示意图，图 3-49 为直埋电缆引入建筑物示意图。

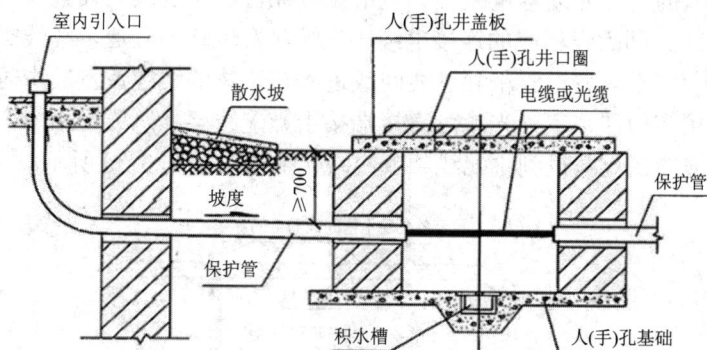

图 3-48　管道电缆引入建筑物

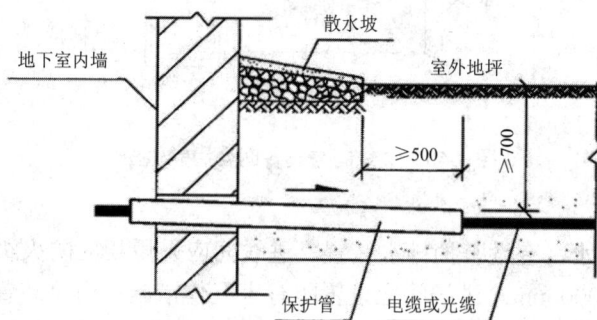

图 3-49　直埋电缆引入建筑物

3. 进线间的设计要点

1) 进线间的位置

一个建筑物应设置一个进线间,一般位于地下层,外线宜从两个不同的路由引入进线间,有利于与外部管道沟通。进线间与建筑物红外线范围内的人孔或手孔采用管道或通道的方式互连。进线间宜靠近外墙和在地下设置,以便于缆线引入。进线间应与布线系统垂直竖井沟通。

2) 进线间的面积

进线间因涉及因素较多,难以提出具体所需面积,可根据建筑物实际情况,并参照通信行业和国家的现行标准要求进行设计。进线间的大小应按进线间的进线管道最终容量及入口设施的最终容量设计,同时应考虑满足多家电信业务经营者安装入口设施等设备所需的面积。进线间应满足缆线的敷设路由、成端位置及数量、光缆的盘长空间和缆线的弯曲半径、充气维护设备、配线设备安装所需要的场地空间和面积。

3) 进线间的设备配置

进线间应设置管道入口,与进线间无关的管道不宜通过。建筑群主干电缆和光缆、公用网和专用网电缆、光缆及天线馈线等室外缆线进入建筑物时,应在进线间成端转换成室内电缆、光缆,并在缆线的终端处可由多家电信业务经营者设置入口设施,入口设施中的配线设备应按引入的电、光缆容量配置。电信业务经营者在进线间设置安装的入口配线设备应与 BD 或 CD 之间敷设相应的连接电缆、光缆，实现路由互通，缆线类型与容量应与配线设备相一致。在不具备设置单独进线间或进入建筑物的线缆数量较少时，可以采用进线间与设备间合用室做法，室外光缆可直接端接于光配线架上，或经由一个光缆进线设备箱，转换为室内光缆后再敷设到主配线架或网络交换机，如图 3-50 所示。

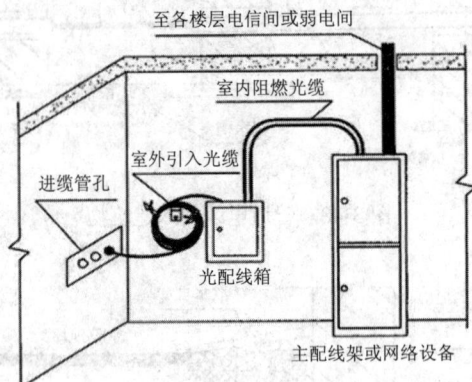

图 3-50　进线间与设备间合用室做法

4) 进线间的环境

进线间应防止渗水，宜设有抽排水装置。进线间应采用相应防火级别的防火门，门向外开，宽度不小于 1000 mm。进线间应设置防有害气体措施和通风装置，排风量按每小时不小于 5 次容积计算。进线间入口管道口所有布放缆线和空闲的管孔应采取防火材料封堵，做好防水处理。进线间如安装配线设备和信息通信设施时，应符合设备安装设计的要求。

3.3.7　管理设计

1. 管理的设计范围

管理是针对设备间、电信间和工作区的配线设备、缆线等设施，按一定的模式进行标识和记录的规定。管理的主要内容包括：管理方式、标识、色标、连接等。这些内容的实施，将给今后维护和管理带来很大的方便，有利于提高管理水平和工作效率。特别是较为复杂的综合布线系统，如采用计算机进行管理，其效果将十分明显。综合布线系统的管理应符合下列规定：

(1) 综合布线系统工程宜采用计算机进行文档记录与保存，简单且规模较小的综合布线系统工程可采用图纸资料等纸质文档进行管理，并做到记录准确、及时更新、便于查阅。

(2) 综合布线的所有电缆、光缆、配线设备、端接点、接地装置、敷设管线等组成部分均应给定唯一的标识符，并设置标签。标识符应采用相同数量的字母和数字等标明。

(3) 电缆和光缆的两端均应标明相同的标识符。

(4) 设备间、电信间、进线间的配线设备宜采用统一的色标区别各类业务与用途的配线区。

(5) 所有标签应保持清晰、完整，并满足使用环境要求。

(6) 对于规模较大的布线系统工程，为提高布线工程维护水平与网络安全，宜采用电子配线设备对信息点或配线设备进行管理，以显示与记录配线设备的连接、使用及变更状况。

(7) 综合布线系统相关设施的工作状态信息包括：设备和线缆的用途、使用部门、组成局域网的拓扑结构、传输信息速率、终端设备配置状况、占用器件编号、色标、链路与信道的功能和各项主要指标参数及完好状况、故障记录等，还应包括设备位置和线缆走向等内容。

2. 综合布线系统的标识管理

1) 线缆标识要求

综合布线系统使用的标签可采用粘贴型和插入型。

从材料和应用的角度讲，线缆的标识，尤其是跳线的标识要求使用带有透明保护膜(带白色打印区域和透明尾部)且耐磨损，抗拉的标签材料。只有这样，线缆的弯曲变形以及频繁地磨损才不会使标签脱落和字迹模糊不清。目前，市场上已有配套的打印机和标签纸供应，另外，套管和热缩套管也是线缆标签的很好选择。

要求在线缆的两端都进行标识，对于重要线缆，需要每隔一段距离进行标识，另外在维修口、接合处、接线盒等处的电缆位置也要进行标识。在同一综合布线工程中，线缆标识应统一编码，并能反映线缆的用途和连接情况。例如，一根电缆从某建筑物三楼 311 房间的第一个计算机数据信息点拉至电信间，则该电缆的两端可标记上"311-D1"的标识，其中"D"表示数据信息点。

2) 色彩标识

人们对色彩和图形的敏感程度远远高于对符号和文字数码的敏感，因而色彩在综合布线工程设计、施工和使用维护中都具有重要的作用。一般情况下，在设备间、电信间等地方可以看到如下一些醒目的颜色，通过这些颜色可以将不同的功能或区域清晰地划分开，如表 3-7 所示。

表 3-7　常用色彩在综合布线中的含义说明

颜色	含　义
黄	辅助的和综合的功能，表示交换机的用户引出线
紫	公用设备 PBX、LANs(分组交换机和数据设备等)
绿	公共网连接(例：公共网络和辅助设备)，表示网络接口的进线侧，比如电信局端，网络接口的设备侧，比如总机
白	一级主干网，干线电缆或建筑群电缆，来自干线端接点，来自设备间的干线电缆的点对点端接
灰	二级主干网，表示二级交接间连接电缆端
蓝	水平布线、工作区，比如从设备间到工作区或用户终端线路，连接交接间输入输出服务的站线路，信息插座
棕	建筑群主干网
红	重要电话设备或为将来预留端口
橙	分界点(例：公共网终接点)，来自交接间多路复用器的线路

通常在管理完善的一些综合布线网络中，绿色代表的"绿色场区"，接至公用网；紫色代表的"紫色场区"，通过"灰色场区"接至设备间，再通过配线架连接到"白色场区"至电信间(干线子系统)，再由配线架分线接入"蓝色场区"，即配线子系统，最终接入工作区(工作区同样属于"蓝色场区")的信息插座。通常相关的色区相邻放置、连接块与相关的色区相对应、相关色区与接插线相对应，如图3-51所示。

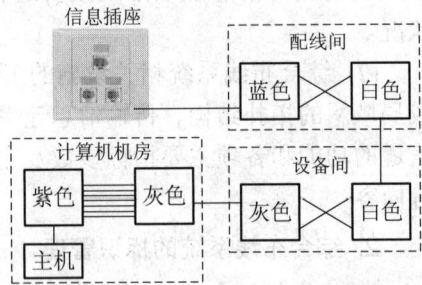

图 3-51　不同色区间的连接

在设备间的另一端则通过"棕色场区"接至建筑群子系统(直埋式管道或架空线缆)，从而引至另一幢大楼(图3-51中未标出"棕色场区")。一般情况下，这些鲜艳的色彩主要用于设备间、电信间配线架标签和相应跳线标签的底色。

3) 配线架布线标识方法

配线架布线标识方法应按照以下规定设计：

- FD 出线：标明楼层信息点序列号和房间号。
- FD 入线：标明来自 BD 的配线架号或交换机号、缆号和芯/对数。
- BD 出线：标明去往 FD 的配线架号或交换机号、缆号。
- BD 入线：标明来自 CD 的配线架号、缆号和芯/对数(或外线引入的缆号)。
- CD 出线：标明去往 BD 的配线架号、缆号和芯/对数。
- CD 入线：标明由外线引入的缆线号和线序对数。

面板和配线架的标签要使用连续的标签，材料以聚酯的为好，可以满足外露的要求。由于各厂家的配线架规格不同，所留标识的宽度也不同，所以选择标签时，宽度和高度都要多加注意。配线架和面板的标识除了清晰、简洁易懂外，还要美观。图3-52所示为配线架和跳线上的标签。

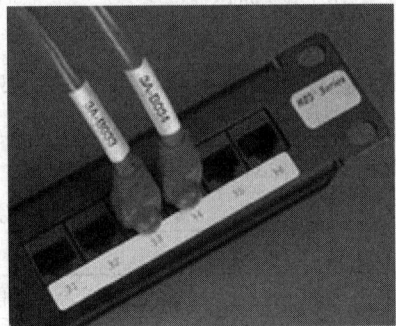

图 3-52　配线架和跳线上的标签

4) 信息插座的标识要求

信息插座上每个接插口位置上应用中文明确标明"话音"、"数据"、"控制"、"光纤"等接口类型及楼层信息点序列号。信息插座的一个插孔对应一个信息点编号。信息点编号一般由楼层号、区号、设备类型代码和层内信息点序号组成。此编号将在插座标签、配线架标签和一些管理文档中使用。

3. 综合布线智能管理系统

由于综合布线系统的灵活性在于可以通过跳线实现对终端和整个网络的管理，因此在实际运行中配线架上的跳线变动会比较大，实践证明目前很多网络故障是由于跳线的不明确，导致整个网络的不可靠或瘫痪，在规模庞大的布线系统中更是如此。目前网络终端设备的变化很快，这就要求管理人员必须清楚地知道工作区的信息点与配线架端口之间的对应关系,并能及时的完成跳接。如果管理人员还是借助传统的竣工图纸和通过不断人工修改图纸来实现综合布线系统结构的更新,会存在很大的困难。因此对于规模较大的布线系统工程,为提高布线工程维护水平与网络安全,应采用电子配线设备(综合布线智能管理系统)对信息点或配线设备进行管理,以显示与记录配线设备的连接、使用及变更状况。目前,主流布线厂商纷纷推出了各自的综合布线智能管理系统,主要有美国 Panduit 推出的 PANVIEW 综合布线实时智能管理系统、美国康普推出的 SYSTIMAX iPatch 智能配线系统、美国 Molex 推出的实时布线系统、南京普天智能布线物理层网络管理系统、泰科电子推出的 AMPTRAC 智能布线管理系统等,这些系统都能很好地解决用户综合布线系统智能管理的问题。

3.3.8　其他部分设计

1. 电气防护设计

随着各种类型的电子信息系统在建筑物内的大量设置,各种干扰源将会影响到综合布线电缆的传输质量与安全,因此在综合布线系统设计时必须进行电气防护方面的设计。

1) 系统间距

综合布线电缆与附近可能产生高电平电磁干扰的电动机、电力变压器、射频应用设备等电器设备之间应保持必要的间距,并应符合下列规定:

(1) 综合布线电缆与电力电缆的间距。综合布线电缆与电力电缆的间距应符合表 3-8 的规定。

表 3-8　综合布线电缆与电力电缆的间距

类别	与综合布线接近状况	最小间距/mm
380 V 电力电缆<2 kV·A	与缆线平行敷设	130
	有一方在接地的金属线槽或钢管中	70
	双方都在接地的金属线槽或钢管中①	10①
380 V 电力电缆 2～5 kV·A	与缆线平行敷设	300
	有一方在接地的金属线槽或钢管中	150
	双方都在接地的金属线槽或钢管中②	80
380 V 电力电缆>5 kV·A	与缆线平行敷设	600
	有一方在接地的金属线槽或钢管中	300
	双方都在接地的金属线槽或钢管中②	150

注:① 当 380 V 电力电缆<2 kV·A,双方都在接地的线槽中,且平行长度≤10 m 时,最小间距可为 10 mm。② 双方都在接地的线槽中,是指两个不同的线槽,也可在同一线槽中用金属板隔开。

(2) 综合布线系统线缆与配电箱、变电室、电梯机房、空调机房之间的最小净距。综合布线系统线缆与配电箱、变电室、电梯机房、空调机房之间的最小净距应符合表 3-9 的规定。

表 3-9 综合布线缆线与电气设备的最小净距

名　称	最小净距/m	名　称	最小净距/m
配电箱	1	电梯机房	2
变电室	2	空调机房	2

(3) 墙上敷设的综合布线线缆及管线与其他管线的间距。墙上敷设的综合布线线缆及管线与其他管线的间距应符合表 3-10 的规定。当墙壁电缆敷设高度超过 6000 mm 时,与避雷引下线的交叉间距应按下式计算:

$$S \geqslant 0.05L$$

式中:S 为交叉间距;L 为交叉处避雷引下线距地面的高度。

表 3-10 综合布线缆线及管线与其他管线的间距

其他管线	平行净距/mm	垂直交叉净距/mm
避雷引下线	1000	300
保护地线	50	20
给水管	150	20
压缩空气管	150	20
热力管(不包封)	500	500
热力管(包封)	300	300
煤气管	300	20

2) 线缆和配线设备的选择

综合布线系统选择线缆和配线设备时,应根据用户要求,并结合建筑物的环境状况进行考虑。当建筑物在建或已建成但尚未投入使用时,为确定综合布线系统的选型,应测定建筑物周围环境的干扰场强度,并对系统与其他干扰源之间的距离是否符合规范要求进行摸底。根据取得的数据和资料,用规范中规定的各项指标要求进行衡量,选择合适的器件和采取相应的措施。一般应符合下列规定:

(1) 当综合布线区域内存在的电磁干扰场强低于 3 V/m 时,宜采用非屏蔽电缆和非屏蔽配线设备。

(2) 当综合布线区域内存在的电磁干扰场强高于 3 V/m 时,或用户对电磁兼容性有较高要求时,可采用屏蔽布线系统和光缆布线系统。光缆布线具有最佳的防电磁干扰性能,既能防电磁泄漏,也不受外界电磁干扰影响,在电磁干扰较严重的情况下,是比较理想的防电磁干扰布线系统。

(3) 当综合布线路由上存在干扰源,且不能满足最小净距要求时,宜采用金属管线进行屏蔽,或采用屏蔽布线系统及光缆布线系统。

2. 接地设计

综合布线系统中电信间、设备间内安装的设备以及从室外进入建筑内的电缆都需要进行接地处理,以保证设备的安全运行。

1) 接地类型

根据接地的作用不同,有多种接地形式,主要包括直流工作接地、交流工作接地、防雷保护接地、防静电保护接地、屏蔽接地、保护接地等。

(1) 直流工作接地也称为信号接地，是为了确保电子设备的电路具有稳定的零电位参考点而设置的接地。

(2) 交流工作接地是为保证电力系统和电气设备达到正常工作要求而进行的接地，220/380 V 交流电源中性点的接地即为交流工作接地。

(3) 防雷保护接地是为了防止电气设备受到雷电的危害而进行的接地。通过接地装置可以将雷电产生的瞬间高电压泄放到大地中，保护设备的安全。

(4) 防静电保护接地是为了防止可能产生或聚集静电电荷而对用电设备所进行的接地。为了防静电，设备间一般都敷设了防静电地板，地板的金属支撑架均连接了地线。

(5) 为了取得良好的屏蔽效果，屏蔽系统要求屏蔽电缆及屏蔽连接器件的屏蔽层连接地线。屏蔽电缆或非屏蔽电缆敷设在金属线槽或管道时，金属线槽或管道也要连接地线。

(6) 保护接地是为了保障人身安全、防止间接触电而将设备的外壳部分进行接地处理。通常情况下设备外壳是不带电的，但发生故障时可能造成电源的供电火线与外壳等导电金属部件短路，这些金属部件或外壳就形成了带电体，如果没有良好的接地，则带电体和地之间就会产生很高的电位差，如果人不小心触到这些带电的设备外壳，就会通过人体形成电流通路，产生触电危险。因此，必须将金属外壳和大地之间做良好的电气连接，使设备的外壳和大地等电位。

2) 接地系统组成

(1) 接地线：接地线是指综合布线系统各种设备与接地母线之间的连线，所有接地线均采用截面不小于 4 mm² 的铜质绝缘导线。当综合布线系统采用屏蔽电缆布线时，信息插座的接地可利用电缆屏蔽层作为接地线连至每层的配线柜。

(2) 接地母线(层接地端子)：接地母线是水平布线与系统接地线的公用中心连接点。每一层的楼层配线柜与本楼层接地母线相焊接，与接地母线同一配线间的所有综合布线用的金属架及接地干线均与该接地母线相焊接。接地母线采用铜母线，其最小尺寸为 6 mm(厚) × 50 mm(宽)，长度视工程实际需要来确定。为减小接触电阻，在将导线固定到母线之前，要对母线进行细致的清理。

(3) 接地干线：接地干线是由总接地母线引出，连接所有接地母线的接地导线。考虑到建筑物的结构形式、大小以及综合布线的路由与空间配置，为与综合布线电缆干线的敷设相协调，布线系统的接地干线应安装在不受物理和机械损伤的保护处，建筑物内的水管及电缆屏蔽层不能作为接地干线使用。接地干线采用截面不小于 16 mm² 的绝缘铜芯导线。当建筑物中使用两个或多个垂直接地干线时，垂直接地干线之间每隔三层及顶层需用与接地干线等截面的绝缘导线焊接。当接地干线上的接地电位差有效值大于 1 V 时，电信间应单独用接地干线接至主接地母线。

(4) 主接地母线(总接地端子)：一般情况下，每栋建筑物有一个主接地母线。主接地母线作为综合布线接地系统中接地干线及设备接地线的转接点，其理想位置是在进线间。接地引入线、接地干线、进线间的所有接地线以及与主接地母线同一配线间的所有综合布线用的机架均应与主接地母线良好焊接。当外线引入电缆配有屏蔽或穿有保护管时，屏蔽层和保护管应焊接至主接地母线。主接地母线应采用铜母线，其最小截面积尺寸通常为 6～100 mm²，长度可视工程实际需要而定。和接地母线相同，主接地母线也应尽量采用电镀锡以减小接触电阻，如不是电镀，则主接地母线在固定到导线前必须进行清理。

(5) 接地引入线：接地引入线指主接地母线与接地体之间的接地连接线，采用 40 mm × 1 mm(或 50 mm × 1 mm)的镀锌扁钢。接地引入线应做绝缘防腐处理，在其出土部位采用适当的防机械损伤措施。接地引入线不宜与暖气管道同沟布放。

(6) 接地体：接地体分自然接地体和人工接地体两种。当综合布线采用单独接地系统时，接地体一般采用人工接地体；当综合布线采用联合接地系统时，一般利用建筑物基础内钢筋网作为自然接地体，其接地电阻应小于 1Ω，在实际应用中通常采用联合接地系统。

3) 接地设计要点

根据综合布线系统的相关规范要求，接地设计要点如下：

(1) 在电信间、设备间及进线间应设置楼层或局部等电位接地端子板。

(2) 综合布线系统应采用共用接地的接地系统，如单独设置接地体时，接地电阻不应大于 4Ω。如布线系统的接地系统中存在两个不同的接地体时，其接地电位差不应大于 1 Vr.m.s。

(3) 楼层安装的各个配线柜应采用适当截面的绝缘铜导线单独布线至就近的等电位接地装置，也可采用竖井内等电位接地铜导线引到建筑物共用接地装置，铜导线的截面应符合设计要求。

(4) 缆线在雷电防护区交界处，屏蔽电缆屏蔽层的两端应做等电位连接并接地。

(5) 综合布线的电缆采用金属线槽或钢管敷设时，线槽或钢管应保持连续的电气连接，并应有不少于两点的良好接地。

(6) 当缆线从建筑物外面进入建筑物时，电缆和光缆的金属护套或金属件应在入口处就近与等电位接地端子板连接。

(7) 对于屏蔽布线系统的接地做法，一般在配线设备(FD、BD、CD)的安装机柜内设有接地端子，接地端子与屏蔽模块的屏蔽层连通。图 3-53 给出了一种屏蔽式综合布线系统接地的示意图。

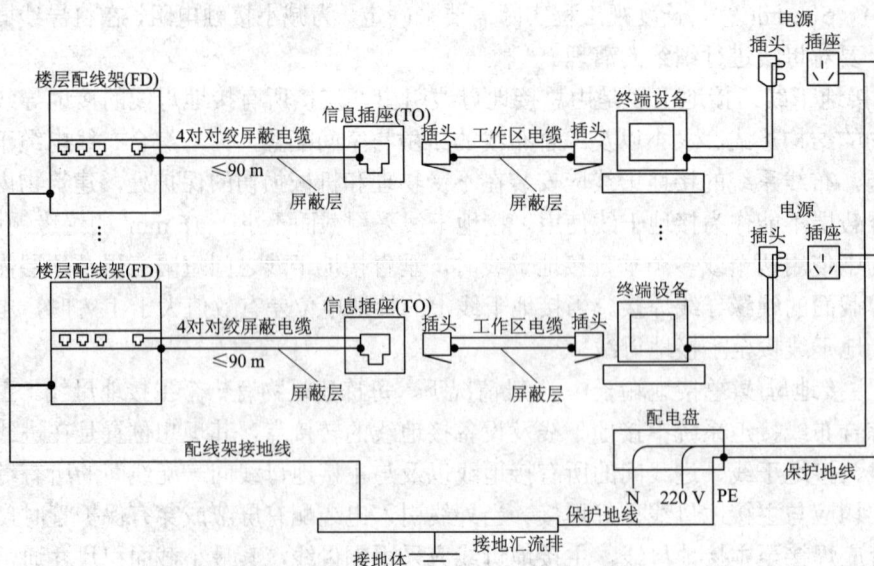

图 3-53　屏蔽式综合布线系统接地示意图

3. 防火设计

1) 防火设计要点

根据综合布线系统的相关规范要求，防火设计要点如下：

(1) 根据建筑物的防火等级和对材料的耐火要求，综合布线系统的缆线选用和布放方式及安装的场地应采取相应的措施。

(2) 综合布线工程设计选用的电缆、光缆应从建筑物的高度、面积、功能、重要性等方面加以综合考虑，选用相应等级的防火缆线。

2) 线缆防火等级的选择

对于防火线缆的应用分级，北美、欧盟和国际的相应标准中主要以线缆受火的燃烧程度及着火以后，火焰在线缆上蔓延的距离、燃烧的时间、热量与烟雾的释放、释放气体的毒性等指标分级，并通过实验室模拟线缆燃烧的现场状况实测取得相应数据。表 3-11～表 3-13 分别给出了相关的防火等级与测试标准，仅供参考。

表 3-11　通信线缆国际测试标准

IEC 标准(自高向低排列)	
测试标准	缆线分级
IEC 60332 3C-	
IEC 60332—1	

表 3-12　通信电缆欧洲测试标准及分级表

欧盟标准(草案，自高向低排列)	
测试标准	线缆分级
prEN 50399-2-2 和 EN 50265-2-1	B1
prEN 50399-2-1 和 EN 50265 2-1	B2
	C
	D
EN 50265-2-1	E

表 3-13　通信线缆北美测试标准及分级表

测试标准	NEC 标准(2002 版，自高向低排列)	
	电缆分级	光缆分级
UL910(NFPA262)	CMP(阻燃级)	OFNP 或 OFCP
UL1666	CMR(主干级)	OFNR 或 OFCR
UL1581	CM、CMG(通用级)	OFN(G)或 OFC(G)
VW-1	CMX(住宅级)	

对上述测试标准进行同等比较以后，建筑物的线缆在不同的场合与安装敷设方式时，建议选用符合相应防火等级的缆线，并按以下几种情况分别列出：

(1) 在通风空间内(如吊顶内及高架地板下等)采用敞开方式敷设缆线时，可选用 CMP 级(光缆为 OFNP 或 OFCP)或 B1 级。

(2) 在缆线竖井内的主干缆线采用敞开的方式敷设时，可选用 CMR 级(光缆为 OFNR 或 OFCR)或 B2、C 级。

(3) 在使用密封金属管槽的敷设条件下，可选用 CM 级(光缆为 OFN 或 OFC)或 D 级。

【任务实施】

❖ 操作1　分析企业网络综合布线工程各部分的设计

(1) 根据实际条件，现场考察校园网或企业网综合布线工程案例，查阅相关文档，分析该网络综合布线系统各子系统所采用的基本设计思路和方法。

(2) 根据实际条件，现场考察学校的教学楼、宿舍楼或企业的厂房、办公楼，记录该建筑物中工作区、电信间、设备间和进线间的数量、位置以及设备配置情况；记录该建筑物中配线子系统、干线子系统所采用的缆线类型、布线方法和路由。

❖ 操作2　阅读综合布线工程设计文件

请认真阅读综合布线工程设计文件样例，了解综合布线工程设计文件的基本结构和书写方法。

××单位办公楼综合布线系统设计方案(技术部分)

一、系统总体设计

1. 工程概述及需求分析

××单位办公楼地下二层，地上六层(部分为七层)，总建筑面积约一万三千平方米。地下二层至地上一层为停车场，二层以上为办公用房(包括小会议室)。

本方案设计只考虑地上部分。

1) 布线系统需求分析

××单位办公楼作为一栋现代化的高档商务写字楼，其综合布线所提供的办公软环境的建设是至关重要的。依据建设方提出的对弱电工程的要求，包括结构化综合布线系统(GCS)、保安监控系统(SAS)、有线电视系统(CATV)、楼宇自控系统(BAS)等几个主要的弱电系统。结构化综合布线(GCS)作为各弱电子系统的物理支撑，在设计上的主要思路是它的合理性、经济性、灵活性和长远性。从功能实现上以上各系统的传输介质均可通过结构化布线系统实现，但从合理性、实用性及经济性的角度考虑，在系统的配置上，主要考虑将电话数据通讯系统和计算机网络系统(包括集成系统)两个主要的子系统挂到 GCS 布线系统上，而其他的各个子系统相对比较独立，考虑到投资效益比，单独布线更为合理。

2) 功能要求

为大楼的话音通信(程控交换机系统)、数据图像通信及自动化管理设备等系统之间提供高性能的传输链路。

3) 系统等级

在××单位办公楼的综合布线系统中，信息点的布置依据用户的需要设置，同时考虑适当的扩展性。

虽然目前 6 类、7 类布线国际标准已推出，但采用 5e 类系统已能满足千兆网络布线应用，5e 系统的性能与 6 类系统相比差异不大，而且在本系统的水平干线子系统中需要使用大量双绞线电缆及信息模块，5e 类线缆和模块的价格较之 6 类具有相当大的优势，从布线系统的性价比考虑，整个综合布线系统宜选用 5e 类系统。

2. 设计思想

综合系统对话音和数据系统的综合支持，启示人们探索将布线综合化、结构化的思想应用于楼宇内其他智能化系统，人们希望各楼宇控制系统能成为即插即用的系统。而从楼宇自控系统方面来看，智能化、数字化的趋势逐渐由高层向低层发展，这种数字化和开放化的趋势也要求布线系统具有开放、灵活和集成的特点。特别随着系统集成技术的发展，为实现对大楼内的变化及紧急突发事件快速及时地做出反应，真正构成一个智能化的环境，建筑中智能化系统之间要能够根据实际需要自由交换信息，因而更需要一个开放、灵活、满足现在及未来需要的集成布线系统作为支持。

全光纤系统的应用前景无限，但从目前应用实际来看，许多用户在建设网络初期时还不需要高频宽的网络连接，或还暂不需要光纤到桌面，如果子网建网初期就铺设全程光纤，不仅前期投资巨大，网络也不能完全发挥效用。

因此从功能先进性、投资经济性、系统可靠性、未来扩展性等来考虑，××单位办公楼综合布线系统的数据通信部分采用 5e 布线系统，已能够实现对千兆以太网的支持，满足用户的需求。本系统的数据主干布线将采用 6 芯 62.5 μm/125 μm 室内多模光纤，水平干线全部采用 5e 类非屏蔽双绞线(UTP)，信息出口插座采用标准 RJ-45 接口的 5e 类信息模块，整个数据通信部分按 EIA/TIA 568A 类标准设计。

从经济性考虑，本系统的话音通信部分采用 3 类大对数电缆为主干，水平部分考虑到将来话音、数据点的互换性，也采用 5e 类 UTP 电缆，信息出口插座采用标准 RJ-45 接口的 5e 类信息模块，整个水平话音通信部分按 EIA/TIA 586A 类标准设计，便于与数据通信部分的调配使用。

系统的设计按比实际多预留 20%，以满足将来的扩展需要。

本方案能支持从 10 Mb/s 到 1 Gb/s 计算机网络高速传输的需要，对 DDN、X.25、Frame Relay 等通信模式以及 ATM、FDDI、100BASE-T、1GBASE-T、TCP/IP、IPX 等目前流行的网络技术和网络协议全部支持；能与外界有高速的网络接口，其接口速率可随计算机技术的提高而提高；同时又可灵活扩展，只要积木式叠加相应设备，原来的系统不用变动，十分方便；如果应用系统的设备增加时，可以充分利用原系统的设计预留量进行扩展，不需重新布线，十分方便。

1) 管理区分布

××单位办公楼的数据主配线架及话音主配线架设置于一层的相应配线间内。

一层的信息点数量不多，因此考虑在二层弱电井配线间设置分配线架(包括光纤的和铜缆的)，统一管理一、二层的信息点；二层以上办公区域，在每层弱电井配线间设分配线架(包括光纤的和铜缆的)，对该层水平线路做集中管理。

2) 各楼层信息口分布

工作区设置在水平干线末端，每个工作区均设置了至少 2 个信息插座，其中一个插座支持话音传输，另一个插座支持数据传输。

3. 设计原则

××单位办公楼综合布线系统工程的设计原则是：面向××单位办公楼的实际需要和今后发展，具有功能的先进性和可行性；系统的可靠性；布局的合理性和灵活性；以及投资的经济性及可扩展性。

(1) 面向实际需要和今后发展：就是在设计上立足于满足××单位办公楼的需要，符合中国国情，同时又要着眼于未来发展，充分考虑潜在的技术发展要求、可能的功能扩展和系统升级。

(2) 功能先进性、可行性：就是要尽量采用国内外先进成熟的技术，起点要高，又要适应××单位办公楼自身的运作特点。

(3) 系统可靠性：就是要充分考虑系统的安全性、可靠性和信息保密性的需要，保证××单位办公楼内各项业务的正常进行。

(4) 布局合理性、灵活性：即综合布线系统的终端插座布局位置、密度、种类要结合各个区域的实际需求，保证每个办公区域及每张办公桌都有就近的插座，同时尽量注意美观。

(5) 投资经济性及可扩展性：即系统设计要兼顾技术先进与项目投资的最佳平衡点，同时综合布线系统应在最少 15 年内不落后，在今后增加新系统时，能对新设备提供信号传输的支持，体现长远效益。

4. 设计依据

- 《Commercial Building Telecommunication Wiring Standard》(EIA/TIA 568-91)；
- 《Generic Cabling for Customer Premises Cabling》(ISO 11801)；
- 《综合布线系统工程设计规范》(GB/T 50311—2007)；
- 《综合布线系统工程验收规范》(GB/T 50312—2007)；
- 《电子计算机场地通用规范》(GB/T 2887—2000)；
- 《电子信息系统机房设计规范》(GB 50174—2008)；
- 《电子信息系统机房施工及验收规范》(GB 50462—2008)。

5. 系统功能

本设计提出的综合布线系统实现了××单位办公楼内各弱电系统物理层上的相互联系，满足各子系统间信息共享的要求，为大厦内各子系统的集中管理、实现楼宇自动化建立了基础设施，也为将来大厦建成后的运营、管理节约了资金，提供了方便性。

具体来说，本设计提出的布线系统支持以下各类应用及其设备：

- 话音：交换机、电话、传真、卫星通讯、电话会议、话音信箱等；
- 数据：快速以太网、千兆以太网、FDDI、ATM、TCP/IP、IPX、Internet 等；
- 视频：闭路电视监控、电视会议、可视图文、有线电视等。

二、方案设计说明

根据××单位办公楼的实际需要，现提供以下设计方案。

1. 总体设计图

系统总体设计如图 3-54 所示。

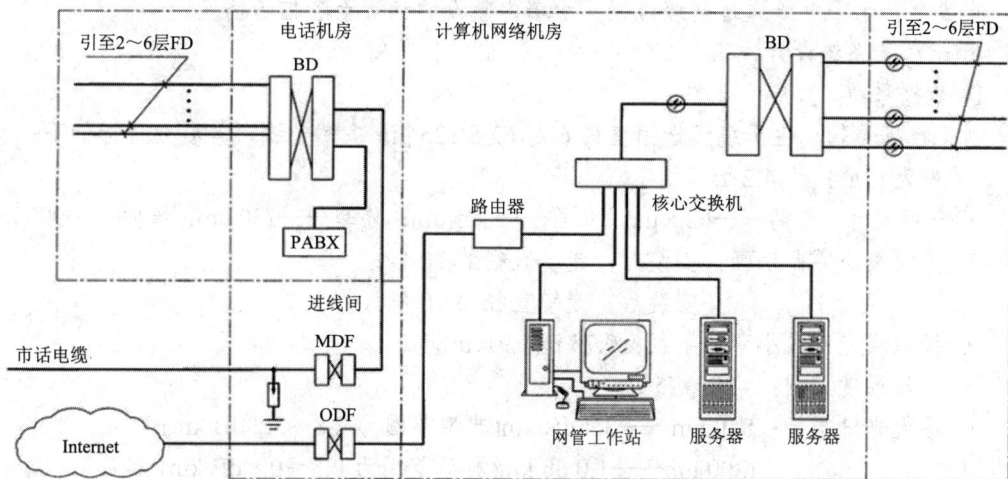

图 3-54　系统总体设计图

2. 工作区设计说明

工作区主要包括设备连接线、适配器、信息插座等部分。

1) 信息点

依照惯例，我们将工作区内连接电话的信息点称为话音点，连接计算机的信息点称为数据点，对于其他各种楼宇系统的信息点，如空调控制点、出入口控制点等，统称之为综合信息点。

2) 信息插座选型

为了便于调配，话音点及数据点全部选用 5e 类信息插座，以满足高速传输数据的需要，同时便于信息点及话音点的统一维护。

3) 安装面板

对于各办公区域选用双口的标准面板，暗装于墙内。

4) 点位分布原则

(1) 写字楼区域(一层以上)。

· 每个办公区域考虑话音、数据点各 4 个；

· 每间小会议室考虑话音、数据点各 1 个；

· 服务台区域考虑话音、数据点各 1 个。

(2) 停车场区域(一层)。

· 门卫室考虑话音点 1 个；

· 每间值班室考虑话音、数据点各 1 个；

· 消防控制室考虑话音、数据点各 1 个；

· 控制室考虑话音、数据点各 1 个。

3. 配线子系统设计说明

为便于统一调配，所有水平电缆均选用 5e 类优质非屏蔽双绞线，满足 ISO 11801 E 级标准。该电缆具有优异的 ACR 值来确保高速多协议局域网的运行，可以支持千兆的高速网络应用。

布线时，水平电缆通过电缆桥架，由墙内敷设的钢管至各信息插座。

4．干线子系统设计说明

1）数据系统

对于数据传输，主干缆线选用室内 6 芯 62.5/125 μm 多模光缆。其参数指标如下：

- 最大长度：约 4.2 公里。
- 光纤尺寸：纤芯——62.5 μm；包层——125 μm；外套——250 μm；缓冲——900 μm。
- 光缆最小弯曲半径：安装时，光缆直径的 20 倍；
   安装后，光缆直径的 10 倍。
- 缓冲层光纤最小弯曲半径：0.75 in(1.91cm)。
- 工作温度范围：−20～75℃。
- 最大光纤损耗：850 nm——3.4 dB/km(典型范围为 2.8～3.2 dB/km)；
   1300 nm——1.0 db/km(典型范围为 0.5～0.8 dB/km)。
- 最小带宽：850 nm——200 MHz·km
   1300 nm——500 MHz·km

2）话音系统

对于话音信号，垂直主干选用 3 类大对数电缆，可以支持到话音(模拟、数字)、ISDN 等，按照一般的常规，具体的垂直电缆对数以水平电缆的每点位对应垂直主干电缆对数的 1 到 1.5 倍为标准。

5．建筑群子系统

由市话网引入 1 根市话电缆，由城市 Internet 引入 1 根 6 芯单模光缆。

6．设备间和电信间

设备间设置在一层，包括电话机房和计算机网络机房，电话机房内设有程控交换机及建筑物配线架(BD)，计算机网络机房设有网络核心交换机、路由器、建筑物配线架(BD)、数据库服务器、应用服务器等。在 2～6 层设置电信间，安装楼层配线设备。

设备间和电信间配线设备的选用如下：

1）数据系统

作为计算机网络系统的布线，应完成 10 Mb/s、100 Mb/s 直到 1000 Mb/s 的高速传输，对于铜介质来说需要采用 5e 类的配线管理系统。

2）铜缆配线架

各区域的配线间选用 5e 模块式配线架，水平缆线在此端接，通过必要的适配、连接线路，并在此配线架的基础上加上专用跳线，完成各层网络设备与配线架之间的连接。

3）光纤配线架

各区域配线间的光纤端接选用组合式配线架，该配线架可安装于 19 英寸的标准机柜内，具有便于安装和管理的优点。

这里所采用的配线架、跳线、适配器均经美国 UL 认证，已达到 EIA/TIA 568A 的要求。

7．进线间

设在地下一层，设有 ODF(光纤配线架)、MDF(总配线架)等。

8．管理

对设备间、电信间、进线间和工作区的配线设备、缆线、信息插座模块等设施将按一定的模式进行标识和记录。综合布线系统工程宜采用计算机进行文档记录与保存。

本布线工程信息点按以下规则统一标号，如：

- 一层数据点是 1C××(C = Computer)，
- 一层语音点是 1P××(P = Phone)，
- 一层数据主干是 1CB××(B = Backbone)，
- 一层语音主干是 1PB××(B = Backbone)。

各信息点标号与相对应的配线架卡接位置标号相同，特殊标号另行注明。标签颜色统一使用白底黑字宋体。另外所有电缆在距末端10～20公分处将进行永久性色码标记。

三、系统设备清单

根据××单位办公楼综合布线系统工程的招标文件,本系统的设备选型如表3-14所示。

表3-14　办公楼综合布线系统设备表

序号	项目名称	型号	采用厂家	产地	单位	数量
1	信息插座模块				个	699
2	面板(双口)				个	350
3	5e 类 4 对 UTP				千英尺	119
4	3 类大对数电缆				千英尺	2
5	3 类普通跳线				千英尺	1
6	5e 类数据跳线				根	10
7	室内 6 芯多模光缆				米	151
8	数据配线架				套	10
9	过线槽				套	10
10	话音配线架				套	40
11	过线槽				套	40
12	光纤配线架(24 口)				套	7
13	光电耦合器				个	60
14	尾纤				根	60
15	光纤跳线(双工)				根	10
16	机柜	1 m			个	5
17	机柜	1.8 m			个	2

思考与练习 3

1. 常用的网络传输介质有哪些？
2. 屏蔽双绞线和非屏蔽双绞线在性能和应用上有什么差别？
3. 简述光纤通信系统的组成和各部分的作用。
4. 单模光纤与多模光纤在性能和应用上有什么差别？

5. 通常在什么情况下综合布线系统中会使用无线传输介质？

6. 按照《综合布线系统工程设计规范》的要求，在综合布线各子系统中一般应选择何种传输介质？

7. 双绞线电缆的连接器件有哪些？这些连接器件如何与双绞线电缆连接从而构成一条完整的通信链路？

8. 双绞线跳线有哪几种？分别有什么作用？

9. 配线架在综合布线系统中有什么作用？

10. 光纤介质的连接器件有哪些？各有什么作用？

11. 综合布线系统中常用的线管由哪些类型？分别应该在什么地方选用？

12. 简述综合布线系统中桥架的种类和适用场合。

13. 标准机柜的宽度是多少？一个 32U 的机柜，"32U"是什么意思？

工作单元4　综合布线工程管槽安装施工

综合布线工程的施工可以分为管槽安装施工、线缆敷设施工、设备安装和调试初验，其中管槽安装施工是整个工程施工的第一个环节。从事综合布线工程的项目经理和工程师们往往会忽视管槽系统的安装，认为它技术含量低，是一种粗活，在工程实际中很多承包商会把管槽系统安装施工转包给其他工程队做，从而给工程质量带来隐患。管槽系统在综合布线系统中虽然只是辅助的保护或支撑措施，但它在工程中具有极为重要的地位，很多质量问题往往出在管槽系统中。本工作单元的目标是认识管槽安装施工的常用工具，掌握建筑物配线子系统、干线子系统的管槽安装施工的一般方法。

任务4.1　认识管槽安装施工工具

【任务目的】

(1) 了解管槽安装的一般要求；

(2) 认识常用管槽安装施工工具。

【工作环境与条件】

(1) 校园网综合布线工程案例及相关文档；

(2) 企业网综合布线工程案例及相关文档；

(3) 能够接入 Internet 的 PC；

(4) 电工工具箱、五金工具、电动工具等常用管槽安装施工工具。

【相关知识】

综合布线系统缆线通常利用暗敷管路、桥架或槽道进行安装敷设。综合布线子系统与建筑物内缆线敷设通道的对应关系如下：

(1) 配线子系统对应水平缆线通道。

(2) 干线子系统对应主干缆线通道，电信间之间的缆线通道，电信间与设备间、电信间及设备间与进线间之间的缆线通道。

(3) 建筑群子系统对应建筑物间缆线通道。

(4) 对建筑物内缆线通道较为拥挤的部位,综合布线系统与大楼弱电系统各子系统合用一个金属线槽布放缆线时，各子系统之间应用金属板隔开，一般情况下，各子系统的缆线应布放在各自的金属线槽中，金属线槽应可靠就近接地，各系统线缆间距应符合设计要求。

【任务实施】

管槽系统的安装质量取决于技术，也取决于施工工具，掌握相关工具的使用是保证工程质量的条件之一。

❖ 操作 1　认识电工工具箱

电工工具箱是综合布线工程施工中必备的工具，如图 4-1 所示。它一般应包括以下工具：钢丝钳、尖嘴钳、斜口钳、剥线钳、一字螺丝刀、十字螺丝刀、测电笔、电工刀、电工胶带、活动扳手、呆扳手、卷尺、铁锤、凿子、斜口凿、钢锉、钢锯、电工皮带、工作手套等。工具箱中还应常备诸如水泥钉、木螺丝、自攻螺丝、塑料膨胀管、金属膨胀栓等小材料。

图 4-1　电工工具箱及工具

请根据实际条件，观摩电工工具箱产品实物，对箱内工具进行辨识，了解常用电工工具的作用和使用方法。

❖ 操作 2　认识五金工具

请根据实际条件，观摩以下五金工具产品实物，了解其作用和使用方法。

1. 线槽剪

线槽剪是 PVC 线槽的专用剪刀，其剪出的端口整齐美观，如图 4-2 所示。

图 4-2　线槽剪

2. 台虎钳

台虎钳是在对中小工件进行锯割、凿削、锉削时使用的常用夹持工具之一，如图 4-3

所示。顺时针摇动手柄,钳口就会将钢管等工件夹紧;逆时针摇动手柄,就会松开工件。

图 4-3　台虎钳

3. 管子台虎钳

管子台虎钳又名龙门钳,是在切割钢管、PVC 塑料管等管形材料时使用的夹持工具,如图 4-4 所示。管子台虎钳的钳座通常固定在三脚铁板工作台上,扳开钳扣,将龙门架向右扳,便可把管子放在钳口中,再将龙门架扶正,钳扣即自动落下扣牢,旋转手柄,可把管子牢牢夹住。

图 4-4　管子台虎钳

4. 管子切割器

在钢管布线施工时,要大量的切割钢管和电线管,这时就要使用管子切割器。管子切割器又称为管子割刀,如图 4-5 所示。切割钢管时,先将钢管固定在管子台虎钳上,再把管子切割器的刀片调节到刚好卡在要切割的部位,操作者立于三脚铁板工作台的右前方,用手操作管子切割器手柄,按顺时针方向旋割,在快要割断时,需要用手扶住待断端,以免断管落地砸伤脚趾。

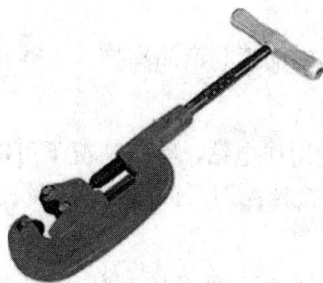

图 4-5　管子切割器

5. 管子钳

管子钳又称管钳，如图 4-6 所示。可以用它来装卸钢管上的管箍、锁紧螺母、管子活接头、防爆活接头等。

6. 螺纹铰板

螺纹铰板又名管螺纹铰板，是铰制钢管外螺纹的手动工具，如图 4-7 所示。

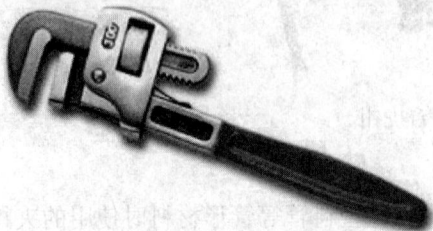

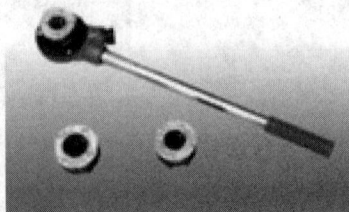

图 4-6　管子钳　　　　　　　　　　　　　　　图 4-7　螺纹铰板

7. 弯管器

在综合布线工程中如果使用线管进行线缆安装，就要解决线管的弯曲问题。图 4-8 所示为一种采用带有刻度标记的手动弯管器，这种弯管器经济可靠，调整曲率形状极为方便、准确。先将管子需要弯曲的部位的前段放在弯管器内，焊缝放在弯曲方向背面或侧面，以防管子弯扁，然后用脚踩住管子，手板弯管器进行弯曲，并逐步移动弯管器，便可得到所需要的弯度。

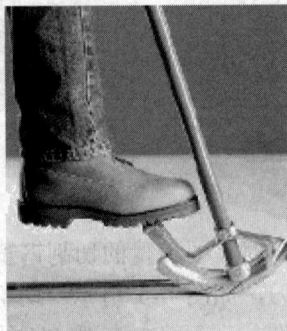

图 4-8　弯管器

❖ **操作 3　认识电动工具**

请根据实际条件，观摩以下电动工具产品实物，了解其作用和使用方法。

1. 充电旋具

充电旋具既可当螺丝刀又能用作电钻，特殊情况下可以以充电电池作为动力电源，如图 4-9 所示。充电旋具可取代传统螺丝刀，拆卸锁入螺丝完全不费力，从而提高工效。

2. 手电钻

手电钻适用于在金属型材、木材、塑料上钻孔，是布线系统安装中经常用到的工具。手电钻由电动机、电源开关、电缆、钻孔头等组成，如图 4-10 所示。

图 4-9　充电旋具

图 4-10　手电钻

3. 冲击电钻

冲击电钻是一种旋转带冲击的特殊用途的手提式电动工具，由电动机、减速箱、冲击头、辅助手柄、开关、电源线、插头及钻头夹等组成，适用于在混凝土、预制板、瓷面砖、砖墙等建筑材料上进行钻孔或打洞，如图 4-11 所示。

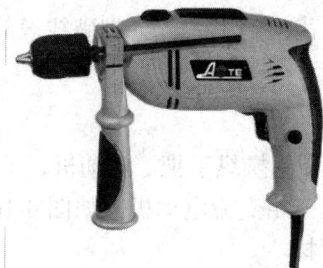

图 4-11　冲击电钻

4. 电锤

电锤是以单相串激电动机为动力，适用于混凝土、岩石、砖石砌体等脆性材料上钻孔、开槽等作业，如图 4-12 所示。电锤钻孔速度快，而且成孔精度高，它与冲击电钻从功能看有相似的地方，主要区分是电锤具有更强烈的冲击力。

图 4-12　电锤

5. 电镐

电镐采用精确的重型电锤机械结构，具有极强的混凝土铲凿功能，如图 4-13 所示。电镐比电锤功率大，更具冲击力、震动力，减震控制使其操作更加安全，并能产生可控的冲击能量，适合多种材料条件下的施工。

6. 曲线锯

曲线锯主要用于锯割直线和特殊的曲线切口，能锯割木材、PVC 和金属等材料，如图 4-14 所示。

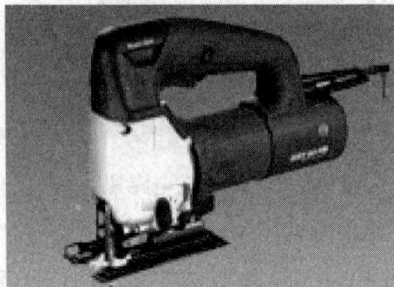

图 4-13　电镐　　　　　　　　　　　图 4-14　曲线锯

7. 角磨机

金属槽、管切割后会留下锯齿形的毛边，会划破线缆的外套，角磨机可以将切割口磨平以保护线缆，如图 4-15 所示。

8. 型材切割机

型材切割机由砂轮锯片、护罩，操纵手把、电动机、工件夹、工件夹调节手轮及底座、胶轮等组装而成，电动机一般是三相交流电动机，如图 4-16 所示。在布线管槽的安装中，主要用来加工角铁横担、割断管材。

9. 台钻

在桥架等材料切割后，会使用台钻钻上新的孔，使之能够与其他桥架连接安装，台钻如图 4-17 所示。

图 4-15　角磨机　　　　　图 4-16　型材切割机　　　　图 4-17　台钻

任务 4.2　配线子系统管槽安装施工

【任务目的】

(1) 了解线槽安装施工的要求和基本方法；

(2) 了解线管安装施工的要求和基本方法；

(3) 了解桥架安装施工的要求和基本方法。

【工作环境与条件】

(1) 校园网综合布线工程案例及相关文档；
(2) 企业网综合布线工程案例及相关文档；
(3) 线槽、线管、桥架及相关附件；
(4) 电工工具箱、五金工具、电动工具等常用管槽安装施工工具。

【相关知识】

配线子系统的支撑保护方式是最多的，在安装敷设线缆时，必须根据施工现场实际条件综合考虑。通常配线子系统缆线宜采用在吊顶、墙体内穿管或设置金属密封线槽及开放式(电缆桥架、吊挂环等)敷设，当缆线在地面布放时，应根据环境条件选用地板下线槽、网络地板、高架(活动)地板布线等安装方式。

【任务实施】

❖ 操作1　预埋金属线槽

建筑物内综合布线系统有时采用预埋金属线槽支撑保护方式，这种暗敷方式适用于大空间且间隔变化多的场所，一般预埋于现浇混凝土地面、现浇楼板中或楼板垫层内。通常金属槽道可以预先定制，根据客观环境条件可有不同的规格尺寸。在地板下可以采取一层或两层设置的布置方式。请根据实际条件，观摩预埋金属线槽施工案例。预埋金属槽道的具体要求有以下几点：

(1) 在建筑物中预埋线槽，宜按单层设置，每一路由进出同一过线盒的预埋线槽不应超过3根，线槽截面高度不宜超过25 mm，总宽度不宜超过300 mm。线槽路由中若包含过线盒和出线盒，截面高度应在70～100 mm范围内。

(2) 线槽直埋长度超过30 m或线槽在敷设路由上交叉、转弯时，为了便于施工时敷设线缆及今后检查维护，应设置分线盒。预埋金属线槽和分线盒的情况可如图4-18所示。

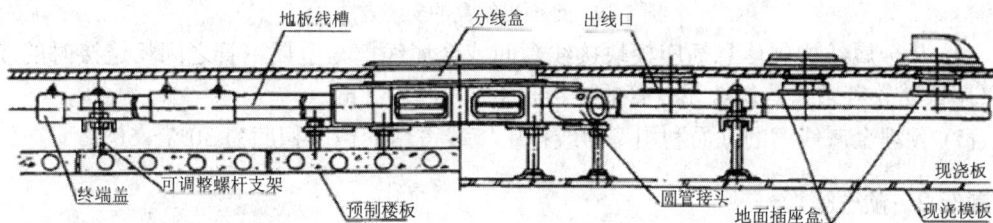

图 4-18　预埋金属线槽和分线盒

(3) 金属线槽和分线盒预埋在地板下或楼板中，有可能影响人员生活和走动等情况，因此除要求分线盒的盒盖应能方便开启以便使用外，其盒盖表面应与地面齐平，不得凸起高出地面，盒盖和其周围应采用防水和防尘措施，并有一定的抗压功能。目前常用的地面出线盒的安装方法如图4-19所示。

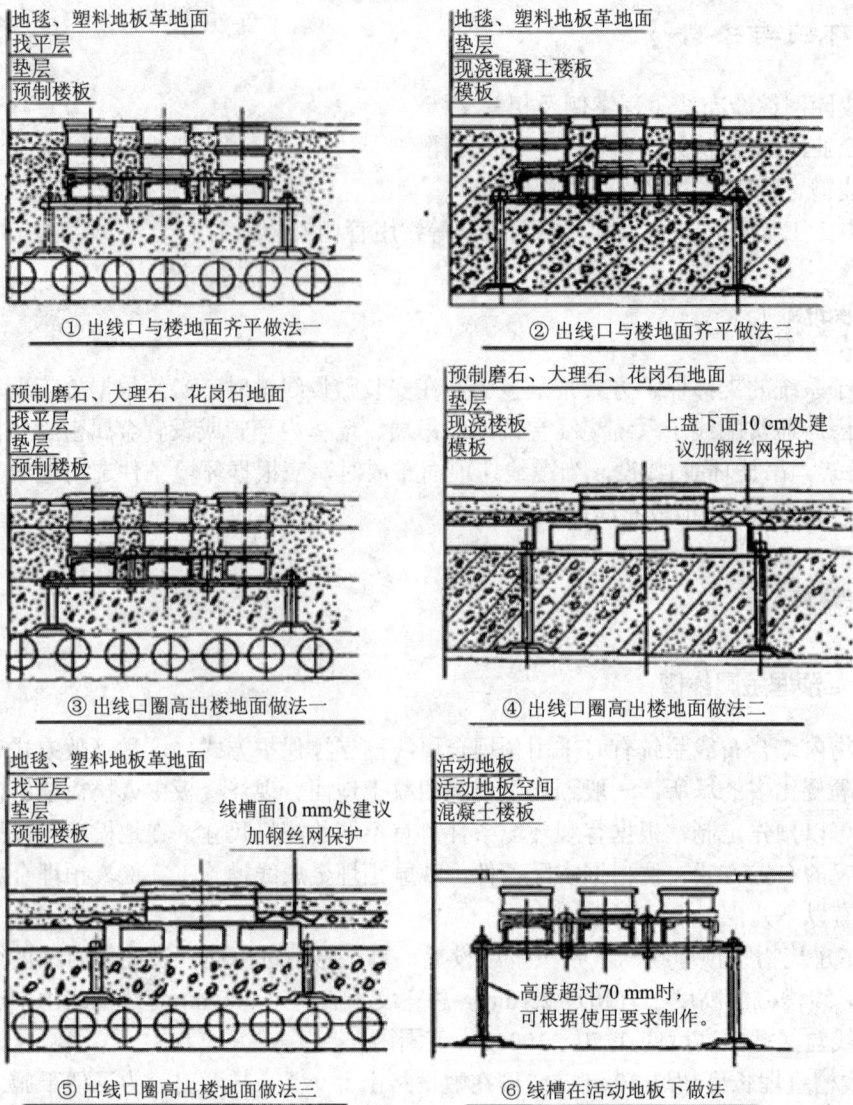

地毯、塑料地板革地面
找平层
垫层
预制楼板

① 出线口与楼地面齐平做法一

地毯、塑料地板革地面
垫层
现浇混凝土楼板
模板

② 出线口与楼地面齐平做法二

预制磨石、大理石、花岗石地面
找平层
垫层
预制楼板

③ 出线口圈高出楼地面做法一

预制磨石、大理石、花岗石地面
垫层
现浇楼板
模板

上盘下面10 cm处建议加钢丝网保护

④ 出线口圈高出楼地面做法二

地毯、塑料地板革地面
找平层
垫层
预制楼板

线槽面10 mm处建议加钢丝网保护

⑤ 出线口圈高出楼地面做法三

活动地板
活动地板空间
混凝土楼板

高度超过70 mm时,可根据使用要求制作

⑥ 线槽在活动地板下做法

图 4-19　地面出线盒的安装方法

(4) 从金属线槽到信息插座模块接线盒间或金属线槽与金属钢管之间相连接时的缆线宜采用金属软管敷设,但金属软管的连接长度应小于 1.2 m。

(5) 预埋金属线槽的截面利用率即线槽中缆线占用的截面积应为 30%～50%。

❖ **操作 2　预埋暗管**

预埋暗管一般是与建筑同时施工建成,它是配线子系统广泛采用的支撑保护方式之一。请根据实际条件,观摩预埋暗管施工案例。在施工安装暗管时,必须符合以下要求:

(1) 预埋暗管宜采用对缝钢管或具有阻燃性能的聚氯乙烯(PVC)管。由于这些暗管外面都需有一层砂浆保护层,因此墙内预埋管路的管径不宜过大,根据我国建筑结构的情况,一般要求预埋在墙体中暗管的最大管外径不宜超过 50 mm,楼板中暗管的最大外径不宜超过 25 mm，室外管道进入建筑物的最大管外径不宜超过 100 mm。

(2) 预埋暗管应尽量采用直线管道，直线管道每 30m 处应设置过线盒装置，以利于牵引敷设电缆。如必须采用弯曲管道时，则长度超过 20 m 时，应设置过线盒装置，有 2 个弯时，不超过 15 m 应设置过线盒。图 4-20 给出了建筑物预埋暗管的安装示意图。

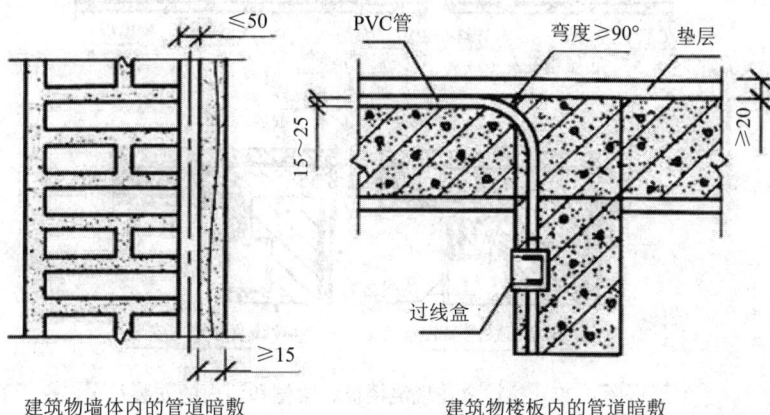

建筑物墙体内的管道暗敷　　建筑物楼板内的管道暗敷

图 4-20 建筑物预埋暗管

(3) 暗管如有必须转弯时，其转弯角度应大于 90°，每根暗管在整个路由上转弯的次数不得多于 2 个，暗管的弯曲处不应有折皱、凹穴和裂缝，更不应出现"S"形弯或"U"形弯。管路转弯时的曲率半径不应小于所穿缆线的最小允许弯曲半径，并且不应小于该管外径的 6 倍，如暗管外径大于 50 mm 时，曲率半径不应小于该管外径的 10 倍。上述要求都是为了在穿放敷设线缆时减少牵引线缆的拉力和对线缆外护套的磨损。

(4) 暗管内部不应有铁屑等异物存在，必须保证畅通。暗管管口应光滑无毛刺，为了保护线缆，管口应锉平，并加设护口圈或绝缘套管，管端伸出的长度宜为 25～50 mm，如图 4-21 所示。管路中应放有牵引线或拉线，以便牵引线缆。至楼层电信间暗管的管口应排列有序以便识别与布放缆线。

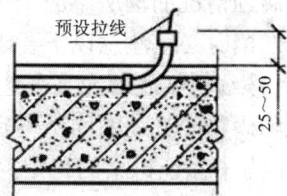

图 4-21 暗管管口安装要求

(5) 暗管如采用钢管，其管材接续的连接应符合下列要求：

· 丝扣连接(即套管套接)的管端套丝长度不应小于套管接头长度的 1/2，在套管接头的两端应焊接跨接地线，以便形成电气通路。薄壁钢管的连接必须采用丝扣连接。

· 套管焊接适用于暗敷管路，套管长度为连接管外径的 1.5～3 倍，两根连接管的对口应处于套管的中心，焊口应焊接严密，牢固可靠。

· 暗管如采用硬质塑料管，其管材的连接为承插法，在接续处两端塑料管应紧插到接口中心处，并用接头套管，内涂胶合剂粘接，要求接续必须牢固坚实，密封可靠。

(6) 暗管以金属管材为主时，如在管路中间设有过渡箱体，应采用金属板材制成的箱体，以便于形成电气通路，不得混杂采用塑料材料等绝缘壳体连接。如果确实难以避免时，应采取接地补偿措施。

(7) 暗管在与信息插座模块接线盒、过线盒等连接时，由于安装场合、具体位置不同，有不同的安装方法。图 4-22 所示为拉线盒在现浇楼板、梁侧和墙内的安装示意图。

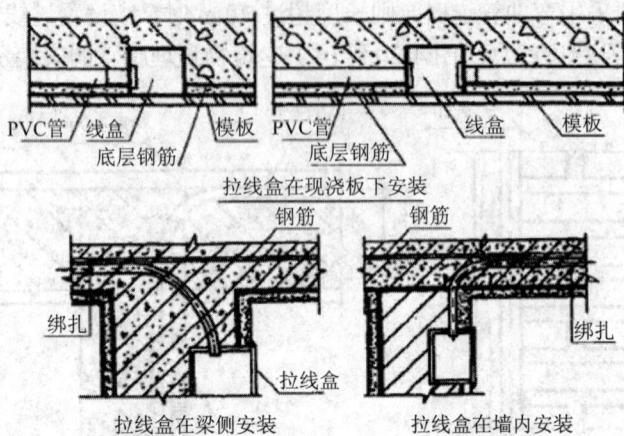

图 4-22　拉线盒在现浇楼板、梁侧和墙内的安装

(8) 暗管进入信息插座、出线盒等接续设备时，应符合下列要求：

- 暗管采用钢管时，若采用焊接固定，管口露出盒内部分应小于 5 mm。
- 明管采用钢管时，若采用锁紧螺母或护套帽固定，露出锁紧螺母丝扣 2~4 扣。
- 硬质塑料管应采用入盒接头紧固。

❖ 操作 3　明敷桥架和线槽

明敷缆线桥架和线槽的支撑保护方式适用于正常环境的室内场所，但存在对金属槽道有严重腐蚀情况的场所不应采用。请根据实际条件，观摩明敷桥架和线槽施工案例。明敷桥架和线槽时必须注意以下要求：

(1) 缆线桥架底部应高于地面 2.2 m 以上，顶部距建筑物楼板不宜小于 300 mm，与梁及其他障碍物交叉处的间距不宜小于 50 mm。

(2) 为了保证桥架的稳定，必须在其有关部位加以支承或悬挂加固，间距大小视桥架的规格尺寸和敷设线缆多少来决定，桥架规格较大和线缆敷设重量较重，其支承加固的间距较小。当桥架水平敷设时，支撑间距一般为 1.5~3 m。垂直敷设时，应在建筑的结构上加固，其间距宜小于 2 m。桥架垂直敷设时，距地面 1.8 m 以下部分应加金属盖板保护，或采用金属走线柜包封(柜门应可开启)，以免线缆受损。图 4-23 所示为桥架吊装示意图，图4-24 所示为托臂水平安装示意图。

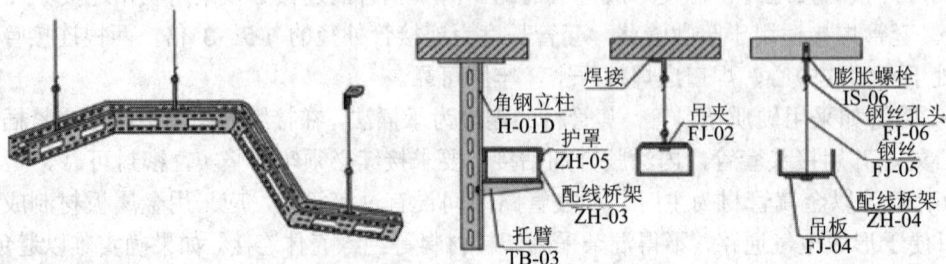

图 4-23　桥架吊装示意图

(3) 直线段缆线桥架每超过15~30 m或跨越建筑物变形缝时，应设置伸缩补偿装置。

(4) 金属线槽敷设时，因其本身重量较大，为了使其牢固可靠，在线槽接头处、转弯处、离线槽两端出口 0.5 m(水平敷设)或 0.3 m(垂直敷设)处以及中间每隔 3 m 等地方，应设置支架或吊架，以保证安装稳固。

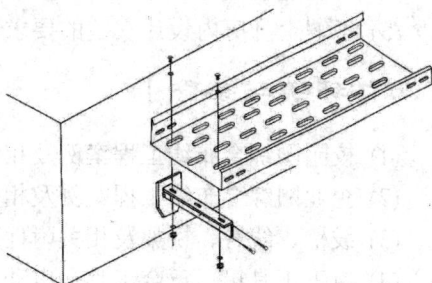

图 4-24　托臂水平安装示意图

(5) 明敷的塑料线槽一般规格较小，通常采用黏结剂黏结或螺钉固定，要求塑料线槽槽底固定点的间距一般应为 1 m。

(6) 缆线桥架和线槽转弯半径不应小于槽内线缆的最小允许弯曲半径，线槽直角转弯处最小弯曲半径不应小于槽内最粗缆线外径的 10 倍。

(7) 桥架和线槽不得在穿越楼板的洞孔或在墙体内进行连接。在这些场合，应对楼板或墙壁的洞孔采取防火堵塞密封措施，如图 4-25 所示。

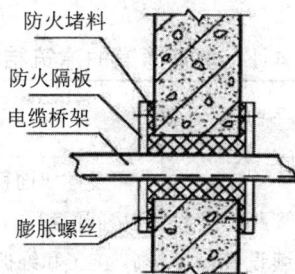

图 4-25　桥架穿墙洞的做法

(8) 金属线槽在水平敷设时，应整齐平直；沿墙垂直明敷时，应排列整齐，横平竖直，紧贴墙体。

(9) 金属线槽内有缆线引出管时，引出管材可采用金属管、塑料管或金属软管。金属槽道至信息插座的缆线宜采用金属软管敷设。

(10) 金属槽道应有良好接地系统，并应符合设计要求。槽道间应采用螺栓固定法连接，在槽道的连接处应焊接跨接线。如槽道与通信设备的金属箱(盒)体连接时，应采用焊接法或铆固法，使接触电阻降到最小值，有利于保护。

(11) 为了适应不同类型的线缆在同一个金属槽道中敷设需求，可采用同槽分室敷设方式，即用金属板隔开形成不同的空间，在这些空间分别敷设不同类型线缆。此外，金属槽道的接地装置和槽道本身的电气连接等都应符合设计标准的规定。

任务 4.3　干线子系统管槽安装施工

【任务目的】

(1) 了解上升管路设计安装的要求和基本方法；

(2) 了解电缆竖井设计安装的要求和基本方法;

(3) 了解上升房内设计安装的要求和基本方法。

【工作环境与条件】

(1) 校园网综合布线工程案例及相关文档;

(2) 企业网综合布线工程案例及相关文档;

(3) 线槽、线管、桥架及相关附件;

(4) 电工工具箱、五金工具、电动工具等常用管槽安装施工工具。

【相关知识】

综合布线系统的主干缆线应选用带门的封闭型专用通道敷设,以保证通信线路安全运行和有利于维护管理。因此在大型建筑中都采用电缆竖井或上升房等作为主干缆线敷设通道,并兼作电信间。由于高层建筑的结构体系和平面布置不同,所以垂直通道的建筑结构类型有所区别,基本上有上升管路、电缆竖井和上升房三种类型。这三种类型的特点和适用场合,如表 4-1 所示。

表 4-1　垂直通道的建筑结构类型

类型名称	容纳线缆条数	装设接续设备	特点	适用场合
上升管路	1~4条	在上升管路附近设置配线接续设备以便就近与楼层管路连通	不受建筑面积和建筑结构限制,不占用房间面积,工程造价低,技术要求不高。施工和维护不便,配线设备无专用房间,有不安全因素,适应变化能力差,影响内部环境美观	信息业务量较小,今后发展较为固定的中小型建筑
电缆竖井	5~8条	在电缆竖井内或附近装设配线接续设备以便连接楼层管路,专用竖井或合用竖井有所不同,在竖井内可用管路或槽道等装置	能适应今后变化,灵活性较大,便于施工和维护,占用房屋面积和受建筑结构限制因素较少。竖井内各个系统管线应有统一安排。电缆竖井造价较高,需占用一定建筑面积	今后发展较为固定,变化不大的大、中型建筑
上升房	8条以上	在上升房中装设配线接续设备,可以明装或暗装,各层上升房与各个楼层管路连接	能适应今后变化,灵活性大,便于施工和维护,能保证通信设备安全运行。占用建筑面积较多,受到建筑结构的限制较多,工程造价和技术要求高	信息业务种类和数量较多,今后发展较大的大型建筑

【任务实施】

❖ 操作 1　上升管路设计安装

上升管路的装设位置一般选择在综合布线系统线缆较集中的地方,宜在较隐蔽角落的公用部位(如走廊、楼梯间或电梯厅等附近地方),各个楼层的同一地点设置;不得在办公室或客房等房间内设置，更不宜过于邻近垃圾道、燃气管、热力管和排水管以及易爆易燃的场所，以免造成危害和干扰等后患。

上升管路是综合布线系统的建筑物垂直干线子系统线缆的专用设施，既要与各个楼层的楼层配线架(或楼层配线接续设备)互相配合连接，又要与各楼层管路相互衔接。请根据实际条件，观摩上升管路设计安装施工案例。上升管路的设计安装如图 4-26 所示。

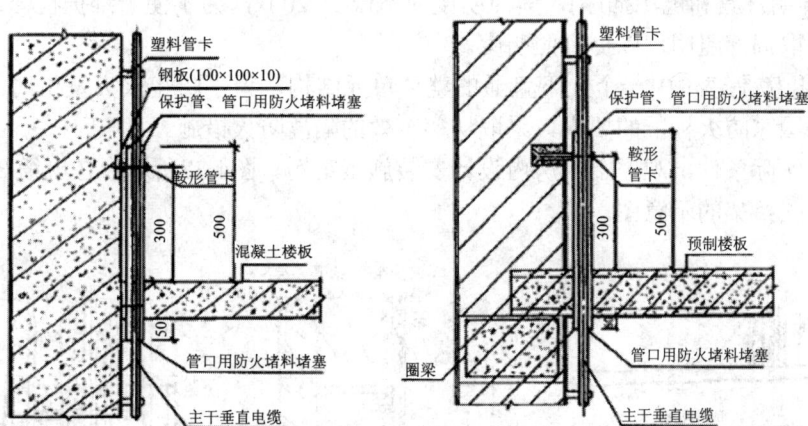

图 4-26　上升管路的设计安装

❖ 操作 2　电缆竖井设计安装

在特大型或重要的高层智能化建筑中，一般均有设备安装和公共活动的核心区域，在区域内布置有电梯厅、楼梯间、电气设备间、厕所和热水间等，在这些公用房间中需设置各种管线，为此在核心区域中常设有各种竖井，它们是从地下底层到建筑顶部楼层，形成一个自上而下的深井。

综合布线系统的主干线路在竖井中一般有以下几种安装方式：

(1) 将上升的主干电缆或光缆直接固定在竖井的墙上，它适用于电缆或光缆条数很少的综合布线系统。

(2) 在竖井墙上装设走线架，上升电缆或光缆在走线架上绑扎固定，它适用于较大的综合布线系统，在有些要求较高的智能化建筑的竖井中，需安装特制的封闭式槽道，以保证缆线安全。

(3) 在竖井内墙壁上设置上升管路，这种方式适用于中型的综合布线系统。

电缆竖井是干线子系统最常用的布线方式，在设计安装时应注意综合布线系统缆线不得布放在电梯或供水、供气、供暖管道竖井中，也不能布放在强电竖井中。请根据实际条件，观摩电缆竖井设计安装施工案例。

❖ 操作 3　上升房内设计安装

在大、中型的高层建筑中，可以利用公用部分的空余地方，划出只有几平方米的小房间作为上升房，在上升房的一侧墙壁和地板处预留槽洞，作为上升主干线缆的通道，专供综合布线系统的垂直干线子系统的线缆安装使用。在上升房内布置综合布线系统的主干缆线和配线接续设备需要注意以下几点：

(1) 上升房内应根据房间面积大小、安装电缆或光缆的条数，配线接续设备装设位置和楼层管路的连接，电缆走线架或槽道的安装位置等合理布置。

(2) 上升房为综合布线系统的专用房间，不允许无关的管线和设备在房内安装，避免对通信线缆造成危害和干扰，保证缆线和设备安全运行。上升房内应设有 220 V 交流电源设施(包括照明灯具和电源插座)，其照明度应不低于 20 lx，为了便于维护检修，可以利用电源插座采取局部照明，以提高照明度。

(3) 上升房是建筑中一个上下直通的整体单元结构，为了防止火灾发生时沿通信线缆延燃，应按国家防火标准的要求，采取切实有效的隔离防火措施。

请根据实际条件，观摩上升房内设计安装施工案例。图4-27所示为在电缆竖井或上升房内安装梯式桥架的示意图。

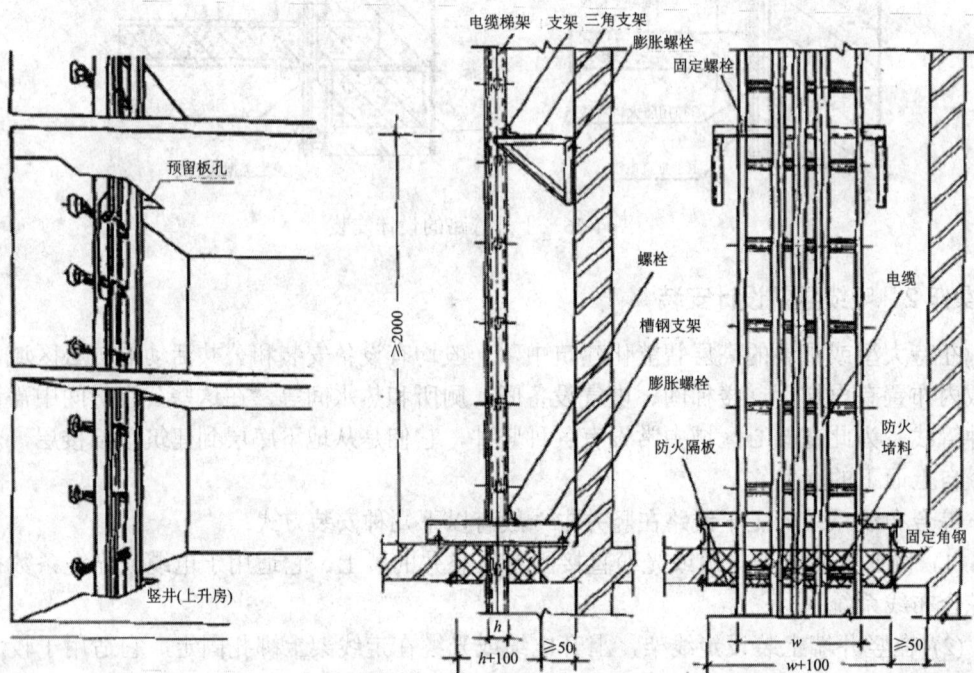

图 4-27　电缆竖井或上升房内安装梯式桥架示意图

思考与练习 4

1. 列举综合布线工程中常用的管槽安装工具。
2. 简述预埋暗管的具体要求。
3. 简述明敷桥架的具体要求。
4. 简述综合布线系统上升部分的建筑结构类型及其特点和适用场合。

工作单元 5　综合布线工程电缆布线施工

综合布线系统的配线子系统一般采用双绞线电缆作为传输介质，干线子系统则会根据传输距离和用户需求选用双绞线电缆或者光缆作为传输介质。由于双绞线电缆和光缆的结构不同，所以在布线施工中所采用的技术并不相同。本工作单元的目的是认识电缆布线施工的常用工具；掌握建筑物内水平电缆和主干电缆布线施工的一般方法；掌握工作区信息插座端接和安装技术；掌握机柜和配线设备的安装与端接技术。

任务 5.1　认识电缆布线施工工具

【任务目的】

(1) 了解电缆布线的一般要求；
(2) 认识常用电缆布线施工工具。

【工作环境与条件】

(1) 校园网综合布线工程案例及相关文档；
(2) 企业网综合布线工程案例及相关文档；
(3) 穿线器、压线钳、打线器等常用电缆布线施工工具。

【相关知识】

根据相关标准和规范，双绞线电缆布线施工的一般要求有：

(1) 电缆的规格应符合设计规定，电缆在布线过程中应平直，不得产生扭绞、打圈等现象，不应受到外力的挤压和损伤。

(2) 电缆的两端应贴上相应的标签，以识别电缆的来源地，标签书写应清晰、端正和正确，标签应选用不易损坏的材料。

(3) 布放电缆应有余量以适应终接、检测和变更，在工作区双绞线电缆预留长度应为 3～6 cm，在电信间宜为 0.5～2 m，在设备间宜为 3～5 m，有特殊要求的应按设计要求预留长度。

(4) 电缆转弯时弯曲半径应符合下列规定：

① 非屏蔽 4 对双绞线电缆的弯曲半径应至少为电缆外径的 4 倍，在施工过程中应至少为电缆外径的 8 倍。

② 屏蔽双绞线电缆的弯曲半径应为电缆外径的 8 倍。

③ 主干大对数双绞线电缆的弯曲半径应至少为电缆外径的 10 倍。

(5) 通常有经验的安装者在布放电缆时会慢速而又平稳的拉线，原因是如果快速拉线很可能造成电缆的缠绕或被绊住。另外如果拉力过大，电缆会变形，会引起电缆传输性能的下降。电缆的最大允许拉力为：

① 1 根 4 对双绞线电缆，最大拉力为 100 N(10 kg)；

② 2 根 4 对双绞线电缆，最大拉力为 150 N(15 kg)；

③ 3 根 4 对双绞线电缆，最大拉力为 200 N(20 kg)；

④ n 根 4 对双绞线电缆，最大拉力为 n × 50 + 50(N)。

⑤ 25 对 5 类 UTP 电缆，最大拉力不能超过 40 kg，速度不宜超过 15 m/min。

(6) 为了充分利用电缆，建议对每箱双绞线从第一次放线开始做放线记录。通常一箱双绞线的长度为 1000 ft(305 m)，电缆上每隔 2ft 会有一个长度标记，只要每次放线时记下开始和结束处的长度标记，就可以计算出本次放线的长度和剩余电缆的长度。

【任务实施】

❖ 操作 1　认识双绞线电缆敷设工具

在综合布线工程施工中，通常需要借助一些工具完成线缆在建筑物竖井或室内外管道中的敷设。请根据实际条件，观摩以下双绞线电缆敷设工具产品实物，了解其作用和使用方法。

1. 穿线器

当在建筑物室内外的管道中布线时，如果管道较长、弯头较多且空间紧张，应使用穿线器牵引缆线。图 5-1 所示为一种小型穿线器，适合于管道较短的情况；图 5-2 所示是一种玻璃纤维穿线器，适用于管道较长的缆线敷设。

图 5-1　小型穿线器　　　　　图 5-2　玻璃纤维穿线器

2. 线轴支架

大对数电缆和光缆一般都缠绕在缆线卷轴上，放线时必须将缆线卷轴架设在线轴支架上，从顶部放线。线轴支架如图 5-3 所示。

3. 滑车

从上而下垂放电缆时，为了保护缆线，需要使用滑车，保障缆线从缆线卷轴拉出后经滑车平滑地向下放线。图 5-4 所示为朝天钩式滑车，它安装在竖井的上方；图 5-5 所示为三联井口滑车，它安装在竖井的井口。

图 5-3　线轴支架

图 5-4　朝天钩式滑车

图 5-5　三联井口滑车

4. 牵引机

当主干布线采用由下往上敷设时，需要用牵引机向上牵引缆线，牵引机有手摇式牵引机和电动牵引机两种。图 5-6 所示为一款电动牵引机，根据缆线情况电动牵引机通过控制牵引绳的松紧随意调整牵引力和速度，牵引机的拉力计可随时读出拉力值，并有重负荷警报及过载保护功能。图 5-7 所示是手摇式牵引机，它是两级变速棘轮机构，安全省力。

图 5-6　电动牵引机

图 5-7　手摇式牵引机

❖ 操作 2　认识双绞线电缆端接工具

请根据实际条件，观摩以下双绞线电缆端接工具产品实物，了解其作用和使用方法。

1. 剥线钳

一般工程技术人员往往直接使用压线工具上的刀片来剥除双绞线的外套，他们凭借经验来控制切割深度，这就存在隐患，一不小心就可能伤及导线的绝缘层。由于双绞线的表面是不规则的，而且线径存在差别，所以使用剥线钳剥去双绞线的外护套更加安全可靠。剥线钳使用高度可调的刀片或利用弹簧张力来控制合适的切割深度，保证切割时不会伤及导线的绝缘层。图 5-8 所示为一种剥线钳。

2. 压线工具

压线工具用来压接 8 位的 RJ-45 连接器和 4 位、6 位的 RJ-11、RJ-12 连接器，同时可提供切线和剥线的功能，其设计可保证模具齿和连接器的角点精确的对齐。常见的压线工具有 RJ-45 或 RJ-11 单用的，也有双用的，图 5-9 所示左侧为 RJ-45 单用压线工具，右侧为 RJ-45/RJ-11 双用压线工具。目前市场上还有手持式模块化压接工具，还有工业应用的模块化自动压接仪。

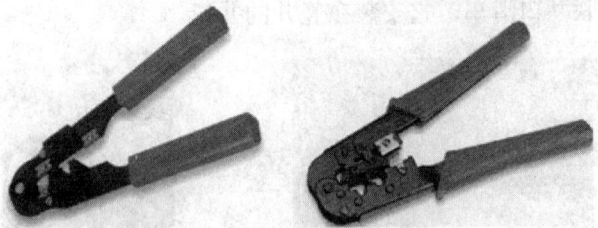

图 5-8　剥线钳　　　　　　　　　图 5-9　压线工具(左侧为单用，右侧为双用)

3. 打线工具

打线工具用于将双绞线压接到信息模块和配线架上，信息模块和配线架是采用绝缘置换连接器(IDC)与双绞线连接的，IDC 实际上是 V 型豁口的小刀片，当把导线压入豁口时，刀片割开导线的绝缘层，与其中的铜线接触。打线工具由手柄和刀具组成，它是两端式的，一端具有打接和裁线功能，可剪掉多余的线头，另一端不具有裁线功能，在打线工具的一面会有清晰的"CUT"字样，使用户能够识别正确的打线方向。

除110型单对打线工具(如图5-10所示)之外，还有110型五对打线工具，如图5-11所示，它是一种多功能端接工具。另外还有66型打线工具，用于语音系统的交叉连接。

4. 手掌保护器

手掌保护器是专门的打线保护装置，在打线时，应将信息模块嵌套在手掌保护器后再进行压接，这样既可以方便把双绞线卡入到信息模块中，又起到隔离手掌，保护手的作用，如图 5-12 所示。

图 5-10　110 型单对打线工具　　　图 5-11　110 型五对打线工具　　图 5-12　手掌保护器

任务 5.2　敷设双绞线电缆

【任务目的】

(1) 了解水平电缆布线施工的基本要求和敷设方法；
(2) 了解主干电缆布线施工的基本要求和敷设方法。

【工作环境与条件】

(1) 校园网综合布线工程案例及相关文档；
(2) 企业网综合布线工程案例及相关文档；
(3) 5e 类、6 类或其他类型双绞线电缆；

(4) 常用双绞线电缆敷设工具；

(5) 敷设电缆相关的其他材料。

【相关知识】

5.2.1　水平电缆布线施工的基本要求

　　配线子系统的缆线虽然是综合布线系统中的分支部分，但它具有面最广、量最大、具体情况多而复杂等特点，涉及的施工范围几乎遍布建筑中所有角落。建筑物内的水平布线可选用天花板、暗道、墙壁线槽等形式。在水平电缆布线施工过程中，除了遵守双绞线电缆布线施工的基本要求之外，还要注意以下几点：

　　(1) 电缆应该总是与墙平行铺设。

　　(2) 电缆不能斜穿天花板。

　　(3) 在选择布线路由时，应尽量选择施工难度最小、最直和拐弯最少的路径。

　　(4) 不允许将电缆直接铺设在天花板的隔板上。

5.2.2　主干电缆布线施工的基本要求

　　干线子系统的电缆施工包括从设备间到建筑物内各楼层配线架之间主干路由上所有缆线的施工。干线子系统的施工环境全部在室内，且在建筑中已有电缆竖井或专用房间等客观条件，因此现场环境施工条件较好。干线子系统与建筑物本身及其他管线系统关系密切，因此在安装施工中必须加强与有关单位协作配合，互相协调。

　　干线子系统的缆线条数较多、路由集中，是综合布线系统中的骨干线路，因此，在安装敷设前和整个施工过程中应注意以下几点基本要求，以保证敷设缆线的施工质量。

　　(1) 为了使施工顺利进行，在敷设缆线前，应在施工现场对设计文件和施工图纸进行核对，尤其是对干线路由所采用的缆线型号、规格、数量、安装位置等进行复核，如有疑问时，应及早与设计单位和主管部门共同协商，以免影响施工进度。

　　(2) 在敷设缆线前，应对运到施工现场的各种缆线进行清点和复查，根据施工图纸要求、施工组织计划和工程现场条件等，将需要布放的缆线整理妥善，在其两端应贴有显著的标签。标签内容应包括缆线的用途和名称(也可用代号代替)、型号、规格、长度、起始端和终端地点等，标签上的字迹应清晰、端止和正确。

　　(3) 为了减少缆线承受的拉力，避免在牵引过程中产生扭绞现象，在布放缆线前，应制作操作方便、结构简单的合格牵引端头和连接装置，把它装在缆线的牵引端。一般干线子系统缆线的长度为几十米，应以人工牵引为主。如为高层建筑且缆线对数较大时，需采用机械牵引方式，这时应根据牵引缆线的长度、施工现场的环境条件和缆线允许的牵引张力等因素，选用集中牵引或分散牵引等方式，也可采用两者相结合的牵引方式，即除在一端集中机械牵引外，在中间楼层设置专人协助牵引，人工拉放，使缆线受力分散，既不损伤缆线，又可加快施工进度。

　　(4) 为了保证缆线本身不受损伤，在缆线敷设时，布放缆线的牵引力不宜过大，应小于缆线允许张力的 80%。在牵引过程中为防止缆线被损伤，应均匀设置吊挂或支撑缆线的支点，或采用保护措施，吊挂或支撑的支撑物间距不应大于 1.5 m。

(5) 在缆线布放过程中，缆线不应产生扭绞或打圈等有可能影响缆线本身质量的现象。缆线布放后，应平直处于安全稳定的状态，避免受到外界的挤压或遭受损伤而产生障碍隐患。

(6) 如与其他系统缆线及电源缆线同一路由敷设时，应采用金属电缆槽道或桥架，按系统分离布放，金属电缆槽道或桥架应有可靠的接地装置。各个系统缆线间的最小间距及接地装置都应符合设计要求，在施工时应统一安排，并互相配合敷设。

(7) 干线子系统的缆线敷设后，需要相应的支撑固定件和保护措施，以保证主干缆线的安全运行。

【任务实施】

❖ 操作 1　线缆牵引

缆线敷设之前，建筑物内的各种暗管和槽道已安装完成，因此缆线要敷设在管路或槽道内就必须使用缆线牵引技术。为了方便缆线牵引，在安装各种管路或槽道时已内置了拉绳(一般为钢绳)，使用拉绳可以方便地将缆线从管道的一端牵引到另一端。缆线牵引所用的方法取决于要完成作业的类型、缆线的质量、布线路由的难度(例如：在具有硬转弯的管道布线要比在直管道中布线难)，还与管道中要穿过的缆线的数目有关，在已有缆线的拥挤的管道中穿线要比空管道难。不管在哪种场合都必须尽量使拉绳与缆线的连接点平滑一些，所以要采用电工胶布紧紧地缠绕在连接点外面，以保证平滑和牢固。

请根据实际条件，观摩线缆牵引施工案例，完成以下线缆牵引施工操作。

1. 牵引少量 4 对双绞线电缆

一条 4 对双绞线电缆很轻，通常不要求做更多的准备，只要将其用电工胶带与拉绳捆扎在一起就行了，如图 5-13 所示。

如果牵引多根 4 对双绞线电缆穿过一条路由，则主要采用的方法是使用电工胶带将多根双绞线电缆与拉绳绑紧，使用拉绳均匀用力缓慢牵引电缆。具体操作步骤如下：

(1) 将多根双绞线电缆的末端缠绕在电工胶带上，如图 5-14 所示。

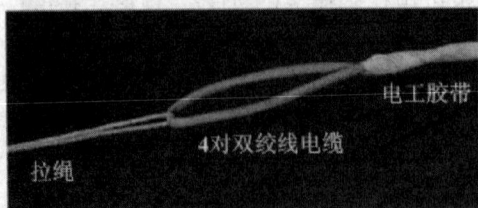

图 5-13　牵引 1 条 4 对双绞线电缆　　　图 5-14　用电工胶带缠绕多根双绞线电缆的末端

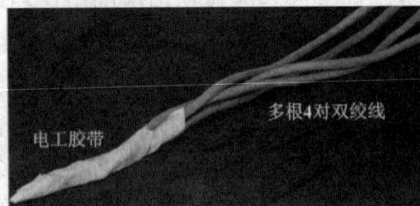

(2) 在电缆缠绕端绑扎好拉绳，然后牵引拉绳，如图 5-15 所示。

多根 4 对双绞线电缆的另一种牵引方法也是经常使用的，这种方法可以实现缆线和拉绳更牢固的连接，具体步骤如下：

① 剥除双绞线电缆的外表皮，并整理为两扎导线，如图 5-16 所示。

② 将金属导体编织成一个环，然后将电工胶带缠到连接点周围，要缠得结实和平滑，以供拉绳牵引，如图 5-17 所示。

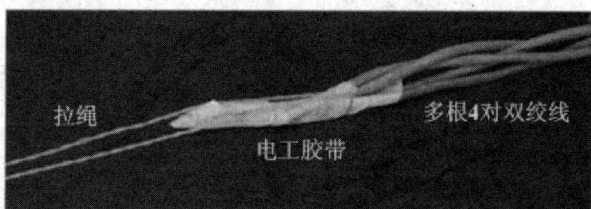

图 5-15   将双绞线电缆与拉绳绑扎固定

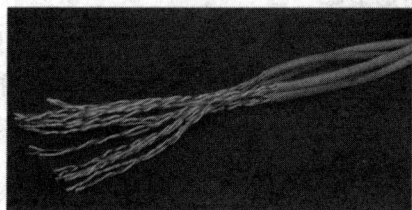

图 5-16   剥除电缆外表皮整理为两扎导线

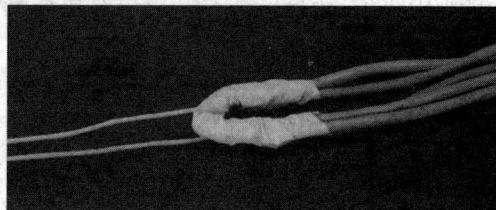

图 5-17   编织成环以供拉绳牵引

2. 牵引多根大对数双绞线电缆

牵引多根大对数双绞线电缆的主要操作方法是将电缆外表皮剥除后，将电缆末端与拉绳绞合固定，然后通过拉绳牵引电缆，具体操作步骤如下：

(1) 剥除约 30 cm 的缆护套，包括导线上的绝缘层。

(2) 使用斜口钳将多余线切去，留下约 12 根。

(3) 将线对均匀分为两组缆线，如图 5-18 所示。

(4) 将两组缆线交叉地穿过拉绳的环，在缆线的另一侧建立一个闭环，如图 5-19 所示。

图 5-18   将电缆分为两组缆线

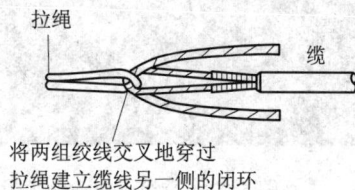

图 5-19   两组缆线交叉地穿过接线环

(5) 将缆线一端的线缠绕在一起以使环封闭，如图 5-20 所示。

(6) 在缆线缠绕部分紧密缠绕多层电工胶带，以进一步加固电缆与拉绳的连接，如图 5-21 所示。

图 5-20   缆线缠在自身电缆上

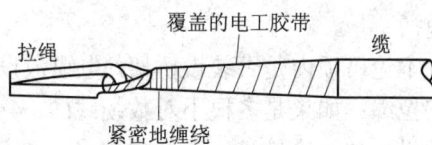

图 5-21   在电缆缠绕部分紧密缠绕电工胶带

❖ **操作 2　敷设水平电缆**

由于建筑物中存在着各种管线设备安装和内部装修等多项工程施工，因此在工程设计和施工图中确定的配线子系统缆线的敷设方式，不可能完全符合施工环境的实际情况，这就要求配线子系统的缆线施工必须考虑建筑物的实际情况。请根据实际条件，观摩以下敷设水平电缆施工案例，完成相关施工操作。

1. 吊顶内敷设电缆

1) 吊顶内的布线方法

吊顶内的布线方法一般有装设桥架和不设桥架两种方法。

装设桥架布线方法是在吊顶内，利用悬吊支撑物装置桥架，电缆直接敷设在桥架中，这种方法有利于施工和维护检修，也便于今后扩建或调整线路，但会增加吊顶所承受的重量。在桥架内布放缆线应顺直，尽量不交叉或重叠，在缆线进出桥架部位和转弯处应绑扎固定。缆线桥架中的敷设如图 5-22 所示，缆线在桥架转弯处的绑扎如图 5-23 所示。

不设桥架布线方法是利用吊顶内的支撑柱(如 T 形钩、吊索等支撑物)来支撑和固定缆线。这种方案不需装设桥架，适用于缆线条数较少的楼层，因电缆的重量较轻，可以减少吊顶所负担的重量，使吊顶的建筑结构简单，减少工程费用。采用吊顶内支撑柱敷设缆线时，每根支撑柱所辖范围内的缆线应分束绑扎吊挂，所用缆线护套应具有阻燃性能，选用的缆线型号和品种应符合设计要求。

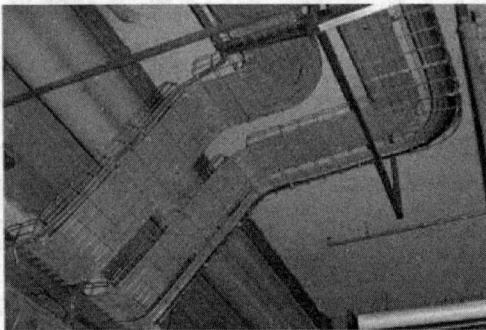

图 5-22　缆线桥架中的敷设　　　　　　　图 5-23　缆线在桥架转弯处的绑扎

2) 吊顶内布线的具体要求和方法

要完成吊顶内布线，首先应根据施工图纸要求，结合现场实际条件，确定吊顶内的电缆路由。为此，应在现场将电缆路由经过的有关吊顶的每块活动镶板推开，详细检查吊顶内的净空间距，有无影响敷设电缆的障碍；如有槽道或桥架装置，应检查是否安装正确和牢固可靠；还应仔细检查吊顶安装的稳定牢固程度等。检查后确定未发现问题才能敷设电缆。

不论吊顶内是否装设桥架，电缆敷设应采用人工牵引。单根大对数电缆可以直接牵引，不需拉绳；如果是多根小对数缆线(如 4 对双绞线电缆)，应组成缆束，用拉绳在吊顶内牵引敷设。如长度较长，缆线根数多，重量较大，可在路由中间设置专人负责照料或帮助牵引，以减少牵引力并防止电缆在牵引中受损。具体人工牵引方法如图 5-24 所示。

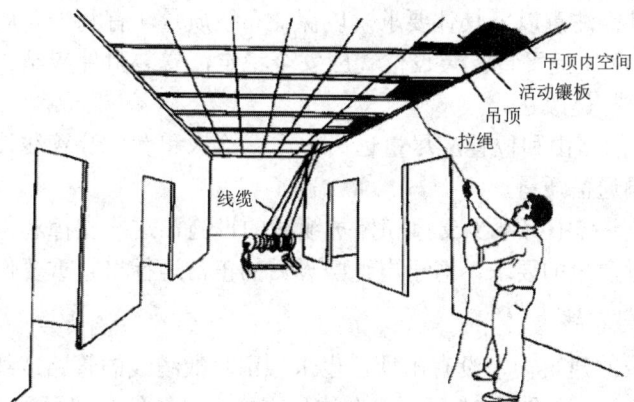

吊顶内空间
活动镶板
吊顶
拉绳
线缆

图 5-24　用拉绳牵引缆线拉进吊顶内

　　为了防止距离较长的电缆在牵引过程中发生磨、刮、蹭等损伤，可在电缆进出吊顶的入口处和出口处增设保护措施和支撑装置。

　　在牵引缆线时，牵引速度宜慢速，不宜猛拉紧拽，如发生缆线被障碍物绊住，应查明原因，排除障碍后再继续牵引，必要时，可将缆线拉回重新牵引。

　　配线子系统的电缆在吊顶内敷设后，需将电缆穿放在预埋墙壁或墙柱中的管路中，向下牵引至安装信息插座的洞孔处。电缆根数较少，且线对数不多的情况可直接穿放，如果电缆根数较多，宜采用拉绳牵引，电缆在工作区处应预留适当长度。

2. 地板下的布线

1) 地板下的布线方法

　　目前，在综合布线系统中采用地板下水平布线方法较多，这些布线方法中除原有建筑在楼板上面直接敷设导管布线方法不设地板外，其他类型的布线方法都是设有固定地板或活动地板。因此，这些布线方法都是比较隐蔽美观，安全方便。由于不同的布线方法各有其特点和要求，因此在施工前必须充分了解其技术要求，施工难点，并拟订具体施工程序。

　　在敷设电缆前，应根据施工图纸要求，对采用的布线方法与现场实际进行校核，了解布线系统和电缆路由，对于预埋的管路和线槽必须核查有无施工的具体条件，预埋的管路和线槽内应附有用来牵引电缆的拉绳，施工人员只需根据建筑物的管道图纸了解地板的布线管道系统，确定布线路由，就可以确定布线施工的方案。

　　对于老的建筑物或没有预埋管道的新的建筑物，要向用户单位索要建筑物的图纸，并到要布线的建筑物现场，根据该建筑的图纸进行核查，主要是建筑的楼层高度、楼板结构和内部各种管线系统的分布等内容，根据调查拟定相应的布线方法，然后详细绘制布线图纸，确定布线施工方案。

　　对于没有预埋管道的新建筑物，施工可以与建筑物装修同步进行，这样既便于布线，又不影响建筑物的美观。管道一般从电信间(楼层配线间)埋到信息插座安装孔。安装人员只要将电缆固定在信息插座出口处的拉绳端，从管道的另一端牵引拉绳就可将电缆布设到电信间。

2) 地板下布线的具体要求

　　在采用地板中预埋管路或线槽的布线方法和在楼层地板上面(固定或活动地板的下面)

的布线方法时，都需注意以下具体要求，以保证布线质量，有利于今后使用和维护。

(1) 布设路由应短捷平直，装设位置应安全稳定，安装附件应结构简单，应便于今后维护检修和有利于扩建改建。

(2) 敷设电缆的路由和位置应尽量远离电力、给水和燃气等管线设施，以免遭受这些管线的危害而影响通信质量。

(3) 在配线子系统中有不少支撑和保护缆线的设施，这些支撑和保护方式是否适用，产品是否符合工程质量的要求，对于电缆敷设后的正常运行将起重要作用。

3. 墙壁上明敷布线

在很多已建成的建筑物中没有吊顶，也未预留暗敷缆线的管路或线槽，此时只能采用明敷线槽的敷设方式，如图 5-25 所示，在这种方式中只能使用截面积小的线槽，且所需费用较高。此外还可将缆线直接在墙壁上敷设，这种布线方式造价很低，但缺点是既不隐蔽美观，又易被损伤，所以这种布线方式只能用在单根水平布线的场合。其具体方法是将电缆沿着墙壁下面踢脚板上或墙根边敷设，并使用钢钉线卡(包括圆钢钉和塑料线码)固定。具体情况如图 5-26 所示。

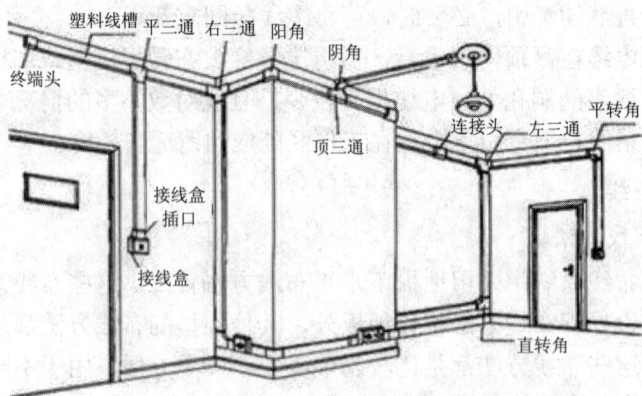

图 5-25　墙壁明敷线槽布线

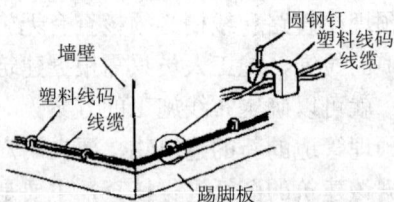

图 5-26　墙壁上的直接敷设电缆

❖ 操作 3　敷设主干电缆

请根据实际条件，观摩以下敷设主干电缆施工案例，完成相关施工操作。

1. 垂直敷设电缆

建筑物主干布线是从房屋顶层直到底层垂直(或称上升)敷设的通信线路。目前，在建筑中的电缆竖井或上升房内敷设电缆有两种施工方式。一种是由建筑的高层向低层敷设，利用电缆本身自重的有利条件向下垂放的施工方式。另一种是由低层向高层敷设，将电缆向上牵引的施工方式。这两种施工方式虽然仅是敷设方向不同，但差别较大，向下垂放远比向上牵引简便、能够减少劳动工时和劳力消耗，并且可以加快施工进度；相反，向上牵引费时费工，困难较多。因此，通常采用向下垂放的施工方式，只有在电缆搬运到高层确实有很大困难时，才采用向上牵引的施工方式。

1) 向下垂放电缆

如果干线电缆由垂直孔洞向下垂直布放，则具体操作步骤如下：

(1) 首先把电缆卷轴搬放到建筑物的顶层。

(2) 在离楼层垂直孔洞 3～4 m 处安装好电缆卷轴，并从卷轴顶部馈线。

(3) 在电缆卷轴处安排所需的布线施工人员，另外每层楼上要安排一个工人以便引导垂放的电缆。

(4) 开始旋转卷轴，将电缆从卷轴拉出。

(5) 将拉出的电缆导入垂直孔洞，在此之前应先在孔洞中安放一个塑料的靴状保护物，以防止孔洞不光滑的边缘擦破缆线的外皮，如图 5-27 所示。

(6) 慢慢地从卷轴上放缆并进入孔洞向下垂放，注意速度不要过快。

(7) 继续向下垂放电缆，直到下一层布线工人能将电缆引到下一个孔洞。

(8) 按前面的步骤，继续慢慢地向下垂放电缆，并将电缆引入各层的孔洞。

如果干线电缆由竖井垂直向下布设，无法使用塑料的靴状保护物，此时最好使用一个滑轮，通过它来下垂布线，具体操作如下：

(1) 在竖井的中心上方安装上一个滑轮，如图 5-28 所示。

(2) 将电缆从卷轴拉出并绕在滑轮上。

(3) 按上面所介绍的方法牵引电缆穿过每层的竖井，当电缆到达目的地时，把每层上的电缆绕成卷，放在架子上固定起来，等待以后的端接。

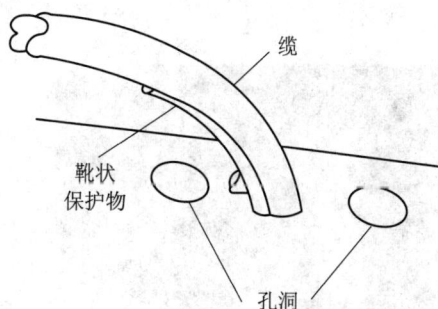

图 5-27　在孔洞中安放靴状保护物

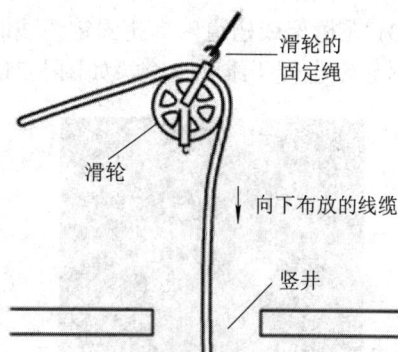

图 5-28　在竖井上方安装滑轮

2) 向上牵引电缆

向上牵引缆线可借用电动牵引绞车将干线电缆从底层向上牵引到顶层，如图 5-29 所示。具体的操作步骤如下：

(1) 在绞车上穿一条拉绳。

(2) 启动绞车，往下垂放拉绳，拉绳向下垂放到安放电缆的底层。

(3) 将电缆与拉绳牢固地绑扎在一起。

(4) 启动绞车，慢慢地将电缆通过各层的孔洞向上牵引。

(5) 电缆的末端到达顶层时，停止绞车。

(6) 在竖井边沿上用夹具将电缆固定好。

(7) 当所有连接制作好之后，从绞车上释放电缆的末端。

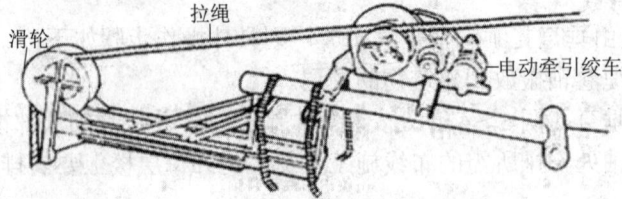

图 5-29　电动牵引绞车向上牵引缆线

2. 电缆在桥架上敷设和固定

若在桥架上敷设主干电缆时，应符合以下规定：

(1) 电缆在桥架或敞开式的槽道内敷设时，为了使电缆布置牢靠和美观整齐，应采取稳妥的固定绑扎措施。如果是在水平装设的桥架内敷设，应在电缆的首端、尾端、转弯处及每间隔 3～5 m 处进行固定；如是在垂直装设的桥架内敷设，应在电缆的上端和每间隔 1.5 m 处进行固定。具体固定方法是将电缆用专制的塑料扎带绑扎在桥架或敞开式槽道内的支架上。绑扎间距应均匀一致，绑扎松紧适度，如图 5-30 所示。

(2) 电缆在封闭式的槽道内敷设时，要求槽道内缆线均应平齐顺直，排列有序，尽量互相不重叠、不交叉，缆线在槽道内不应溢出，影响槽道盖盖合。在缆线进出槽道的部位或转弯处应绑扎固定。如槽道是垂直装设，应每间隔 1.5 m 处将缆线固定绑扎在槽道内的支架上，以保持整齐美观。

(3) 在桥架或槽道内绑扎固定缆线时，应根据缆线的类型、缆径、缆线芯数分束绑扎，以示区别，也便于维护检查，如图 5-31 所示。

图 5-30　垂直装设桥架中电缆的捆扎

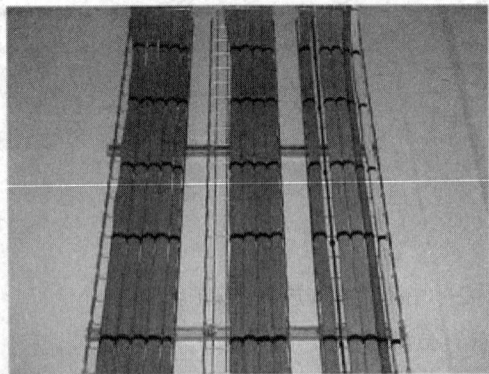

图 5-31　缆线的分束绑扎

3. 电缆与其他管线的间距

在建筑物中设有各种管线系统，例如燃气、给水、污水、暖气、电力等管线，当它们在正常运行，且远离通信线路时，一般不会对通信线路造成危害。但是当发生故障和意外事故时，它们泄漏出来的液体、气体或电流等就会对通信线路造成不同程度的危害，直接影响通信线路或使通信设备损坏，后果难以预料。因此，综合布线系统的主干缆线应尽量远离其他管线系统，在不得已时，要求有一定间距，以保证通信网络安全运行。双绞线电缆与电力电缆的最小净距应符合相关规定，当采用屏蔽双绞线电缆时，与电力线路的最小净距可适当减小。

任务 5.3　安装与端接信息插座

【任务目的】

(1) 熟悉信息插座安装和端接的基本方法；

(2) 熟悉制作双绞线跳线的一般方法。

【工作环境与条件】

(1) 校园网综合布线工程案例及相关文档；

(2) 企业网综合布线工程案例及相关文档；

(3) 5e 类、6 类或其他类型双绞线电缆；

(4) 信息插座底盒、模块、面板、RJ-45 水晶头；

(5) 常用双绞线电缆端接工具；

(6) 安装与端接信息插座所需的其他材料。

【相关知识】

根据相关标准和规范，电缆端接通常应符合下列要求：

(1) 双绞线电缆端接时每个线对应保持扭绞状态，5e 类电缆的扭绞松开长度不应大于 13 mm；6 类电缆应尽量保持扭绞状态，减小扭绞松开长度。

(2) 双绞线电缆与 8 位模块式(RJ-45)通用插座相连时，必须按色标和线对顺序进行卡接。插座类型、色标和编号应符合 ANSI/EIA/TIA 568A 和 ANSI/EIA/TIA 568B 标准。这两种标准的连接方式均可采用，但在同一布线工程中不应混合使用。

(3) 7 类布线系统采用非 RJ-45 方式端接时，连接图应符合相关标准规定。

(4) 屏蔽双绞线电缆的屏蔽层与连接器件终接处的屏蔽罩应通过紧固器件可靠接触，缆线屏蔽层应与连接器件屏蔽罩 360° 圆周接触，接触长度不宜小于 10 mm。屏蔽层不应用于受力的场合。

(5) 对不同类型的屏蔽双绞线电缆，屏蔽层应采用不同的端接方法。应对编织层或金属箔与汇流导线进行有效的端接。

(6) 每个 2 口 86 面板底盒宜终接 2 条双绞线电缆，不宜兼做过路盒使用。

(7) 双绞线电缆与信息模块端接采用卡接方式，施工中不宜用力过猛，以免造成模块受损。连接顺序应按线缆的统一色标排列，连接后的多余线头必须清除干净，以免留有后患。

(8) 双绞线电缆端接后，应进行全程测试，以保证综合布线系统正常运行。

【任务实施】

❖ 操作 1 安装信息插座底盒

在新建的建筑物中，信息插座应与暗管系统配合，墙面型信息插座盒体采用暗装方式，在墙壁上预留洞孔，将盒体埋设在墙内，综合布线施工时，只需加装信息模块和信息插座面板。信息插座应有明显的标志，可采用颜色、图形和文字符号来表示所接终端设备的类型，以便使用。信息插座底盒安装的基本要求就是平稳。

请根据实际条件，观摩安装信息插座底盒施工案例，完成相关施工操作。安装信息插座底盒通常应注意以下问题。

安装在墙上的信息插座，其位置宜高出地面300 mm 左右。如房间地面采用活动地板时，信息插座应离活动地板地面为 300 mm。安装在墙上的信息插座如图 5-32 所示。

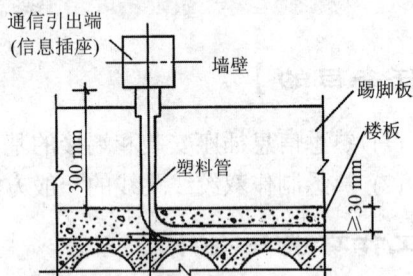

图 5-32 安装在墙上的信息插座

安装在地面上或活动地板上的地面信息插座，由接线盒体和插座面板两部分组成。插座面板有直立式(面板与地面成 45°，可以倒下成平面)和水平式等几种；线缆连接固定在接线盒体内的装置上，接线盒体均埋在地面下，其盒盖面与地面平齐，可以开启，要求必须有严密防水、防尘和抗压功能。在不使用时，插座面板与地面齐平，不影响人们正常行动。图 5-33 所示为地面信息插座的各种安装方法示意图。

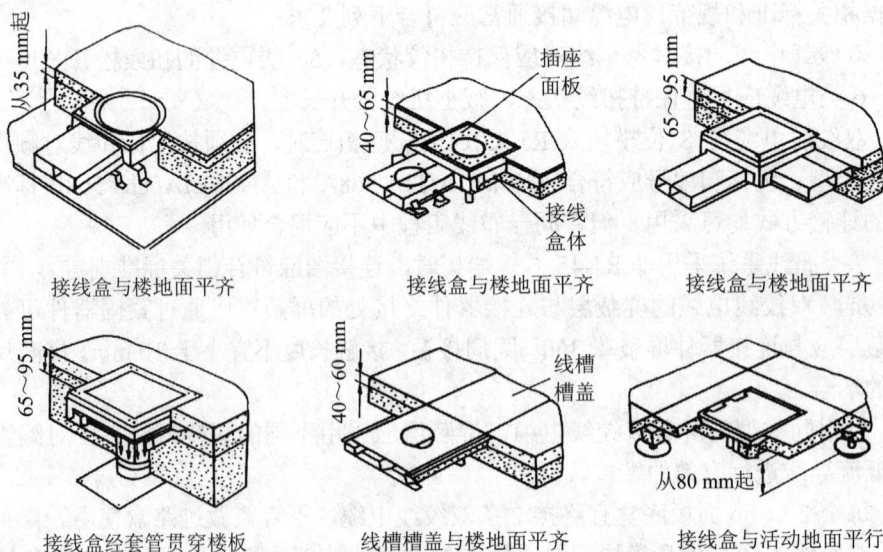

接线盒与楼地面平齐　　接线盒与楼地面平齐　　接线盒与楼地面平齐

接线盒经套管贯穿楼板　　线槽槽盖与楼地面平齐　　接线盒与活动地面平行

图 5-33 地面信息插座安装方法示意图

❖ 操作 2　端接信息模块

　　综合布线系统所用的信息插座多种多样，信息插座的核心是信息模块，双绞线在与信息插座的信息模块连接时，必须按色标和线对顺序进行卡接。信息模块的端接有两种标准：ANSI/EIA/TIA 568A 和 ANSI/EIA/TIA 568B，两类标准规定的线序压接顺序有所不同，通常在信息模块的侧面会有两种标准的色标标注，如图 5-34 所示。

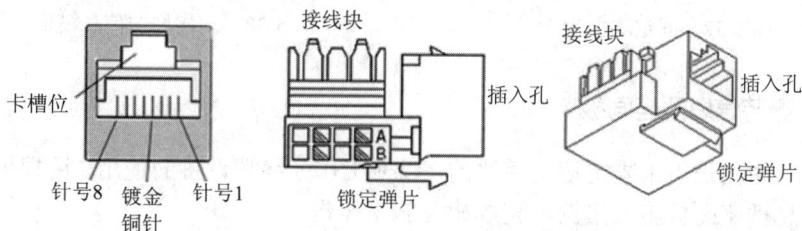

图 5-34　信息模块结构示意图

　　请根据实际条件，观摩端接信息模块施工案例，完成相关施工操作。不同类型、不同厂家的信息模块结构有所差异，因此具体的模块压接方法各不相同。信息模块端接的一般步骤如下：

　　(1) 将双绞线从信息插座底盒中拉出，剪至合适的长度。

　　(2) 使用剥线工具，在双绞线电缆末端 3 cm 处剥除电缆的外皮并剪除抗拉线，注意不要损伤内部的导线。

　　(3) 把剥除外皮的双绞线电缆放入到信息模块中间的空位置，对照所采用的接入标准和模块上所标注的色标把 8 条芯线依次卡入到模块的卡线槽中，如图 5-35 所示。

　　(4) 使用打线工具把已卡入到卡线槽中的芯线打入到卡线槽的底部，以使芯线与卡线槽接触良好、稳固。操作方法如图 5-36 所示，对准相应芯线，往下压，当卡到底时会有"咔"的声响。注意打线工具的卡线缺口旋转位置。

图 5-35　将芯线依次卡入卡线槽　　　　　图 5-36　使用打线工具打线

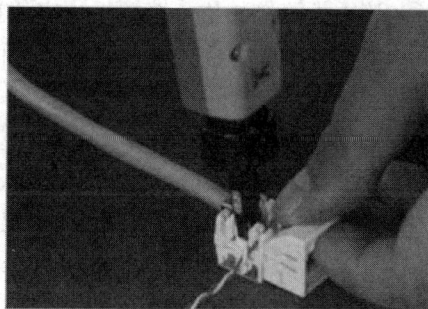

　　(5) 将塑料防尘片沿缺口穿入双绞线，并固定在信息模块上，如图 5-37 所示。

　　(6) 用双手压紧防尘片，信息模块端接完成，如图 5-38 所示。

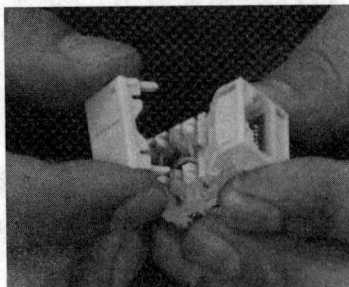

图 5-37　固定防尘片

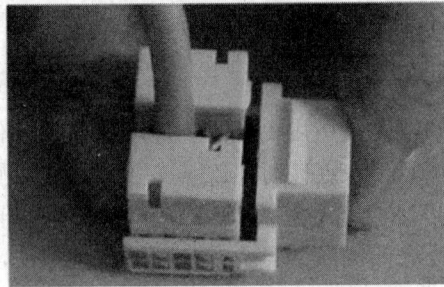

图 5-38　端接好的信息模块

❖ 操作 3　安装信息插座面板

　　信息插座面板是用来固定信息模块的，以便工作区终端设备的使用。请根据实际条件，观摩安装信息插座面板施工案例，完成相关施工操作。

　　信息插座面板有"单口"与"双口"之分，其正面分别如图 5-39 中的左、右图所示，反面分别如图 5-40 中的左、右图所示。

RJ-45接口

图 5-39　信息插座面板的正面

图 5-40　信息插座面板的反面

　　从图 5-39 中可以看出，"单口"面板中只能安装 1 个信息模块，提供 1 个 RJ-45 接口，"双口"面板可以安装两个信息模块，提供两个 RJ-45 接口。在面板的反面需要注意 3 个关键部位，在图 5-40 中已分别用①、②、③表示。

　　① 模块扣位：用于放置制作好的信息模块，通过两边的扣位固定。

　　② 遮罩板连接扣位：遮罩板用来遮掩面板中用来与底盒固定的螺钉孔位。

　　③ 与底盒的螺钉固定孔：对应面板正面的 2 个孔，通过这 2 个孔用螺钉与底盒的两个螺钉固定柱固定在一起。

　　信息插座面板的一般安装步骤如下：

　　(1) 将已端接的信息模块卡接在信息插座面板的模块扣位。

　　(2) 将卡接好信息模块的面板与暗埋在墙内的底盒接合在一起。

　　(3) 用螺钉将信息插座面板固定在底盒上。

　　(4) 在插座面板上安装标签条。

❖ 操作 4　制作双绞线跳线

　　综合布线工程中使用的双绞线跳线通常应选择原厂的机压跳线，在对传输性能要求不高的工程中或其他特殊的情况下也可以在工程现场手工制作跳线。另外与信息模块端接类似，双绞线跳线 RJ-45 连接器的端接也要遵循 ANSI/EIA/TIA 568A 和 ANSI/EIA/TIA 568B

标准。不论采用何种标准，都必须与信息模块所采用的标准相同。

请根据实际条件，观摩制作双绞线跳线施工案例，完成相关施工操作。现场制作不同类型双绞线跳线的方法并不相同，制作 5e 类双绞线跳线的一般步骤如下：

(1) 剪下所需的双绞线长度，至少 0.6 米，最多不超过 5 米。

(2) 利用剥线钳将双绞线的外皮除去约 3 厘米左右，如图 5-41 所示。

(3) 将裸露的双绞线中的橙色对线拨向自己的左方，棕色对线拨向右方，绿色对线拨向前方，蓝色对线拨向后方，小心的剥开每一对线，按 EIA/TIA 568B 标准(白橙－橙－白绿－蓝－白蓝－绿－白棕－棕)排列好，如图 5-42 所示。

图 5-41　利用剥线钳除去双绞线外皮

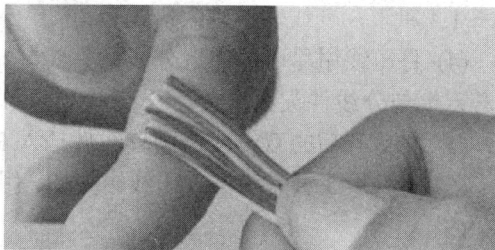

图 5-42　剥开每一对线，排好线序

(4) 把线排整齐，将裸露出的双绞线用专用钳剪下，只剩约 14 mm 的长度，并剪齐线头，如图 5-43 所示。

(5) 将双绞线的每一根线依序放入 RJ-45 水晶头的引脚内，第一只引脚内应该放白橙色的线，其余类推，如图 5-44 所示，注意插到底，直到另一端可以看到铜线芯为止，如图 5-45 所示。

图 5-43　剪齐线头

图 5-44　将双绞线放入 RJ-45 水晶头

(6) 将 RJ-45 水晶头从无牙的一侧推入压线钳夹槽，用力握紧压线钳，将突出在外的针脚全部压入水晶头内，如图 5-46 所示。

(7) 用同样的方法完成另一端的制作。

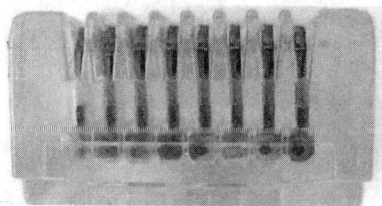

图 5-45　插好的双绞线

图 5-46　压线

由于数据传输速度的要求，6 类水晶头需要将 6 类双绞线中的 8 根线缆分为上下两排以进一步减少串扰。常见的 6 类水晶头有两种，一种可以直接将插入的线缆分为两排，另一种配有分线件，需要先将线缆插入分线器，再将分线件连同线缆一起插入水晶头。制作 6 类双绞线跳线的一般步骤如下：

(1) 用压线钳剥去双绞线外皮约 3 厘米，剪去尼龙线。将双绞线外皮用力向下捋几次，然后减去内部塑料内芯，再将网线外皮用力向上捋几次以避免塑料内芯裸露而影响水晶头压接。

(2) 将 4 对线芯分开，再将各个绞合的线对分开，轻轻捋直，按照 EIA/TIA 568B 标准排列线序。

(3) 将排好序的双绞线从分线器尾端插入分线件，从分线件头部到双绞线外皮距离为 1.2～1.4 厘米，分线件不宜太靠上。

(4) 将压线钳尽可能靠近分线件头部，一次性剪齐 8 根线芯，将分线件轻轻向上捋使线芯末端与分线件头部重合。

(5) 将剪齐后的双绞线连同分线件插入 RJ-45 水晶头。

(6) 将 RJ-45 水晶头推入压线钳夹槽，用力握紧压线钳，将突出在外的针脚全部压入水晶头内。

(7) 用同样的方法完成另一端的制作。

任务 5.4　安装机柜与配线设备

【任务目的】

(1) 了解机柜安装的基本要求和操作方法；
(2) 熟悉配线架安装的基本要求和操作方法。

【工作环境与条件】

(1) 校园网综合布线工程案例及相关文档；
(2) 企业网综合布线工程案例及相关文档；
(3) 5e 类、6 类或其他类型双绞线电缆；
(4) 机柜、配线架及相关附件；
(5) 常用双绞线电缆端接工具；
(6) 安装机柜和配线设备所需的其他材料。

【相关知识】

5.4.1　机柜安装的基本要求

目前，国内外综合布线系统所使用的配线设备的外形尺寸基本相同，都采用通用的 19 英寸标准机柜，实现设备的统一布置和安装施工。

机柜安装的基本要求如下：

(1) 机柜的安装位置、设备排列布置和设备朝向应符合设计要求。

(2) 机柜安装完工后，垂直偏差度不应大于 3 mm。

(3) 机柜及其内部设备上的各种零件不应脱落或碰坏，表面漆面如有损坏或脱落，应予以补漆。各种标志应统一、完整、清晰、醒目。

(4) 机柜及其内部设备必须安装牢固可靠。各种螺丝必须拧紧，无松动、缺少、损坏或锈蚀等缺陷，机柜更不应有摇晃现象。

(5) 为便于施工和维护人员操作，机柜前应预留 1500 mm 的空间，其背面距离墙面应大于 800 mm。

(6) 机柜的接地装置应符合相关规定的要求，并保持良好的电气连接。

(7) 如采用墙上型机柜，要求墙壁必须坚固牢靠，能承受机柜重量，其柜底距地面宜为 300~800 mm，或视具体情况取定。

(8) 在新建建筑中，布线系统应采用暗线敷设方式，所使用的配线设备也可采取暗敷方式，埋装在墙体内。在建筑施工时，应根据综合布线系统要求，在规定位置处预留墙洞，并先将设备箱体埋在墙内，布线系统工程施工时再安装内部连接硬件和面板。

5.4.2　配线架安装的基本要求

目前常见的双绞线配线架有 110 型配线架和模块式快速配线架等类型，其中模块式快速配线架主要应用于电信间和设备间内的计算机网络电缆的管理。在电信间和设备间内，模块式快速配线架和网络交换机一般安装在 19 英寸的标准机柜内。为了使安装在机柜内的模块式快速配线架和网络交换机美观大方且方便管理，必须对机柜内设备的安装进行规划，图 5-47 所示为一种配线架与交换机置于同一机柜的安装方式。

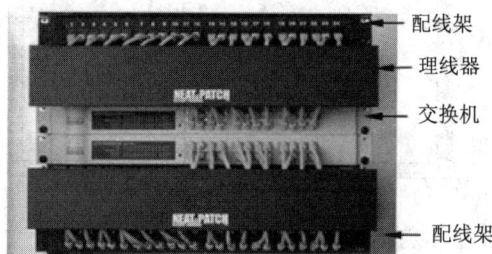

图 5-47　配线架与交换机置于同一机柜

配线架在安装时一般应符合以下基本要求：

(1) 每个模块式快速配线架之间安装有一个理线器，每个交换机之间也要安装理线器；

(2) 采用下走线方式时，架底位置应与电缆上线孔相对应。

(3) 各直列垂直倾斜误差应不大于 3 mm，底座水平误差每平方米应不大于 2 mm。

(4) 接线端子各种标记应齐全。

(5) 配线设备接地体应符合设计要求，并保持良好的电气连接。

【任务实施】

❖ 操作 1　安装机柜

请根据实际条件，观摩安装机柜施工案例，完成相关施工操作。不同品牌机柜的安装步骤有所不同，机柜安装步骤如下：

(1) 在安装机柜之前首先对可用空间进行规划，为了便于散热和设备维护，机柜前后与墙面或其他设备的距离应符合相关的要求。图 5-48 所示为机柜的空间规划图。安装前，场地划线要准确无误，否则会导致返工。

(2) 按照拆箱指导拆开机柜及机柜附件包装木箱。

(3) 将机柜安放到规划好的位置，确定机柜的前后面(通常有走线盒的一方为机柜的背面)，并使机柜的地脚对准相应的地脚定位标记。

(4) 在机柜顶部平面两个相互垂直的方向放置水平尺，检查机柜的水平度。用扳手旋动地脚上的螺杆调整机柜的高度，使机柜达到水平状态，然后锁紧机柜地脚上的锁紧螺母，使锁紧螺母紧贴在机柜的底平面。图 5-49 所示为机柜地脚锁紧示意图。

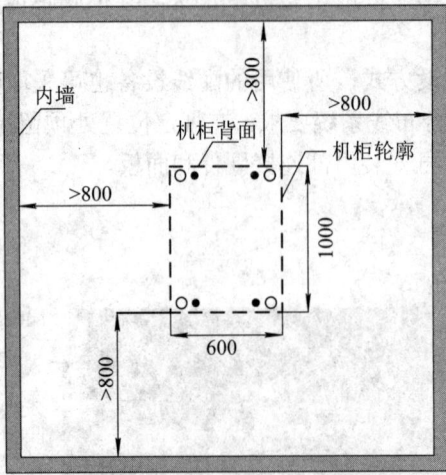

图 5-48 机柜的空间规划图

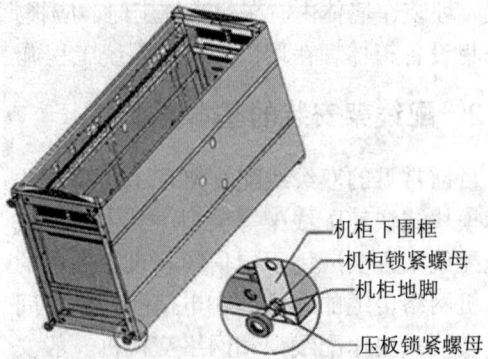

图 5-49 机柜地脚锁紧示意图

(5) 在机柜中安装相关设备和电缆。

(6) 安装机柜门。机柜门可以作为机柜内设备的电磁屏蔽层，保护设备免受电磁干扰。另一方面，机柜门可以避免设备暴露外界，防止设备受到破坏。图 5-50 所示为机柜门的安装示意图，具体安装步骤为：

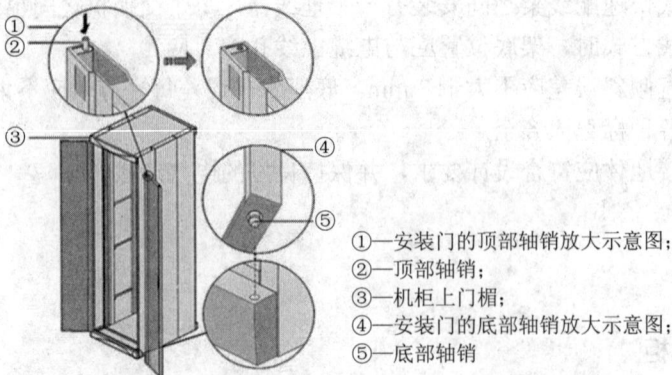

①——安装门的顶部轴销放大示意图；
②——顶部轴销；
③——机柜上门楣；
④——安装门的底部轴销放大示意图；
⑤——底部轴销

图 5-50 机柜门的安装示意图

① 将门的底部轴销与机柜下围框的轴销孔对准，将门的底部装上。

② 用手拉下门的顶部轴销，将轴销的通孔与机柜上门楣的轴销孔对齐。

③ 松开手，在弹簧作用下，轴销向上复位，使门的上部轴销插入机柜上门楣的对应孔位，从而将门安装在机柜上。

④ 按照上面步骤，完成其他机柜门的安装。

(7) 安装机柜铭牌。取出机柜铭牌，撕去铭牌背面的贴纸，将铭牌粘贴在机柜前门左侧门上部的长方形凹块位置，如图 5-51 所示。

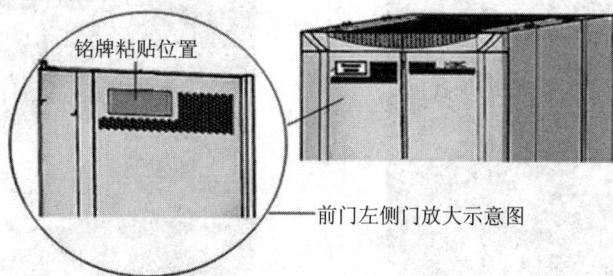

图 5-51　安装机柜铭牌示意图

(8) 安装机柜门接地线。机柜门安装完成后，需要在其下端轴销的位置附近安装门接地线，使机柜门可靠接地。门接地线连接门接地点和机柜下围框上的接地螺钉，如图 5-52 所示。具体安装步骤为：

① 旋开机柜某一扇门下部接地螺柱上的螺母。

② 将相邻的门接地线(一端与机柜下围框连接，一端悬空)的自由端套在该门的接地螺柱上。

③ 装上螺母，然后拧紧，完成一条门接地线的安装。

④ 按照上面步骤的顺序，完成其他门接地线的安装。

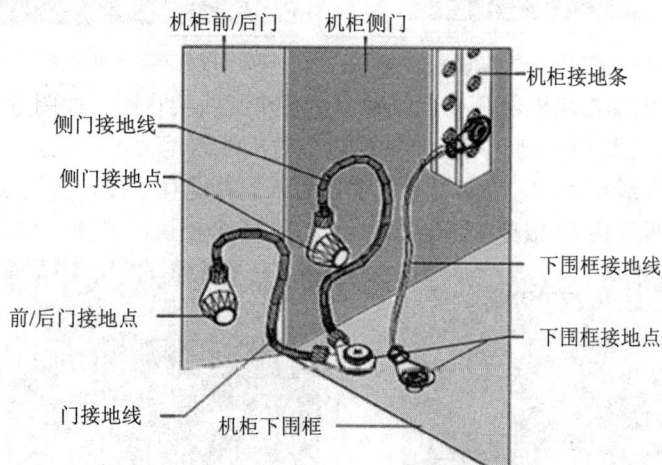

图 5-52　机柜门接地线安装后示意图

(9) 安装完成后，对其进行检查，确保符合相关要求。

❖ **操作 2 安装配线架**

请根据实际条件，观摩安装配线架施工案例，完成相关施工操作。各厂家的模块化配线架结构及安装步骤有所不同，配线架安装步骤如下：

(1) 使用螺丝将配线架固定在机架上，如图 5-53 所示。配线架要安装牢固，防止晃动。

(2) 在配线架背面安装理线器，如图 5-54 所示。不同厂家的理线器在外观上有所不同。

图 5-53 用螺丝将配线架固定在机架上

图 5-54 安装理线器

(3) 将线缆从机柜底部的缺口穿入机柜，如图 5-55 所示。

(4) 将进入机柜的电缆平均分为两大股，用塑料扎带扎好，如图 5-56 所示。

图 5-55 将线缆穿入机柜

图 5-56 将进入机柜的电缆平均分为两大股

(5) 将两大股电缆沿机柜两侧向上，并引至各个配线架背面，如图 5-57 所示。采用塑料线带将电缆固定在机柜两侧。用扎带捆扎电缆时应注意用力不要过猛，以防损伤电缆。

(6) 以 24 口配线架为例，每 12 根电缆作为一股捆扎在一起，并连接至配线架背面的 12 个信息模块。两侧共 24 根电缆，连接配线架的 24 个模块，如图 5-58 所示。

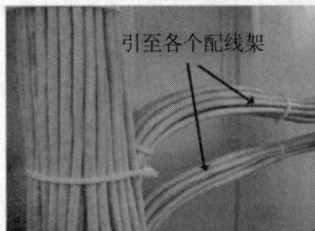

图 5-57 引至各个配线架

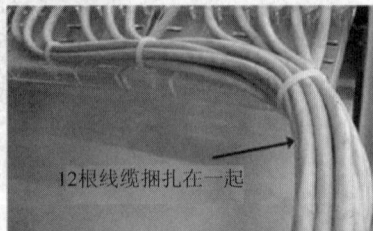

图 5-58 每 12 根电缆捆扎在一起

(7) 将电缆放入理线器进行固定，如图 5-59 所示。

(8) 根据每根电缆对应模块的位置，测量端接电缆应预留的长度，然后使用钳子或压线钳剪掉多余的电缆，如图 5-60 所示。

图 5-59   将电缆放入理线器

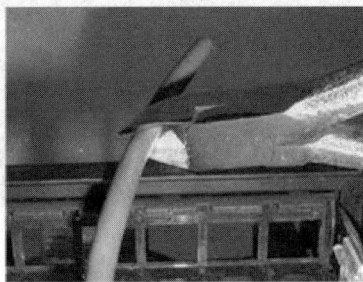

图 5-60   剪掉多余的电缆

(9) 根据系统安装要求选定用 EIA/TIA 568A 和 EIA/TIA 568B 标准的信息模块，按照信息模块的端接步骤实现电缆与信息模块的端接，如图 5-61 所示。

(10) 将端接好电缆的信息模块按顺序插入配线面板，如图 5-62 所示。要确保信息模块和配线面板牢固结合，防止在插入跳线时信息模块晃动甚至脱落。

图 5-61   端接信息模块

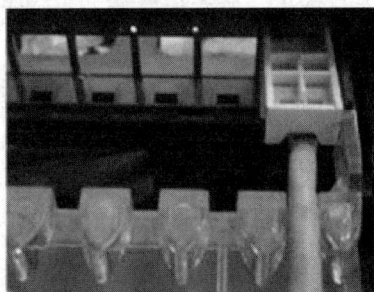

图 5-62   将信息模块插入配线面板

(11) 将所有的信息模块装入配线面板内，然后整理并捆扎固定电缆，如图 5-63 所示。

(12) 编好标签并贴在配线架前面板，如图 5-64 所示。

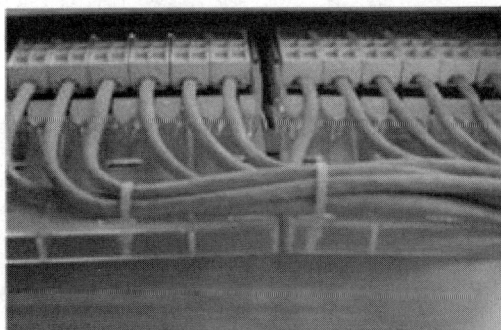

图 5-63   整理并捆扎固定电缆

图 5-64   编好标签并贴在配线架前面板

若配线架与交换机在同一机柜内，可以在机柜正面通过跳线将配线架和交换机的相应端口相连，图 5-65 所示为机柜正面跳线打环后实现配线架和交换机的相应端口的连接，然后盖上理线器盖板，如图 5-66 所示。

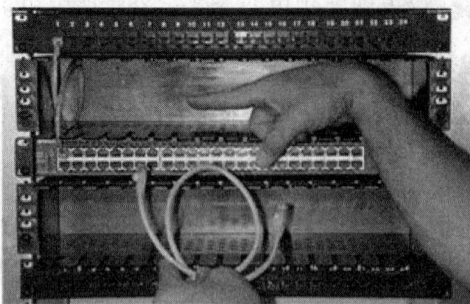

图 5-65　跳线打环

图 5-66　盖上理线器盖板

思考与练习 5

1. 双绞线电缆布线在转弯时对弯曲半径有哪些要求?
2. 在综合布线工程中,如何牵引 5 条 4 对双绞线电缆?
3. 在吊顶内一般应如何敷设双绞线电缆?
4. 垂直敷设主干电缆有哪些方法,分别用于什么场合?
5. 简述向下垂放电缆布线方法的基本步骤。
6. 简述信息模块的端接步骤。
7. 简述双绞线跳线的制作方法。
8. 简述模块式快速配线架的安装步骤。

工作单元6　综合布线工程光缆布线施工

光缆和电缆都是通信线路的传输介质，其施工方法虽然基本相似，但由于光纤本身结构的特性，光信号必须在由光纤包层所限制的光波导管里传输，所以光缆施工的难度要比电缆施工大，这种难度主要包括光缆的敷设难度和光纤的连接难度。本工作单元的目标是认识光缆布线施工的常用工具；掌握建筑物内光缆布线施工的一般方法；了解建筑群光缆布线施工的技术要点；熟悉光缆的接续和端接技术。

任务 6.1　认识光缆布线施工工具

【任务目的】

(1) 了解光缆布线施工的特点；
(2) 熟悉光缆布线施工的准备工作；
(3) 熟悉常用光缆布线施工工具。

【工作环境与条件】

(1) 校园网综合布线工程案例及相关文档；
(2) 企业网综合布线工程案例及相关文档；
(3) 光纤剥离钳、光纤剪刀、光纤熔接机等常用光缆布线施工工具。

【相关知识】

6.1.1　光缆布线施工的特点

光缆和电缆之间有较大的区别，在布线施工时必须注意以下方面：

1. 机械强度

由于光纤是由玻璃纤维制成，所以要求光纤在制造和敷设过程中，应具有一定的机械强度，以保证其不会断裂。但是光纤直径很细，且性能较脆弱，很容易断裂，为了保证光缆的施工质量，需要注意以下要求：

(1) 光缆弯曲时不能超过最小曲率半径。2 芯或 4 芯水平光缆的弯曲半径应大于 25mm；其他芯数的水平光缆、主干光缆和室外光缆的弯曲半径应至少为光缆外径的 10 倍。

(2) 光缆敷设时的张力、扭转力和侧压力均应符合有关规定，通常要求布放光缆的牵引力应不超过光缆允许张力的 80%,瞬时最大牵引力不得大于光缆允许张力。主要牵引力应加在光缆的加强构件上,光纤不应直接承受拉力。

(3) 在施工敷设中,应避免光缆受到外界的冲击力和重物碾压,不得使光缆变形或光纤受损,否则将会使光学特性发生变化。如果发现光缆有变形的可能时,应对其护套进行检查,必要时要对光缆的密封性能和光纤衰减特性等进行测试。如光缆不符合要求,不应在工程中使用。

2. 接续方式

光缆光纤和电缆导线的接续方式不同。铜导线的连接是电接触式的,操作技术比较简单,各方面要求较低,不需较高技术和相应设备。光纤的连接就比较困难,它不仅要求连接处的接触良好,而且要求两端光纤接触端的中心完全对准,其允许偏差极小,因此技术要求较高,且要求有先进的接续设备和相应的技术实力,否则将使光纤产生较大衰减而影响通信质量。

3. 劳动保护

光缆传输系统使用光缆连接各种设备,如果连接不好或光缆发生断裂,会使人们受到光波辐射,有可能对人的眼睛产生损害。因此要求参加光缆施工的人员必须经过严格培训,有一定的专业知识,才可进行安装和维修。另外在光缆布线施工时应采取一定的保护措施,例如必须使所有光源都处于断电状态后,才允许施工人员进入现场,以便正确操作,迅速处理各种问题。

6.1.2　光缆布线施工的准备工作

在光缆布线施工前,必须对光缆及相关设备配件进行检验,如检验不符合要求,不应在工程中使用。

1. 光缆的检验要求

(1) 工程所用的光缆规格、型号、数量应符合设计的规定和合同要求。

(2) 光缆所附标记、标签内容应齐全和清晰。

(3) 光缆外护套须完整无损。光缆应附有出厂质量检验合格证。若用户有要求,应附有本批量光缆的性能检验报告。

(4) 剥开光缆头,如有 A、B 端要求,需识别端别,在光缆外端应标出类别和序号。

(5) 光缆开盘后应先检查光缆外观有无损伤,光缆端头封装是否良好。

(6) 综合布线工程采用 62.5 μm/125 μm 或 50 μm/125 μm 多模光缆和 8.3 μm/125 μm 单模光缆时,现场检验应测试光纤衰减常数和光纤长度。

• 衰减测试:宜采用光时域反射仪(OTDR)进行测试。测试结果若超出标准或与出厂测试数值相差太大,应用光功率计测试,并将测试结果与光时域反射仪测试结果加以比较,判定是测试误差还是光纤本身衰减过大。

• 长度测试:要求对每根光纤进行测试。测试结果应与盘标长度一致。如果在同一盘光缆中,光纤长度差异较大,则应从另一端进行测试或做通光检查,以判定是否有断纤现象存在。

(7) 光纤接插软线(光跳线)检验应符合下列规定:

•　光纤接插软线应具有经过防火处理的光纤保护包皮，两端的活动连接器(活接头)端面应装配有合适的保护盖帽。

•　每根光纤接插软线中光纤的类型应有明显的标记，选用应符合设计要求。

2. 光纤连接硬件的检验要求

(1) 光纤连接器的型号、数量和位置应与设计相符。

(2) 光纤插座面板应有发送(TX)和接收(RX)明显标记。

3. 配线设备的检验要求

(1) 光缆交接设备的型号、规格应符合设计要求。

(2) 光缆交接设备的编排及标记名称，应与设计相符，各类标记名称应统一，标记位置正确、清晰。

【任务实施】

❖ 操作 1　认识光缆敷设工具

光缆布线使用的敷设工具与双绞线电缆布线基本相同，主要包括滑车、牵引机等。请根据实际条件，观摩常用光缆敷设工具产品实物，了解其作用和使用方法。

❖ 操作 2　认识光缆接续与端接工具

请根据实际条件，观摩以下光缆接续与端接工具产品实物，了解其作用和使用方法。

1. 光纤剥离钳

该工具用于剥除光纤涂敷层和外护层，光纤剥离钳的种类很多，图 6-1 所示为双口光纤剥离钳，它具有双开口、多功能的特点，钳刃上的 V 型口用于精确剥离 $250\ \mu m$、$500\ \mu m$ 的涂敷层和 $900\ \mu m$ 的缓冲层，第二开口用于剥离 $3\ mm$ 的尾纤外护层。

2. 光纤剪刀

光纤剪刀如图 6-2 所示，主要功能是用来修剪凯弗拉(Kevlar)线。凯弗拉线是一种韧性很高的线，用于光纤加固。光纤剪刀是一种防滑锯齿剪刀，复位弹簧可以提高剪切速度，在使用时只能用来修剪光纤的凯弗拉线，不能修剪光纤内芯玻璃层及作为剥皮之用。

图 6-1　光纤剥离钳　　　　　　　　　　图 6-2　光纤剪刀

3. 光纤连接器压线钳

该工具用于压接 FC、SC、ST 等连接器，如图 6-3 所示。

4. 光纤冷接子

该工具用于尾纤接续、不同类型光缆转接、室内外永久或临时接续和光缆应急恢复。光纤冷接子有很多类型，图 6-4 所示为 CamSplice 光纤冷接子，它是一种简单、易用的光纤接续工具，可以接续多模或单模光纤。它的特点是使用一种凸轮锁定装置，无须任何粘合剂，采用了光纤中心自对准的专利技术，使两根光纤接续时保持极高的对准精度。CamSplice 光纤冷接子的平均接续损耗为 0.15 dB，即使不经过精细对准，其损耗也很容易控制在 0.5 dB 以下。

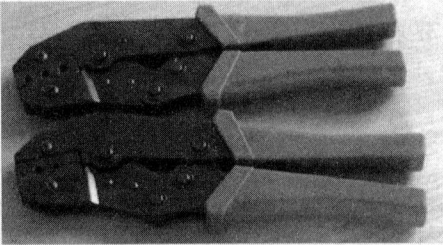

图 6-3　光纤连接器压线钳

图 6-4　光纤冷接子

5. 光纤切割工具

该工具用于光纤的切割，包括通用光纤切割工具和光纤切割笔。其中通用光纤切割工具用于光纤的精密切割，如图 6-5 所示；光纤切割笔用于光纤的简易切割，如图 6-6 所示。

图 6-5　通用光纤切割工具

图 6-6　光纤切割笔

6. 光纤熔接机

光纤熔接机采用芯对芯标准系统进行快速、全自动熔接，图 6-7 所示为一种单芯光纤熔接机。它配有双摄像头和 5 in 高清晰度彩色显示器，能进行 x、y 轴同步观察。深凹式防风盖在 15 m/s 的强风下能进行接续工作，可以自动检测放电强度，放电稳定可靠，能够进行自动光纤类型识别，自动校准熔接位置，自动选择最佳熔接程序，自动推算接续损耗。其必备及可选件有：主机、AC 转换器/充电器、AC 电源线、监视器罩、电极棒、便携箱、精密光纤切割刀、涂敷层剥皮钳等。

图 6-7　光纤熔接机

其他常用光纤工具还有光纤固化加热炉、手动光纤研磨工具、光纤头清洗工具、光纤探测器、常用光纤工具包等。

任务6.2　敷 设 光 缆

【任务目的】

(1) 了解光缆布线施工的一般要求；

(2) 了解建筑物内敷设光缆的一般方法；

(3) 了解建筑群敷设光缆的一般方法。

【工作环境与条件】

(1) 校园网综合布线工程案例及相关文档；

(2) 企业网综合布线工程案例及相关文档；

(3) 常用光缆敷设工具；

(4) 光缆及敷设光缆相关的其他材料。

【相关知识】

在光缆布线施工过程中，应注意以下要求：

(1) 必须在施工前对光缆的端别进行判定并确定 A、B 端，A 端应是网络枢纽的方向，B 端是用户一侧，敷设光缆的端别应方向一致，不得使端别排列混乱。

(2) 根据运到施工现场的光缆情况，结合工程实际，合理配盘。应充分利用光缆的盘长，施工中宜整盘敷设，以减少中间接头，不得任意切断光缆。管道光缆的接头位置应避开繁忙路口或有碍于人们工作和生活的地方，直埋光缆的接头位置宜安排在地势平坦和地基稳固地带。

(3) 光纤的接续人员必须经过严格培训，取得合格证明才准上岗操作。光纤熔接机等贵重仪器和设备，应有专人负责使用、搬运和保管。

(4) 在装卸光缆盘作业时，应使用叉车或吊车，如采用跳板，应小心细致，严禁将光缆盘从车上直接推落到地。在工地滚动光缆盘的方向，必须与光缆的盘绕方向(箭头方向)相反，其滚动距离规定在 50 m 以内，当滚动距离大于 50 m 时，应使用运输工具。在车上装运光缆盘时，应将其固定牢靠，不得歪斜和平放。在车辆运输时车速宜缓慢，注意安全。

(5) 光缆如采用机械牵引，牵引力应用拉力计监视，不得大于规定值。光缆盘转动速度应与光缆布放速度同步，要求牵引的最大速度为 15 m/min，并保持恒定。光缆出盘处要保持松弛的弧度，并留有缓冲的余量，又不宜过多，避免光缆出现背扣、扭转或小圈。牵引过程中不得突然启动或停止，应互相照顾呼应，严禁硬拉猛拽，以免光纤受力过大而损害。在敷设光缆全过程中，应保证光缆外护套不受损伤，密封性能良好。

(6) 光缆不论在建筑物内还是在建筑群间敷设，应单独占用管道管孔，如利用原有管道和铜缆合用时，应在管孔中穿放塑料子管，塑料子管的内径应为光缆外径的 1.5 倍，光缆在塑料子管中敷设，不应与铜缆合用同一管孔。在建筑物内光缆与其他弱电系统的缆线平行敷设时，应有一定间距分开敷设，并固定绑扎。

(7) 采用吹光纤系统时，应根据穿放光纤的客观环境、光纤芯数、光纤长度、光纤弯曲次数及管径粗细等因素，决定压缩空气机的大小，选用吹光纤机等相应设备以及施工方法。

【任务实施】

❖ 操作1　建筑物内敷设光缆

综合布线系统中，光缆主要应用于配线子系统、干线子系统、建筑群子系统等场合。建筑物内光缆布线技术在某些方面与电缆的布线技术类似，但也有其独特且灵活的布线方式。请根据实际条件，观摩以下建筑物内敷设光缆施工案例，完成相关施工操作。

1. 通过弱电竖井敷设光缆

在弱电竖井中敷设光缆所采用的方法与敷设电缆相同，可有两种选择，即向下垂放和向上牵引。通常向下垂放光缆要比向上牵引光缆容易一些，但如果将光缆卷轴搬到高层很困难，则只能由下向上牵引。

1) 向下垂放光缆

向下垂放光缆的基本操作步骤如下：

(1) 将光缆卷轴搬到建筑物的最高层；

(2) 在建筑物最高层距竖井 1~1.5 m 处安放光缆卷轴，以使在卷筒转动时能控制光缆布放，要将光缆卷轴置于平台上以便保持在所有时间内都是垂直的；

(3) 在竖井的中心上方处安装一个滑轮，然后把光缆拉出绞绕到滑轮上，引导光缆进入竖井；

(4) 慢慢地从卷轴上拉出光缆并进入竖井向下垂放，注意速度应平稳且不能太快；

(5) 继续向下布放光缆，直到下一层布线工人能将光缆引到下一层孔洞；

(6) 按前面的步骤，继续慢慢地布放光缆，并将光缆引入各层的孔洞。

2) 向上牵引光缆

向上牵引光缆与向下垂放光缆方向相反，其操作步骤如下：

(1) 先往绞车上穿一条拉绳；

(2) 启动绞车，并往下垂放条拉绳，拉绳向下垂放到安放光缆的底层；

(3) 将光缆与拉绳牢固地绑扎在一起；

(4) 启动绞车，慢慢地将光缆通过各层的孔洞向上牵引；

(5) 光缆的末端到达顶层时，停止绞车；

(6) 在地板孔洞边沿用夹具将光缆固定；

(7) 当所有连接制作好之后，从绞车上释放光缆的末端。

2. 通过吊顶敷设光缆

在某些建筑物中，如低矮而又宽阔的单层建筑物中，可以在吊顶内水平地敷设干线光缆。由于不同类型的吊顶和光缆敷设方法不同，因此，首先要查看并确定吊顶和光缆的类型。通常，当设备间和电信间同在一个大的单层建筑物中时，可以在悬挂式的吊顶内敷设光缆。如果敷设的是有填充物的光缆，且不经过管道，具有良好的工作空间，则光缆的敷设任务比较容易。如果要在一个管道中敷设无填充物的光缆，则施工难度较大，另外光缆敷设的难度还与敷设的光缆数量及管道的弯曲度有关。

在许多场合，将牵引光缆通过吊顶，下放到门厅或走廊，然后引进电信间，并在电信间进行连接。此时可按下列操作步骤进行：

(1) 沿着所建议的光纤敷设路由打开吊顶的每块活动镶板，有时需要将镶板卸下。

(2) 若要在拥挤区内敷设一条牵引光缆的拉绳，则需按下列步骤进行：

① 将拉绳系到可作为重物的一卷带子上，确认拉绳的长度足够，能从入口到出口；

② 从离电信间或设备间的最远端开始，向前往走廊的一端投掷捆有卷圈负载的拉绳；

③ 移动梯子并将系有卷圈负载拉绳的一端从吊顶开孔中垂下，然后再将具有卷圈负载的拉绳投掷到吊顶的下一开孔处。

(3) 将光缆卷轴安放在离吊顶开孔处较近的地方，以便将光缆直接敷设入布缆区。如果需要敷设多条光缆，则应将光缆卷轴放置在一起。

(4) 利用工具在光缆一端开始的 25.4 cm 处环切光缆的外护套，然后除去这段外护套。对每根要敷设的光缆，重复此过程。

(5) 将光纤及加固芯切去并掩没在外护套中，只留下纱线。对每根要敷设的光缆，重复此过程。

(6) 将要敷设的光缆纱线纽绞在一起，并用电工胶带紧紧地将光缆护套 20 cm 长的范围缠住，如图 6-8 所示。

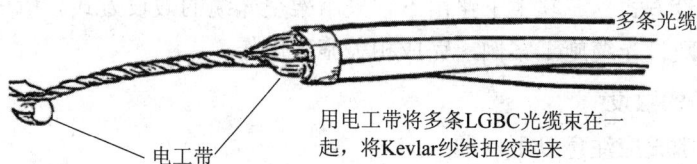

图 6-8　用电工带缠住光缆

(7) 将纱线馈送到合适的光缆夹中，直到被带子缠绕的护套全塞入光缆夹中为止。当护套全塞进光缆夹以后，将纱线系到光缆夹上，并把夹子夹紧。如果要牵引多根光缆，则要确保光缆夹足够大，以容纳被牵引的所有的光缆。

(8) 拉绳连接到光缆夹和光缆上，如图 6-9 所示。

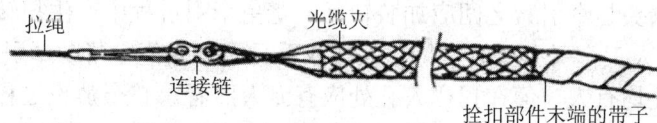

图 6-9　将拉绳连接到光缆拴扣部件上

(9) 将光缆牵引到走廊的末端，其方法是：一个人用拉绳来牵引光缆，另一个人在入口点处将光缆馈送到吊顶的开孔中去，确认将光缆牵引到电信间或设备间附近，并留下足够长的光缆，供后续处理用。

(10) 按下列步骤制作 90° 的转弯，以便将光缆牵引进电信间或设备间。

① 检查吊顶；

② 移去足够多的吊顶镶板，以便于能牵引光缆；

③ 将带卷向前拖到电信间或设备间，并将带卷从顶板上拿下；

④ 将光缆穿过预先在电信间或设备间墙上留下的开孔；

⑤ 如果离电信间或设备间的距离较短(通常比光缆短得多)，这时可一次牵引所有的光缆通过墙上的洞孔；

⑥ 如果离电信间或设备间的距离很长，则需分别地牵引每条光缆。有时在牵引光缆的路途中会被某些东西绊住，若遇到这种情况，则需先找出问题之所在，纠正后再继续往前牵引光缆。

有时，要在非常短的距离上牵引光缆，如从房间的一端到另一端。此时可按下列操作步骤进行：

(1) 沿着所建议的光缆敷设路径打开吊顶活动镶板(与前面的做法一样)。

(2) 从卷轴上放光缆，施工人员站在梯子上直接在吊顶敷设光缆。进行此工作时应注意不要使光缆打结、不要使光缆的弯曲半径小于最小曲率半径、不要挤压光缆。

(3) 需要时，应移动梯子，继续向前敷设光缆直到出口点。

❖ 操作 2　建筑群敷设光缆

综合布线系统的建筑群主干光缆主要采用地下管道敷设方式，一般不会采用直埋光缆和架空光缆的敷设方式，尤其主干路由不宜采用架空光缆的敷设方式。请根据实际条件，观摩以下建筑群敷设光缆施工案例，完成相关施工操作。

1. 管道光缆的敷设

管道光缆的敷设应注意以下问题：

(1) 在敷设光缆前，应根据设计文件和施工图纸对选用光缆穿放的管孔数及其位置进行核对，如所选管孔孔位需要改变时，应取得设计单位同意。

(2) 敷设光缆前，应逐段将管孔清刷干净和试通。清扫时用专制的清刷工具，清扫后用试通棒检查合格，才可穿放光缆。如采用塑料子管，要求对塑料子管的材质、规格、盘长进行检查，均应符合设计规定。一般塑料子管的内径为光缆外径的 1.5 倍，一个水泥管管孔中布放两根以上的子管时，子管等效总外径不宜大于水泥管管孔内径的 85%。

(3) 光缆的牵引端头可以预制，也可在现场制作。为防止在牵引过程中发生扭转而损伤光缆，在牵引端头与牵引索之间应加装转环，避免牵引过程中产生扭转而损伤光缆。

(4) 光缆采用人工牵引布放时，每个人孔或手孔应有人值守帮助牵引，机械布放光缆时，不需每个人孔均有人，但在拐弯人孔处应有专人照看。整个敷设过程中，必须严密组织，并有专人统一指挥。牵引光缆过程中应有较好的联络手段，不应有未经培训的人员上岗和在无联络工具的情况下施工。

(5) 光缆一次牵引长度一般不应大于 1000 m。超长距离时，应分段牵引或在中间适当地点增加辅助牵引,以减少光缆张力和提高施工效率。敷设光缆必须从光缆盘的上方放出,且光缆盘应放在敷设光缆段的同侧,即人孔(甲)的一侧,如图 6-10 所示。

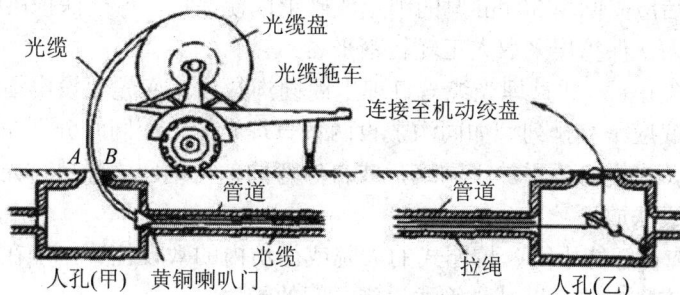

图 6-10　在人孔内穿放光缆示意图

(6) 为了在牵引过程中保护光缆外护套不受损伤,在光缆穿入管孔或管道拐弯处以及与其他障碍物有交叉时,应采用引导装置或喇叭口保护管等进行保护。此外,可根据需要在光缆四周加涂中性润滑剂,以减少牵引光缆时的摩擦阻力。

(7) 光缆敷设后,应在人孔或手孔中逐次将光缆放置在规定的托板上,并应留有适当余量,避免光缆过于绷紧。

(8) 光缆在管道中间的管孔内不得有接头。当光缆在人孔中没有接头时,要求光缆弯曲放置在电缆托板上固定绑扎,不得在人孔中间直接通过,否则既影响今后施工和维护,又增加对光缆损害的机会。

(9) 光缆与其接头在人孔或手孔中均应放在人孔或手孔铁架的电缆托板上予以固定绑扎,并应按设计要求采取保护措施。保护材料可以采用蛇形软管或软塑料管等管材。

(10) 光缆在人孔或手孔中应注意以下几点:

• 光缆穿放的管孔出口端应封堵严密,以防水分或杂物进入管内。
• 光缆及其接续应有识别标记,标记内容有编号、光缆型号和规格等。
• 在严寒地区应按设计要求采取防冻措施,以防光缆受冻损伤。
• 如光缆有可能被碰损伤时,可在其周围设置绝缘板材隔断,以便保护。
• 光缆敷设后应检查外护套有无损伤,不得有压扁、扭伤和折裂等缺陷。

2. 直埋光缆的敷设

直埋光缆是隐蔽工程,技术要求较高,在敷设时应注意以下几点:

(1) 直埋光缆的埋设深度应符合表 6-1 中的规定。

表 6-1　直埋光缆的埋设深度

光缆敷设的地段或土质	埋设深度/m	备注
市区、村镇的一般场合	≥1.2	不包括车行道
街坊和智能小区内、人行道下	≥1.0	包括绿化地带
穿越铁路、道路	≥1.2	距铁道碴底或距路面
普通土质(硬土等)	≥1.2	
砂砾土质(半石质土等)	≥1.0	

(2) 在敷设光缆前应先清理沟底，沟底应平整，无碎石和硬土块等有碍于光缆敷设的杂物。如沟槽为石质或半石质，在沟底应铺垫 10 cm 厚的细土或砂土，经平整后才能敷设光缆，光缆敷设后应先回填 30 cm 厚的细土或砂土以便保护，这一保护层中严禁将碎石、砖块或硬土等混入，保护层采取人工轻轻踏平。

(3) 在同一路由上，如直埋光缆与直埋电缆同沟敷设，应先敷设电缆，后敷设光缆，光缆和电缆在沟底应平行排列。如同沟敷设两条直埋光缆，应同时分别布放，在沟底不得交叉或重叠放置，光缆必须平放于沟底，或自然弯曲使光缆应力释放，光缆如有弯曲腾空和拱起现象，应设法放平。

(4) 直埋光缆在智能小区、校园式的大院或街坊内的敷设位置，应在统一的管线规划综合协调下进行安排布置，以减少管线设施之间的矛盾。

(5) 在智能小区布放光缆时，因道路狭窄操作空间小，宜采用人工抬放敷设，施工人员应根据光缆的重量，按 2~10 m 的距离排开抬放。如人数有限时，可分段敷设。敷设时不允许将光缆在地上拖拉，也不得出现急弯、扭转、浪涌或牵拉过紧等现象，抬放敷设时的光缆曲率半径不得超过规定。

(6) 光缆敷设完毕后，应及时检查光缆的外护套，如有破损等缺陷应立即修复，并测试其对地的绝缘电阻。

(7) 在智能小区内敷设的光缆，应按设计规定在光缆上面铺设红砖或混凝土盖板，应先覆盖 20 cm 厚的细土再铺红砖，并根据敷设光缆条数采取不同的铺砖方式。

(8) 直埋光缆的接头处、拐弯点、预留长度处以及与其他地下管线交越处，应设置标志，以便今后维护检修。标志可以专制标石，也可利用光缆路由附近永久性建筑的特定部位，在有关图纸上记录，作为今后查考资料。

任务 6.3　光纤接续与端接

【任务目的】

(1) 了解光缆的颜色编码；
(2) 理解光缆的连接方式；
(3) 了解光纤接续与端接的一般要求；
(4) 熟悉光纤熔接和冷接的一般操作方法；
(5) 熟悉光纤配线架的安装和连接方法。

【工作环境与条件】

(1) 校园网综合布线工程案例及相关文档；
(2) 企业网综合布线工程案例及相关文档；
(3) 常用光缆接续和端接工具；
(4) 光缆、光纤配线架及光纤接续与端接相关的其他材料。

【相关知识】

6.3.1　光缆颜色编码

正如双绞线电缆通过颜色编码来区分线对，光缆也存在着标准的颜色编码，这种颜色编码是在 EIA/TIA 598A 标准中定义的，如表 6-2 所示。

表 6-2　EIA/TIA 598A 光缆标准颜色编码

序号	颜色编码	序号	颜色编码	序号	颜色编码
1	蓝色	5	石灰色	9	黄色
2	橙色	6	白色	10	紫色
3	绿色	7	红色	11	玫瑰色
4	棕色	8	黑色	12	水绿色

双绞线电缆的颜色编码是基于线对的，但光缆颜色编码是为每一根光纤分配一个颜色。颜色序列共有 12 种不同的颜色，如果光缆中光纤的数目超过 12 根，则重复此过程，并带一个黑色的标记带，因此第 13 根光纤为蓝色/黑色，第 14 根光纤为橙色/黑色等。如果光纤数目超过了 24 或者是 12 的倍数，标记带也相应加倍。

除了用于光缆内光纤的颜色编码外，光纤插座的颜色也具有广泛的工业一致性，以便区分光缆的类型。例如单模光纤、跳线或转接线通常是黄色的，而对于多模光纤来说，最常使用的颜色是橙色。

6.3.2　光缆的连接方式

目前综合布线系统对光缆的使用主要有两种方式：一种方式是构建完整的光纤信道，即整个布线系统全都采用光缆作为传输介质，网络设备和终端设备通过光缆接入布线系统；另一种方式是使用双绞线电缆和光缆混合布线的方式，即干线子系统和建筑群子系统采用光缆布线，配线子系统使用双绞线电缆布线。

1. 光纤信道中光缆的连接方式

在光纤信道中，光缆之间的连接主要可以采用以下几种方式：

(1) 水平光缆和主干光缆分别引至楼层电信间的光纤配线设备，通过光纤跳线实现光缆的连接，如图 6-11 所示。

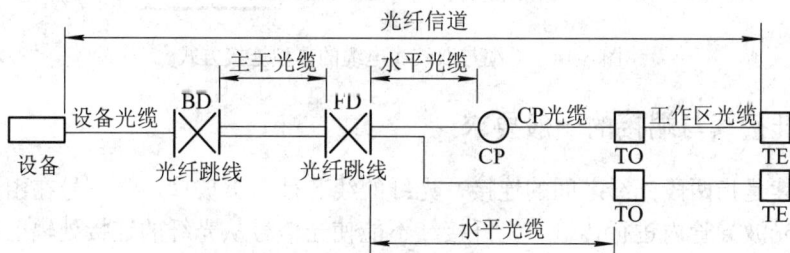

图 6-11　通过光纤跳线实现光缆的连接

(2) 水平光缆和主干光缆在楼层电信间通过熔接或机械连接实现光缆的连接，如图6-12所示。

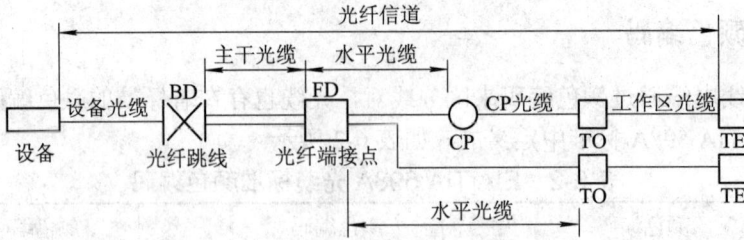

图 6-12　通过熔接或机械连接实现光缆的连接

(3) 水平光缆经过电信间直接连接设备间光纤配线设备，如图 6-13 所示。

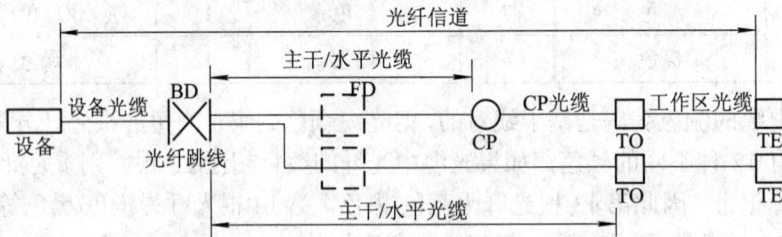

图 6-13　水平光缆直接连接设备间光配线设备

(4) 当工作区用户终端设备或某区域网络设备需直接与公用数据网进行互通时，可以将光缆从工作区直接布放至电信入口设施的光纤配线设备。

2. 光缆与双绞线电缆的典型连接方式

在使用双绞线电缆和光缆混合布线方式的综合布线系统，光缆与双绞线电缆的典型连接方式为分别将水平电缆和主干光缆引入电信间的双绞线配线设备和光纤配线设备，使用光纤跳线实现光纤配线设备与交换机光纤接口的连接，使用双绞线跳线实现双绞线配线设备与交换机双绞线接口的连接，如图 6-14 所示。

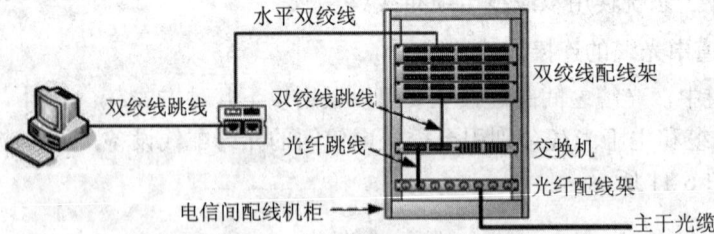

图 6-14　光缆与双绞线电缆的典型连接方式

6.3.3　光纤接续与端接的一般要求

光纤接续是指两段光纤之间的连接。光纤的线芯是石英玻璃，光信号在由光纤包层所限制的封闭光波导管内进行传输，光纤接续不能使光信号从光纤的连接处辐射出来。光纤接续有冷接(机械连接)和熔接两种方法，目前在工程中主要采用熔接法。由于光纤芯径非常小，因此接续技术难度大，一般需要由专业技术人员来操作，在接续时首先将两根接续光纤的线芯端面处理到平整一致，再将两根光纤调整到一条三维空间的直线上。

　　光纤端接是指由于有些连接器会构成光纤链路的末端，附加的连接器也被称为光纤终端，光纤链路与光纤终端的连接被称为光纤端接。光纤端接有现场安装和尾纤端接两种方式。现场安装是在现场直接将连接器接到光纤，这种方法相对比较灵活，成本也比较低，但会引入较高的损耗。尾纤是带有连接器的一段光缆，尾纤端接是通过熔接或冷接方法实现光缆与尾纤的连接，该方法价格比较昂贵，却能提供比较高的端接质量。

　　无论何种光纤接续和端接方式都会引入损耗，光纤接续和端接的损耗主要有内部损耗、外部损耗和反射损耗。内部损耗是由于两根光纤之间的不匹配和不同轴性造成的，不匹配是由于光纤的机械尺寸超出了容许偏差，它不能通过提高连接技术来解决。外部损耗是由于接续不理想而导致的，包括光纤末端处理不当和光纤末端表面上的外来微粒。反射损耗是由于在接续处存在两个不同表面的接触使一些光被反射回来造成的，这种现象称为菲涅尔反射。因此在光纤接续和端接施工前，必须注意以下要求：

　　(1) 在光纤接续或端接施工前，应核对光缆的型号和规格等是否与设计要求相符，确认正确无误才能施工。

　　(2) 对光缆的端别必须开头检验识别，要求必须符合规定。光缆端别的识别方法是面对光缆截面，由领示色光纤为首(领示色规定应根据生产厂家提供的产品说明书或有关标准规定)，按顺时针方向排列时为 A 端，相反为 B 端。

　　(3) 要对光缆的预留长度进行核实，要求在光纤接续的两端和光纤端接设备的两侧，必须预留足够的长度，以利于光纤接续或光纤端接。预留光缆应选择安全位置，当处于易受外界损伤的段落时，应采取切实有效的保护措施(如穿管保护等)。

　　(4) 在光纤接续或端接前，应检查光纤质量，在确认合格后方可进行接续或端接。光纤质量主要是光纤衰减常数、光纤长度等。

　　(5) 由于光纤接续和端接都要求光纤端面极为清洁光亮，以确保光纤连接后的传输特性良好。为此，对光缆连接时的所在环境，要求极高，必须整齐有序，清洁干净，严禁在有粉尘的地方或毫无遮盖的露天进行作业。在光纤接续和端接过程中应特别注意防尘、防潮和防震。光缆各连接部位、连接工具及材料均应保持清洁干净，施工操作人员在施工作业过程中应穿工作服、戴工作帽，以确保连接质量和密封效果。对于采用填充材料的光缆，在光缆连接前，应采用专用的清洁剂等材料去除填充物，并擦洗干净。

　　(6) 在光缆端接施工的全过程，都必须严格执行操作规程中规定的工艺要求。例如在切断光缆时，必须使用专用工具，严禁使用钢锯；在剥除光缆外护套时，开剥长度应符合光缆接头套管的工艺尺寸要求，不宜过长或过短等。

　　(7) 光纤接续的平均损耗、光缆接头套管的封合安装以及防护措施等都应符合设计文件中的要求或有关标准的规定。

【任务实施】

❖ 操作 1　光纤熔接

　　光纤熔接技术是用光纤熔接机进行高压放电使待接续的两根光纤的端头处熔融，合成一段完整的光纤。通过熔接技术实现光纤接续的速度快(约 1 分钟熔接一根光纤)、损耗小(一般小于 0.1 dB)、可靠性高(失败率在 1%以下),是目前应用最为普遍的光纤接续方式。请根据实际条件,观摩光纤熔接施工案例,完成相关施工操作。

1. 熔接过程

光纤熔接可以按照以下步骤进行:

1) 准备好相应工具

在光纤熔接工作中不仅需要专业的熔接工具还需要很多普通的工具(如光纤切割工具等)辅助完成这项任务,所以事先应准备好。

2) 光纤熔接的准备工作

(1) 剥除光纤加固钢丝和光纤外皮,如图 6-15 所示。

(2) 去掉光纤内的保护层,如图 6-16 所示。要特别注意的是由于光纤纤芯是用石英玻璃制作的,很容易折断,因此应特别小心。

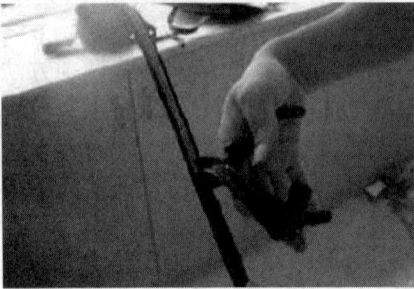

图 6-15　剥除光纤外皮　　　　　　　　图 6-16　去掉光纤内的保护层

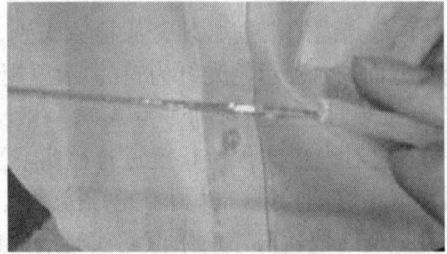

(3) 在去皮工作中不管多小心也不能保证光纤纤芯没有一点污染,因此在熔接工作开始之前必须对光纤纤芯进行清洁。比较通用的方法就是用蘸酒精湿巾擦拭清洁每一根光纤,如图 6-17 所示。

(4) 清洁完毕后要给需要熔接的两根光纤各自套上光纤热缩套管,如图 6-18 所示。光纤热缩套管主要用于在光纤纤芯对接好后套在连接处,经过加热形成新的保护层。

图 6-17　清洁每一根光纤　　　　　　　　图 6-18　套光纤热缩套管

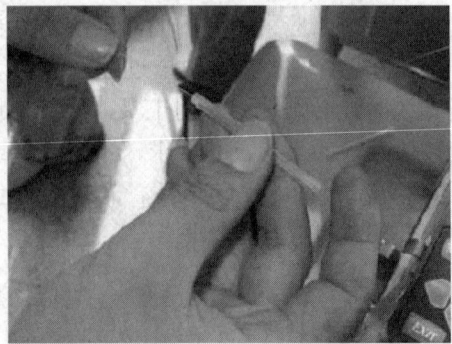

(5) 剥除光纤绝缘层,用蘸酒精湿巾擦试干净,如图 6-19 所示。

(6) 用光纤切割工具切割光纤,注意长度要适中,如图 6-20 所示。

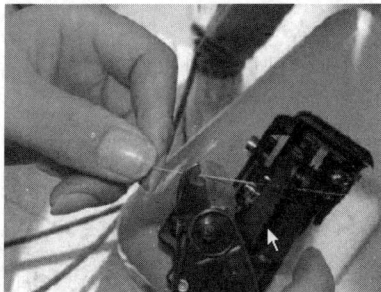

图 6-19　剥除光纤绝缘层

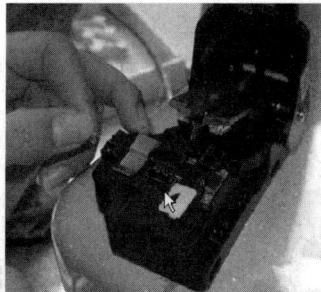

图 6-20　切割光纤至合适长度

3) 光纤熔接

(1) 将处理好的两根光纤放置在光纤熔接机中，两根光纤应尽量对齐，然后固定，如图 6-21 所示。

(2) 将光纤纤芯固定，按 SET 键开始熔接，如图 6-22 所示，可以从光纤熔接机的显示屏中可以看到光纤纤芯的对接情况。

图 6-21　将光纤放入光纤熔接机

图 6-22　按 SET 键开始熔接

(3) 光纤熔接机会对两根光纤自动调节对正，当然也可以通过按钮 X、Y 手动调节位置，如图 6-23 所示。

(4) 熔接结束后观察光纤熔接机上显示的损耗值，若熔接不成功，会显示原因，如图 6-24 所示。

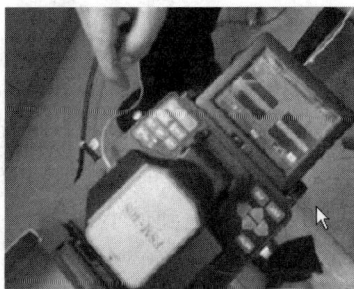

图 6-23　手动调节位置

图 6-24　观察损耗值

4) 光纤的封装

熔接完的光纤纤芯还露在外面，很容易折断。这时要使用刚才套上的光纤热缩套管进行固定和封装。

(1) 用光纤热缩套管完全套住光纤被剥掉绝缘层的部分，把套好热缩套管的光纤放到加热器中，如图 6-25 所示。

(2) 按 HEAT 键开始加热，如图 6-26 所示，过 10 秒钟后就可以拿出来了，至此完成了两根光纤的熔接工作。

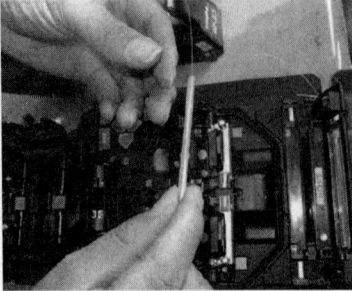

图 6-25　套好热缩套管的光纤　　　　　图 6-26　按 HEAT 键开始加热

2. 影响光纤熔接损耗的主要因素

影响光纤熔接损耗的因素较多，大体可分为以下四个方面：

1) 光纤本征因素即光纤自身因素

本征因素主要包括待连接的两根光纤模场直径不一致、芯径失配、纤芯截面不圆、纤芯与包层同心度不佳等。

2) 光纤施工质量

由于光纤在敷设过程中的拉伸变形，接续盒中夹固光纤压力过大等原因造成接续点附近光纤物理变形。

3) 操作技术不当

由于熔接人员操作水平、操作步骤、盘纤工艺水平等原因，或由于熔接机中电极清洁程度、熔接参数设置等原因，或由于工作环境清洁程度原因导致光纤端面平整度差和端面分离、出现轴心错位和轴心倾斜等使连接光纤的位置不准。

4) 熔接机本身质量问题

3. 提高光纤熔接质量的方法

1) 统一光纤材料

一条线路上尽量采用同一批次的光纤，其模场直径基本相同，光纤在某点断开后，两端间的模场直径可视为一致，因而在此断开点熔接可使模场直径对光纤熔接损耗的影响降到最低程度。敷设光缆时须按编号沿确定的路由顺序布放，并保证前盘光缆的 B 端和后一盘光缆的 A 端相连，保证接续时在断开点熔接，并使熔接损耗达到最小。

2) 光缆敷设按要求进行

在光缆敷设施工中，严禁光缆打小圈及弯折、扭曲，光缆施工宜采用"前走后跟，光缆上肩"的放缆方法。牵引力不超过光缆允许张力的 80%，瞬间最大牵引力不超过 100%，牵引力应加在光缆的加强件上。光缆敷设应严格按光缆施工要求，避免光纤受损伤几率，否则将导致的熔接损耗增大。

3) 挑选经验丰富训练有素的专业人员进行接续

现在熔接大多是熔接机自动熔接，但接续人员的水平会直接影响接续损耗的大小。接续人员应严格按照光纤熔接工艺流程进行接续，并且熔接过程中应一边熔接一边测试熔接点的接续损耗。不符合要求的应重新熔接，对熔接损耗值较大的点，反复熔接次数不宜超过 3 次。

　　4) 接续光缆在整洁的环境中进行

严禁在多尘及潮湿的环境中露天操作，光缆接续部位及工具、材料应保持清洁，不得让光纤接头受潮，准备切割的光纤必须清洁，不得有污物。光纤切割后不得在空气中暴露时间过长，尤其是在多尘潮湿环境中。

　　5) 选用精度高的光纤端面切割器加工光纤端面

光纤端面的好坏直接影响到熔接损耗大小，切割的光纤应为平整的镜面，无毛刺，无缺损。光纤端面的轴线倾角应小于 $1°$，高精度的光纤端面切割器不但可提高光纤切割的成功率，也可以提高光纤端面的质量。

　　6) 熔接机的正确使用

应根据光纤类型正确合理地设置熔接参数、预放电电流、时间及主放电电流、主放电时间等，并且在使用中和使用后应及时去除熔接机中的灰尘，特别是夹具、各镜面和 V 型槽内的粉尘和光纤碎末。每次使用前应使熔接机在熔接环境中放置至少十五分钟，根据当时的气压、温度、湿度等环境情况，重新对熔接机的放电电压、放电位置等进行设置。

❖ 操作 2　光纤冷接

光纤冷接也称机械式光纤接续，特别适用于小芯数、分散的光纤连接或者临时光纤连接应用中，同时由于该方式是不带电的接续方法，因此也被广泛应用在石油化工、煤炭及其他禁用明火或电弧的布线环境中。

请根据实际条件，观摩光纤冷接施工案例，完成相关施工操作。不同厂家的光纤冷接子结构及操作方法有所不同。图 6-27 所示为一款光纤冷接子的结构图，该光纤冷接子中的 250 线套需根据接续端光纤类型进行选择，若光纤为 900 μm 则不需使用，若光纤为 250 μm 则需要使用。利用该光纤冷接子对 900 μm 光纤和 250 μm 光纤进行冷接的基本操作方法为：

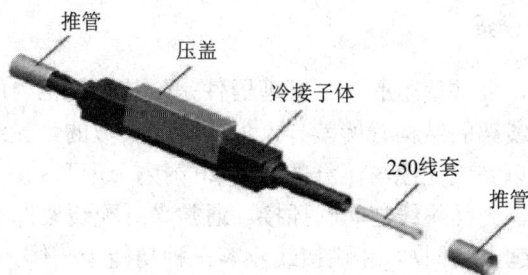

图 6-27　光纤冷接子的结构

　　(1) 准备好工具和材料，并检查所用的光纤和光纤冷接子是否有损坏。

　　(2) 如图 6-28 所示切割 900 μm 光纤并剥除光纤涂覆层，用干净的无尘纸蘸酒精擦去裸纤上的污物。

　　(3) 将 900 μm 光纤从光纤冷接子的一端插入，光纤插到底后推上推管，如图 6-29 所示。

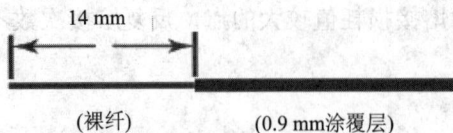

图 6-28　切割 900 μm 光纤

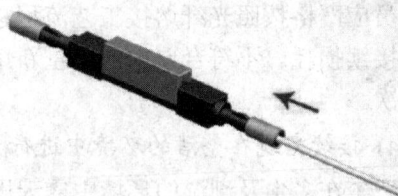

图 6-29　插入 900 μm 光纤

(4) 如图 6-30 所示切割 250 μm 光纤并剥除光纤涂覆层，用干净的无尘纸蘸酒精擦去裸纤上的污物。

(5) 将 250 μm 光纤插入 250 线套后从光纤冷接子的另一端插入，光纤插到底后推上推管，如图 6-31 所示。

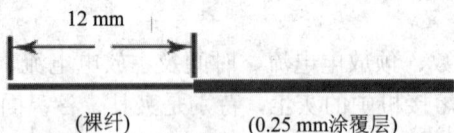

图 6-30　切割 250 μm 光纤

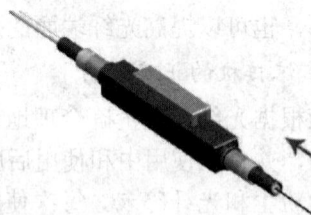

图 6-31　插入 250 μm 光纤

(6) 压上光纤冷接子的压盖，完成接续，如图 6-32 所示。

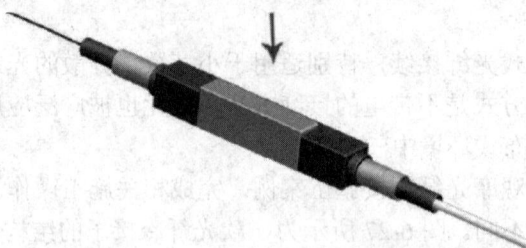

图 6-32　压上光纤冷接子的压盖

❖ 操作 3　安装光纤配线架

　　在综合布线系统中，最常使用的光纤管理器件是安装在机柜内的机架式光纤配线架。各厂家的机架式光纤配线架的结构有所差异，但功能是类似的。光纤配线架适用于光纤信道中的端接和管理，可以完成光缆与尾纤的盘绕和端接，还可以在面板上安装各种类型的光纤适配器，实现光缆与光纤跳线之间的插接。通常光纤配线架都具有以下特点：

  • 集光缆光纤熔接、尾纤收容和跳接线收容三种功能于一体。
  • 余长收容在两个特制的半圆塑料绕线盘上，保证光纤的弯曲半径大于 37.5 mm。
  • 面板可安装 ST、SC 等光纤适配器。
  • 采用抽屉式结构，安装时只要抽出箱体，就可以在机柜正面进行盘绕、端接等工作。
  • 自带面板、熔接盘和绕线盘，只要配备适配器、尾纤或光纤连接器就可以进行端接和跳线。

　　典型的光纤配线架由箱体、光纤连接盘和面板三部分组成，如图 6-33 所示。

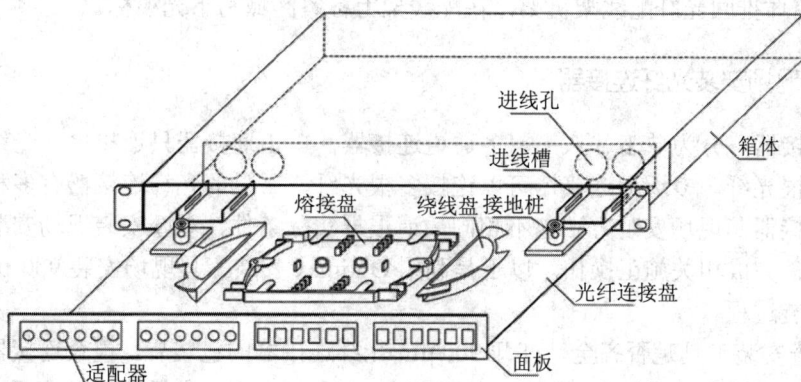

图 6-33　光纤配线架的结构

请根据实际条件，观摩安装光纤配线架施工案例，完成相关施工操作。不同厂家的光纤配线架的安装方法有所不同，安装光纤配线架的基本操作方法为：

(1) 用双手从两侧轻抬面板后，将箱体向自己方向拉即可抽出箱体。

(2) 将光缆端部剪去约 1 m 长，然后取适当长度(约 1.5 m)，剥除外层护套。从光缆开剥处取金属加强芯约 85 mm 长度后剪去其余部分，并将金属加强芯固定在接地桩上，并用尼龙扎带将光缆扎紧使其稳固。开剥后的光缆束管用 PVC 保护软管(约 0.9 m)置换后，盘在绕线盘上并引入熔接盘，在熔接盘入口处扎紧 PVC 软管。

(3) 取 1.5 m 长的光纤尾纤，在离连接器头 0.9 m 处剥出光纤，并在连接器根部和外护套根部贴上相同标记的标签。将尾纤的连接器头固定在适配器面板的适配器上。将尾纤盘在绕线盘上并引入熔接盘。用扎带将尾纤固定在熔接盘入口处。

(4) 将熔接盘移至箱体外进行光纤熔接，完成后将熔接盘固定在箱体内并理顺、固定光纤，如图 6-34 所示。

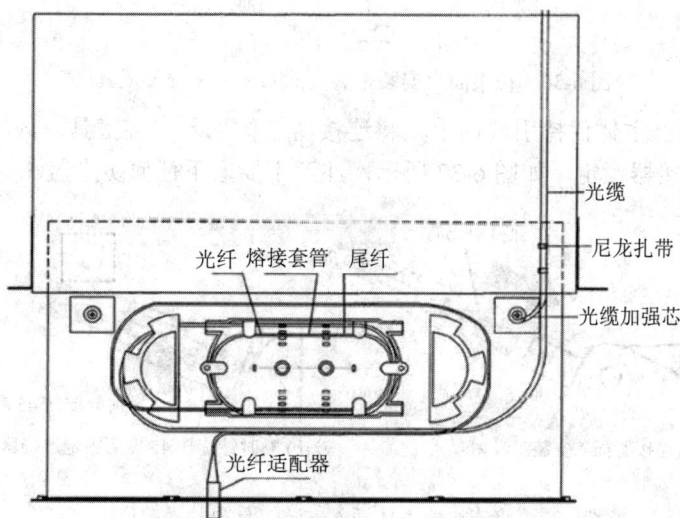

图 6-34　光纤配线架的安装

(5) 用相同的方法完成其他光纤的连接。

(6) 将箱体推回光纤配线架机架，在配线架上标签区域写下光缆标记。

❖ 操作 4 现场安装光纤连接器

光纤连接器可分为单工、双工、多通道连接器，单工连接器只连接单根光纤，双工连接器连接两根光纤，多通道连接器可以连接多根光纤。常见的光纤连接器有多种类型，不同的光纤连接器其现场安装方法也不相同，请根据实际条件，观摩安装现场安装光纤连接器施工案例，完成相关施工操作。以下是利用 Optimax 安装工具现场安装 900 μm 光纤 ST 连接器的安装过程。

(1) 检查安装工具是否齐全，打开 900 μm 光纤连接器的包装袋，检查连接器的防尘罩是否完整。如果防尘罩不齐全，则不能用来压接光纤。900 μm 光纤连接器主要由连接器主体、后罩壳、900 μm 保护套，如图 6-35 所示。

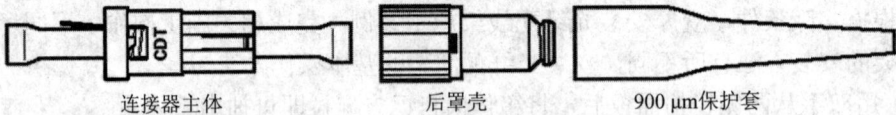

连接器主体　　　　　　后罩壳　　　　　　900 μm保护套

图 6-35　900 μm 光纤连接器组成部件

(2) 将夹具固定在设备台或工具架上，旋转打开安装工具直至听到咔嗒声，接着将安装工具固定在夹具上，如图 6-36 所示。

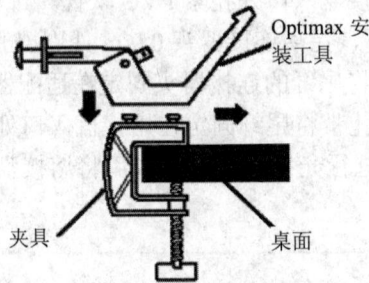

Optimax 安装工具

夹具　　　　　　桌面

图 6-36　在桌面上安装带夹具的 Optimax 安装工具

(3) 拿住连接器主体保持引线向上，将连接器主体插入安装工具，同时推进并顺时针旋转 45 度，把连接器锁定，如图 6-37 所示，注意不要取下任何防尘盖。

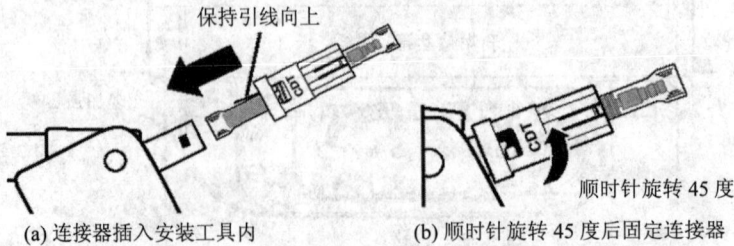

保持引线向上

顺时针旋转 45 度

(a) 连接器插入安装工具内　　　　(b) 顺时针旋转 45 度后固定连接器

图 6-37　将连接器主体插入安装工具内并固定位置

(4) 将 900 μm 保护套紧固在连接器后罩壳后部，然后将光纤平滑地穿入保护套和后罩壳组件，如图 6-38 所示。

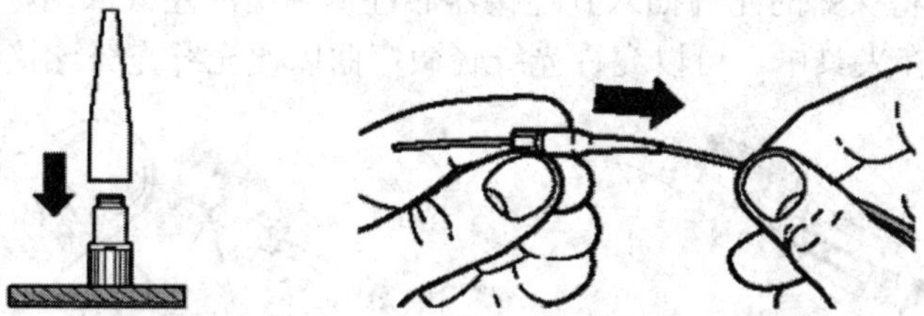

(a) 保护套紧固在后罩壳后面　　(b) 光纤平滑穿入已固定的后罩壳组件

图 6-38　保护套与后罩壳连接成组件并穿入光纤

(5) 使用剥除工具从 900 μm 缓冲层光纤的末端剥除 40 mm 的缓冲层，为了确保不折断光纤可按每次 5 mm 逐段剥离。剥除完成后，从缓冲层末端测量 9 mm 并做上标记，如图 6-39 所示。

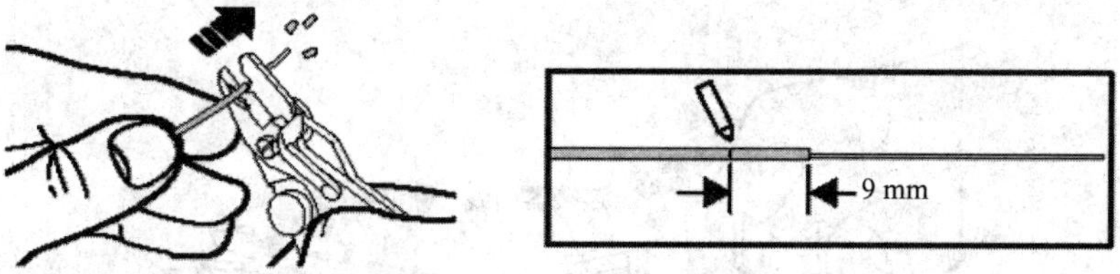

(1) 从末端剥除 40 mm 光纤缓冲层　　(b) 从末端测量 9 mm 并做标记

图 6-39　剥除光纤缓冲层并做标记

(6) 用一块折叠的酒精擦拭布清洁裸露的光纤两到三次，不要触摸清洁后的裸露光纤，如图 6-40 所示。

(7) 使用光纤切割工具将光纤从末端切断 7 mm，然后使用镊子将切断的光纤放入废料盒内，如图 6-41 所示。

图 6-40　用酒精擦拭布清洁光纤

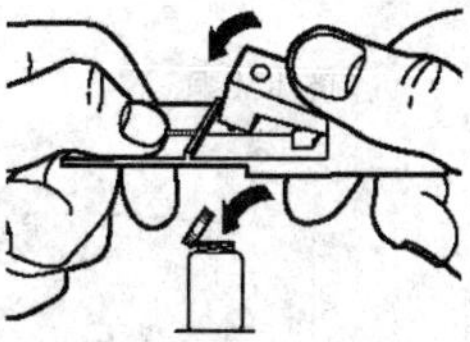

图 6-41　使用光纤切割工具切断光纤

(8) 将已切割好的光纤插入显微镜中进行观察，如图 6-42 所示。

(9) 通过显微镜观察到的光纤切割端面，判断光纤端面是否符合要求，图 6-43 所示为不合格端面和合格端面的图像。

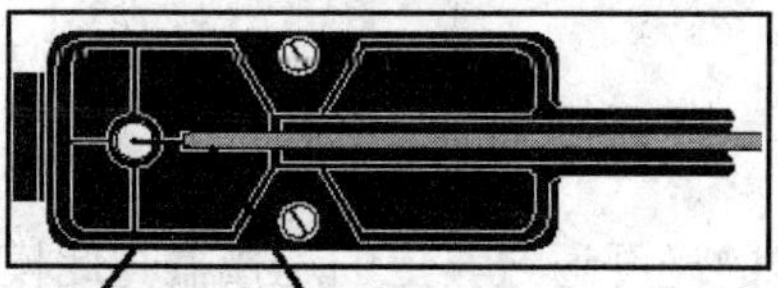

显微镜　光纤

图 6-42　将光纤插入显微镜内

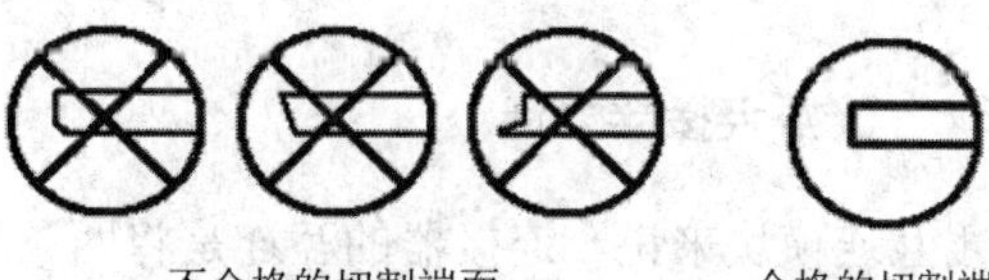

不合格的切割端面　　合格的切割端面

图 6-43　观察光纤切割端面是否符合要求

(10) 将连接器主体的后防尘罩拔除并放入垃圾箱内，如图 6-44 所示。

(11) 小心地将裸露的光纤插入到连接器芯柱直到缓冲层外部的标志恰好在芯柱外部，然后将光纤固定在夹具中，可以允许光纤轻微弯曲以便光纤充分连接，如图 6-45 所示。

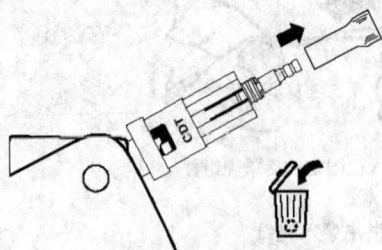

图 6-44　取掉连接器主体的后防尘罩　　　　图 6-45　将光纤插入连接器芯柱内

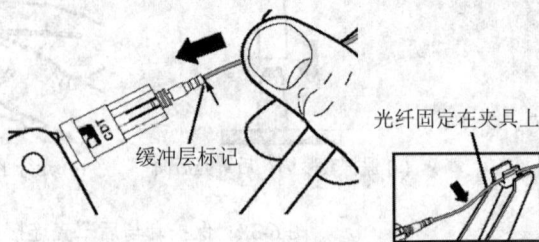

(12) 压下安装工具的助推器，钩住连接器的引线，轻轻地放开助推器，通过拉紧引线可以使连接器内光纤与插入的光纤连接起来，如图 6-46 所示。

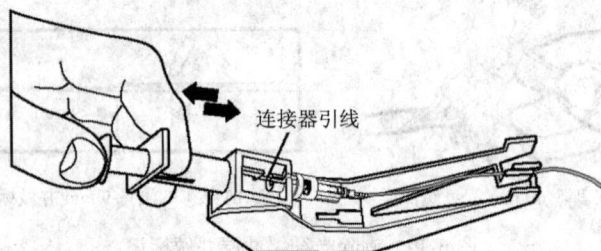

图 6-46　使用助推器钩住引线

(13) 小心地从安装工具上取下连接器，水平地拿着挤压工具并压下工具，将连接器插入挤压工具的最小的槽内，用力挤压连接器，如图 6-47 所示。

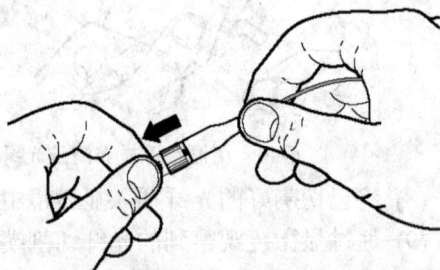

(14) 将连接器的后罩壳推向前罩壳并确保连接固定，如图 6-48 所示。

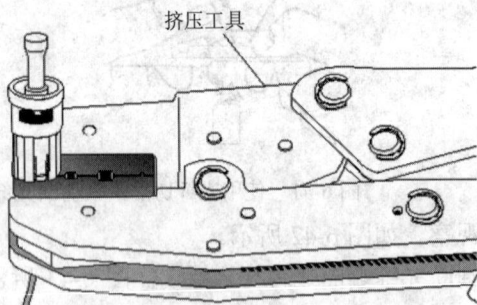

图 6-47　使用挤压工具挤压连接器　　　　图 6-48　将连接器的后罩壳与前罩壳连接

❖ 操作 5　光纤连接器互连

　　　对于互连模块来说，连接器的互连是将两条半固定的光纤通过其上的连接器与此模块嵌板上的耦合器互连起来。做法是将两条半固定光纤上的连接器从嵌板的两边插入其耦合器中。对于交叉连接模块来说，连接器的互连是将一条半固定光纤上的连接器插入嵌板上耦合器的一端中，此耦合器的另一端中插入的是光纤跳线的连接器，然后将光纤跳线另一端的连接器插入要交叉连接的耦合器的一端，该耦合器的另一端中插入要交叉连接的另一条半固定光纤的连接器。交叉连接就是在两条半固定的光纤之间使用跳线作为中间链路，使管理员易于管理或易于对线路进行重新布线。

光纤连接器的互连比较简单，请根据实际条件，观摩光纤连接器互连施工案例，完成相关施工操作。ST 光纤连接器互连的基本方法如下：

(1) 拿下 ST 连接器头上的黑色保护帽，用酒精擦拭布签轻轻擦拭连接器头。

(2) 摘下光纤耦合器两端的红色保护帽，用沾有试剂级的丙醇酒精杆状清洁器穿过光纤耦合器孔擦拭光纤耦合器内部以除去其中的碎片。使用罐装气，吹去光纤耦合器内部的灰尘，如图 6-49 所示。

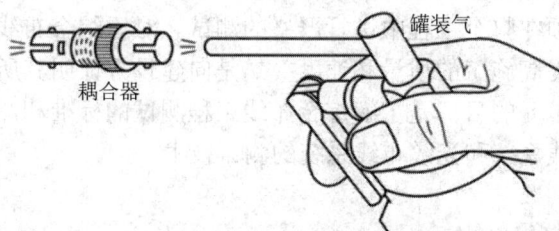

图 6-49　清洁光纤耦合器

(3) 将 ST 连接器插入光纤耦合器的一端，耦合器上的突起对准连接器槽口，插入后扭转连接器以使其锁定。如经测试发现损耗较高，则需摘下 ST 连接器并用罐装气重新净化光纤耦合器，然后再插入 ST 连接器。在光纤耦合器的两端插入 ST 连接器，并确保两个连接器的端面在光纤耦合器中接触上，如图 6-50 所示。

(4) 重复以上步骤，直到所有的 ST 连接器都插入耦合器为止。若一次来不及装上所有的 ST 连接器，则连接器头上要盖上黑色保护帽，而耦合器空白端要盖上红色保护帽。

图 6-50　将连接器的头插入光纤耦合器

思考与练习 6

1. 简述光缆布线施工的特点。
2. 光缆施工前应如何对光缆进行检验？
3. 简述光纤接续子的作用。
4. 简述在弱电竖井敷设光缆的基本方法和步骤。
5. 在综合布线系统中通常应如何实现光缆的连接？
6. 什么是光纤端接，其主要方法有哪些？
7. 简述光纤熔接的过程。
8. 简述光纤冷接的过程。
9. 简述光纤配线架的安装过程。

工作单元7　综合布线工程测试

实践证明，有 70%的计算机网络故障是由于综合布线系统质量问题引起的，要保证综合布线工程的质量必须在整个工程中进行严格的测试。对于综合布线的施工方来说测试主要有两个目的：一是提高施工的质量和速度；二是向建设方证明其所做的投资得到了应有的质量保证。本工作单元的目标是了解综合布线工程测试的标准和测试类型；掌握综合布线工程双绞线电缆布线系统和光缆布线系统的测试技术。

任务 7.1　双绞线电缆布线系统测试

【任务目的】

(1) 了解综合布线工程测试标准；

(2) 理解综合布线工程测试的类型；

(3) 理解双绞线电缆的认证测试模型；

(4) 了解双绞线电缆的认证测试参数；

(5) 熟悉双绞线电缆布线系统测试的一般方法。

【工作环境与条件】

(1) 校园网综合布线工程案例及相关文档；

(2) 企业网综合布线工程案例及相关文档；

(3) 已经连接好的综合布线系统传输通道；

(4) 电缆分析仪、其他常用双绞线电缆测试设备及其配件；

(5) 安装好相应测试管理软件的 PC。

【相关知识】

7.1.1　综合布线工程测试的类型

综合布线工程的测试一般分为验证测试和认证测试两类。

1. 验证测试

验证测试又叫随工测试，是边施工边测试，主要检测线缆的质量和安装工艺，及时发现并纠正问题，避免返工。验证测试不需要使用复杂的测试仪，只需要使用可以测试接线通断和线缆长度的测试仪。因为在竣工检查中，短路、反接、线对交叉、链路超长等问题几乎占整个工程质量问题的 80%，这些问题应在施工初期通过重新端接，调换线缆，修正布线路由等措施进行解决。

2. 认证测试

认证测试又叫验收测试，是所有测试工作中最重要的环节，是在工程验收时对综合布线系统的安装、电气特性、传输性能、设计、选材和施工质量的全面检验。综合布线系统的性能不仅取决于综合布线方案设计和工程中所选的器材的质量，同时也取决于施工工艺、认证测试是检验工程设计水平和工程质量总体水平的行之有效的手段，所以综合布线系统必须进行认证测试。认证测试通常分为两种类型：

1) 自我认证测试

这项测试由施工方自行组织，按照设计施工方案对所有链路进行测试，确保每条链路符合标准要求。如果发现未达标链路，应进行整改，直至复测合格，同时需要编制确切的测试技术档案，写出测试报告，交建设方存档。测试记录应准确、完整、规范、便于查阅。由施工方组织的认证测试可邀请设计、施工监理方等共同参与，建设方也应派遣网络管理人员参加测试工作，了解测试过程，方便日后的管理与维护。

认证测试是设计、施工方对所承担的工程所进行的总结性质量检验，承担认证测试工作的人员应当经过测试仪供应商的技术培训并获得资格认证，例如如果认证测试使用 FLUKE 公司的 DTX 系列电缆分析仪，则测试人员应当获得 FLUKE 公司布线系统测试工程师资格认证。

2) 第三方认证测试

综合布线系统是计算机网络的基础工程，工程质量直接影响到建设方的计算机网络能否按照设计要求顺利开通，网络系统能否正常运转，这是建设方最关心的问题。随着网络技术的发展，对综合布线系统施工工艺的要求不断提高，越来越多的建设方不但要求综合布线施工方提供综合布线系统的自我认证测试，同时也会委托第三方对系统进行验收测试，以确保布线施工的质量，这是对综合布线系统验收质量管理的规范化做法。

第三方认证测试目前主要采用两种做法：

(1) 对工程要求高，使用器材类别高，投资较大的工程，建设方除要求施工方要做自我认证测试外，还应邀请第三方对工程做全面验收测试。

(2) 建设方在施工方做自我认证测试的同时，请第三方对综合布线系统链路做抽样测试。按工程规模确定抽样样本数量，一般 1000 个信息点以上的工程抽样 30%，1000 个信息点以下的工程抽样 50%。

衡量、评价一个综合布线工程的质量优劣，唯一科学、有效的途径就是进行全面现场测试。目前综合布线系统是工程界少有的已具备完备的全套验收标准，并可以通过验收测试来确定工程质量水平的项目之一。

7.1.2　双绞线电缆布线系统测试标准和内容

目前综合布线系统工程中使用的传输介质主要是光缆和双绞线。在现场测试时，由于各种线缆的测试参数是随布线测试所选定的标准而变化的，因此必须了解不同布线产品在测试时应满足的标准及测试项目。

综合布线系统的测试标准是与其设计标准对应的，国际上制定综合布线测试标准的组织主要包括国际标准化委员会 ISO/IEC、欧洲标准化委员会 CENELEC 和北美的 EIA/TIA 等。我国目前使用的最新国家标准为《综合布线系统工程验收规范》(GBT/T 50312—2007)，该标准包括了目前使用最广泛的 5 类电缆、5e 类电缆、6 类电缆和光缆的测试方法。

1. 5 类电缆系统的测试标准及测试内容

目前常用的 5 类电缆布线标准有北美的 EIA/TIA 568A 和 TSB-67、ISO/IEC 11801 和我国的《综合布线系统工程验收规范》等。EIA/TIA 568A 和 TSB-67 标准规定的 5 类电缆布线现场测试参数主要有接线图、长度、近端串扰和衰减。ISO/IEC 11801 标准规定的 5 类电缆布线现场测试参数主要有接线图、长度、近端串扰、衰减、衰减串扰比和回波损耗。我国的《综合布线系统工程验收规范》规定 5 类电缆系统的测试内容分为基本测试项目和任选测试项目，基本测试项目有长度、接线图、衰减和近端串扰；任选测试项目有衰减串扰比、环境噪声干扰强度、传播时延、回波损耗、特性阻抗和直流环路电阻等内容。

2. 5e 类电缆系统的测试标准及测试内容

EIA/TIA 568-5-2000 和 ISO/IEC 11801-2000 是正式公布的 5e 类 D 级双绞线电缆系统的现场测试标准。5e 电缆系统的测试内容既包括长度、接线图、衰减和近端串扰这 4 项基本测试项目，也包括回波损耗、衰减串扰比、综合近端串扰、等效远端串扰、综合远端串扰、传输延迟、直流环路电阻等参数。

3. 6 类电缆系统的测试标准及测试内容

EIA/TIA 568B 1.1 和 ISO/IEC 11801 2002 是正式公布的 6 类 E 级双绞线电缆系统的现场测试标准。6 类电缆系统的测试内容包括接线图、长度、衰减、近端串扰、传输时延、时延偏离、直流环路电阻、综合近端串扰、回波损耗、等效远端串扰、综合等效远端串扰、综合衰减串扰比等参数。

7.1.3　双绞线电缆的认证测试模型

在我国国家标准《综合布线系统工程验收规范》(GB/T 50312—2007)中，规定了 3 种测试模型：基本链路模型、信道模型和永久链路模型。3 类和 5 类布线系统应按照基本链路模型和信道模型进行测试,5e 类和 6 类布线系统应按照永久链路模型和信道模型进行测试。

1. 基本链路模型

基本链路包括三部分：最长为 90 m 的在建筑物中固定的水平布线电缆、水平电缆两端的接插件(一端为工作区信息插座，另一端为楼层配线架)和两条与现场测试仪相连的 2 m 测试设备跳线。基本链路模型如图 7-1 所示，图中 F 是信息插座至配线架之间的电缆，G、E 是测试设备跳线，F 是综合布线施工承包商负责安装的，链

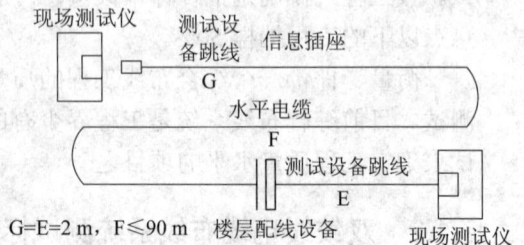

图 7-1　基本链路模型

路质量由其负责,所以基本链路又称为承包商链路。

2. 信道模型

信道是指从网络设备跳线到工作区跳线的端到端的连接,它包括了最长为 90 m 的在建筑物中固定的水平布线电缆、水平电缆两端的接插件(一端为工作区信息插座,另一端为配线架)、一个靠近工作区的可选的附属转接连接器、最长为 10 m 的在楼层配线架和用户终端的连接跳线,信道最长为 100 m。信道模型如图 7-2 所示,A 是用户端连接跳线,B 是转接电缆,C 是水平电缆,D 是最大为 2 m 的配线设备跳线,E 是配线架到网络设备间的连接跳线,B+C 最大长度为 90 m,A+D+E 最大长度为 10 m。信道测试的是网络设备到计算机间端到端的整体性能,是用户所关心的,所以信道又被称做用户链路。

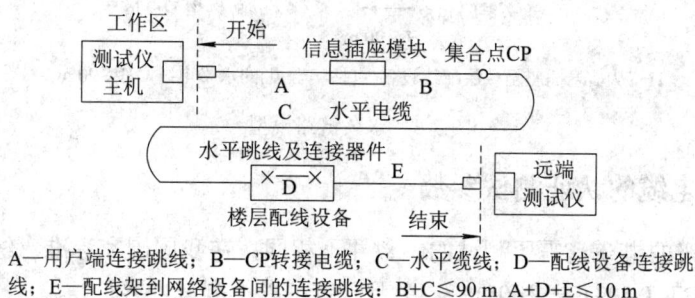

A—用户端连接跳线;B—CP 转接电缆;C—水平缆线;D—配线设备连接跳线;E—配线架到网络设备间的连接跳线:B+C≤90 m A+D+E≤10 m

图 7-2　信道模型

基本链路模型和信道模型的区别在于基本链路模型不包含用户使用的跳线,包括电信间配线架到交换机的跳线和工作区用户终端与信息插座之间的跳线。测试基本链路时,采用测试仪专配的测试跳线连接测试仪接口,而测试信道时,直接使用链路两端的跳线连接测试仪接口。

3. 永久链路模型

基本链路包含的两根各 2 m 长的测试跳线是与测试设备配套使用的,虽然它的品质很高,但随着测试次数的增加,测试跳线的电气性能指标可能发生变化并导致测试误差,这种误差会包含在总的测试结果中,直接影响到测试结果的精度。因此,在 5e 类、6 类标准中,测试模型有了重要变化,弃用了基本链路的定义,而采用永久链路的定义。

永久链路又称固定链路,由最长为 90 m 的水平布线电缆、水平电缆两端的接插件(一端为工作区信息插座,另一端为楼层配线架)和链路可选的转接连接器组成,不再包括两端 2 m 的测试跳线。永久链路模型如图 7-3 所示,H 是从信息插座至楼层配线设备(包括集合点)的水平电缆,H 最大长度为 90 m。永久链路测试模型使用永久链路适配器连接测试仪表和被测链路,测试仪表能自动扣除测试跳线的影响,排除测试跳线在测量过程中本身带来的误差,因此从技术上消除了测试跳线对整个链路测试结果的影响,使测试结果更准确、合理。

永久链路是由综合布线施工方负责完成。通常综合布线施工方在完成综合布线工程的时候,布线系统所要连接的设备、器件并没有完全安装,而且并不是所有的电缆都会连接到设备或器件上,所以综合布线施工方只能向用户提交一份基于永久链路模型的测试报告。从用户角度来说,用于高速网络传输或其他通信传输的链路不仅仅要包含永久链路部分,而且还应包括用于连接设备的用户电缆,所以会希望得到基于信道模型的测试报告。无论采用何种模型都是为了认证布线工程是否达到设计要求，在实际测试应用中，选择哪一种测量连接方式应根据需求和实际情况决定。使用信道模型更符合实际使用的情况，但是很难实现，所以对于 5e 类和 6 类综合布线系统，一般工程验收测试都选择永久链路模型进行。

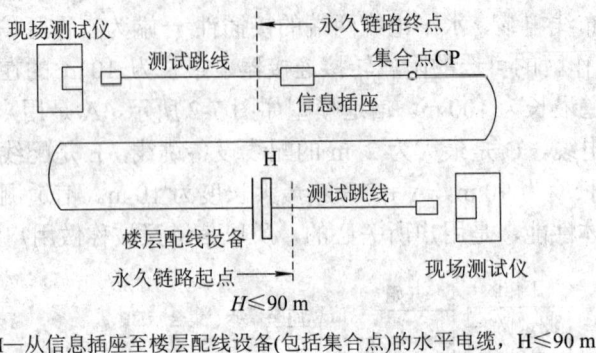

H—从信息插座至楼层配线设备(包括集合点)的水平电缆，H≤90 m

图 7-3　永久链路模型

7.1.4　双绞线电缆的认证测试参数

对于不同等级的电缆，需要测试的参数并不相同，在我国国家标准《综合布线系统工程验收规范》(GBT/T 50312—2007)中，主要规定了以下测试内容：

1. 接线图

主要测试水平电缆终接在工作区或电信间配线设备的 8 位模块式通用插座的安装连接是否正确。正确的线对组合为：1/2、3/6、4/5、7/8，分为非屏蔽和屏蔽两大类，对于非 RJ-45 的连接方式按相关规定要求列出结果。布线过程中可能出现的正确或不正确的连接图测试情况，如图 7-4 所示。

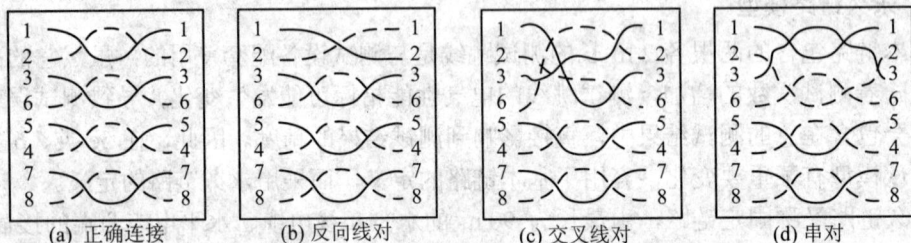

(a) 正确连接　　　(b) 反向线对　　　(c) 交叉线对　　　(d) 串对

图 7-4　接线图测试

2. 长度

电缆传输通道的长度在实际测试中可以通过测量电缆传输通道的电子长度来确定，也可以从每个线对的电气长度测量中导出。电缆传输通道的实际测量长度不能超过基本链路模型、永久链路模型和信道模型中的规定。

3. 衰减

衰减是指信号在一定长度缆线中的传输损耗，它是对信号损耗的度量。衰减的计算公式为 $10 \times \lg$(信号的输入功率/信号的输出功率)，单位为分贝(dB)，应尽量得到低分贝值的衰减。衰减与线缆的长度有关，长度增加，信号衰减随之增加，同时衰减量与频率有着直接的关系。在计算机网络中，任何传输介质都存在信号衰减问题，要保证信号被识别，必须保证电缆的信号衰减在规定的范围内，因此必须限制电缆的长度。双绞线的传输距离一般不超过 100 m。

4. 近端串扰

当信号在双绞线的一个线对上传输时，在其他线对上会产生感生信号，从而对其他线对的正常传输造成干扰。串扰就是指一对线对另一对线的影响程度。测量串扰通常是在一个线对发送已知信号，在另一个线对测试所产生感生信号的大小，如果在信号输入端测试，得到的是近端串扰(NEXT，Near End Cross Talk)；如果在信号输出端测试，得到的是远端串扰(FEXT，Far End Cross Talk)。近端串扰如图 7-5 所示。

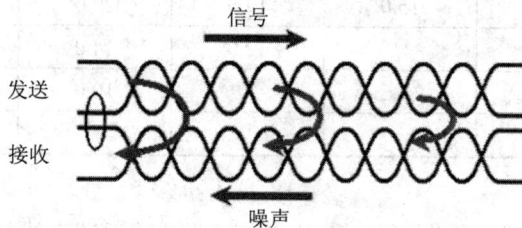

图 7-5　近端串扰

近端串扰的计算公式为 10 × lg(输入信号的功率/测试噪声的功率)，单位为分贝(dB)，应尽量得到高分贝值的近端串扰。

《综合布线系统工程验收规范》中规定 5 类水平链路及信道测试项目及性能指标应符合表 7-1 的要求。

表 7-1　5 类水平链路及信道性能指标

频率/MHz	5 类水平链路性能指标		信道性能指标	
	近端串扰/dB	衰减/dB	近端串扰/dB	衰减/dB
1.00	60.0	2.1	60.0	2.5
4.00	51.8	4.0	50.6	4.5
8.00	47.1	5.7	45.6	6.3
10.00	45.5	6.3	44.0	7.0
16.00	42.3	8.2	40.6	9.2
20.00	40.7	9.2	39.0	10.3
25.00	39.1	10.3	37.4	11.4
31.25	37.6	11.5	35.7	12.8
62.50	32.7	16.7	30.6	18.5
100.00	29.3	21.6	27.1	24.0
长度(m)	94		100	

5e 类、6 类和 7 类永久链路或 CP 链路测试项目及性能指标应符合以下要求：

1) 回波损耗

在数据传输中，当线路中的阻抗不匹配时，部分能量会反射回发送端。回波损耗反映了因阻抗不匹配而反射回来的能量大小。回波损耗对于全双工传输的应用非常重要。电缆制造过程中的结构变化、连接器类型和布线安装情况是影响回波损耗数值的主要因素。

回波损耗只在布线系统中的 C、D、E、F 级采用，信道的每一线对和布线的两端均应符合回波损耗值的要求，布线系统信道的最小回波损耗值可参考表 7-2 所列出的关键频率的回波损耗建议值。

表 7-2　永久链路回波损耗建议值

频率/MHz	最小回波损耗/dB			
	C级	D级	E级	F级
1	15.0	19.0	21.0	21.0
16	15.0	19.0	20.0	20.0
100		12.0	14.0	14.0
250			10.0	10.0
600				10.0

2) 近端串扰

布线系统永久链路或CP链路每一线对和布线两端的近端串扰值可参考表7-3所列的关键频率建议值。

表 7-3　永久链路近端串扰建议值

频率/MHz	最小近端串扰建议值/dB					
	A级	B级	C级	D级	E级	F级
0.1	27.0	40.0				
1		25.0	40.1	60.0	65.0	65.0
16			21.1	45.2	54.6	65.0
100				32.3	41.8	65.0
250					35.3	60.4
600						54.7

3) 相邻线对综合近端串扰

相邻线对综合近端串扰是指双绞线 4 对缆线中的 3 对在传输信号时，对另一对缆线的近端串扰的组合。相邻线对综合近端串扰只应用于布线系统的 D、E、F 级，布线系统永久链路或 CP 链路每一线对和布线两端的近端串扰值可参考表 7-4 所列的关键频率建议值。

表 7-4　相邻线对综合近端串扰建议值

频率/MHz	相邻线对综合近端串扰/dB		
	D级	E级	F级
1	57.0	62.0	62.0
16	42.2	52.2	62.0
100	29.3	39.3	62.0
250		32.7	57.4
600			51.7

4) 线对与线对之间的衰减串扰比

在高频段，串扰与衰减值的比例关系很重要。衰减串扰比(ACR，Attenuation-to-crosstalk Ratio)的计算公式为 NEXT(dB)－A(dB)，即 ACR 是同一频率下近端串扰和衰减的差值。ACR 是系统 SNR(信号噪声比)的唯一衡量标准，它对于表示信号和噪声串扰之间的关系有着重要的价值。ACR 值越高，意味着线缆的抗干扰能力越强。线对与线对之间的衰减串扰比只应用于布线系统的 D、E、F 级，布线系统永久链路或 CP 链路每一线对和布线两端的 ACR 值可参考表 7-5 所列的关键频率 ACR 建议值。

表 7-5　永久链路 ACR 建议值

频率/MHz	最小ACR/dB		
	D级	E级	F级
1	56.0	61.0	61.0
16	37.5	47.5	58.1
100	11.9	23.3	47.3
250		4.7	31.6
600			8.1

5) 综合衰减串扰比(PSACR)

综合衰减串扰比(PSACR，Power Sum ACR)表征了 4 对线缆中的 3 对在传输信号时，对另一对线缆所产生的综合影响。布线系统永久链路或 CP 链路每一线对和布线两端的 PSACR 值可参考表 7-6 所列的关键频率 PSACR 建议值。

表 7-6　永久链路 PSACR 建议值

频率/MHz	最小PSACR/dB		
	D级	E级	F级
1	53.0	58.0	58.0
16	34.5	45.1	55.1
100	8.9	20.8	44.3
250		2.0	28.6
600			5.1

6) 等效远端串扰

等效远端串扰(ELFEXT，Equal Level FEXT)是传送端的干扰信号对相邻线对在远端所产生的串扰，是考虑衰减后的 FEXT，即等效远端串扰＝远端串扰－衰减。等效远端串扰只应用于布线系统的 D、E、F 级。布线系统永久链路或 CP 链路每一线对的等效远端串扰值可参考表 7-7 所列的关键频率建议值。

表 7-7　永久链路等效远端串扰建议值

频率/MHz	最小等效远端串扰/dB		
	D级	E级	F级
1	58.6	64.2	65.0
16	34.5	40.1	59.3
100	18.6	24.2	46.0
250		16.2	39.2
600			32.6

7) 综合等效远端串扰

综合等效远端串扰(PSELFEXT，Power Sum ELFEXT)表明 4 对线缆中的 3 对在传输信号时，对另一对线缆在远端所产生的干扰。布线系统永久链路或 CP 链路每一线对的 PS ELFEXT 值可参考表 7-8 所列的关键频率建议值。

表 7-8　永久链路 PSELFEXT 建议值

频率/MHz	最小PS ELFEXT/dB		
	D级	E级	F级
1	55.6	61.2	62.0
16	31.5	37.1	56.3
100	15.6	21.2	43.0
250		13.2	36.2
600			29.6

8) 直流环路电阻

布线系统永久链路或 CP 链路每一线对的直流环路电阻可参考表 7-9 所列的建议值。

表 7-9　永久链路直流环路电阻建议值

最大直流环路电阻/Ω					
A级	B级	C级	D级	E级	F级
530	140	34	21	21	21

9) 传输时延

传输延迟是指信号从信道的一端到达另一端所需要的时间。布线系统永久链路或 CP 链路每一线对的传输时延可参考表 7-10 所列的关键频率建议值。

表 7-10　永久链路传输时延建议值

频率/MHz	最大传输时延/μs					
	A级	B级	C级	D级	E级	F级
0.1	19.400	4.400				
1		4.400	0.521	0.521	0.521	0.521
16			0.496	0.496	0.496	0.496
100				0.491	0.491	0.491
250					0.490	0.490
600						0.489

10) 延迟偏差

延迟偏差是最短的传输延迟线对和其他线对间的差别。布线系统永久链路或 CP 链路所有线对间的传输延迟偏差可参考表 7-11 所列的建议值。

表 7-11 永久链路延迟偏差建议值

等级	频率/MHz	最大延迟偏差/μs
A	f=0.1	
B	0.1≤f≤1	
C	1≤f≤16	0.044
D	1≤f≤100	0.044
E	1≤f≤250	0.044
F	1≤f≤600	0.026

【任务实施】

❖ 操作1 认识常用双绞线电缆测试设备

综合布线工程中可以使用的双绞线测试设备有很多种,从最简单的到最复杂的,可以根据不同的需要进行选择。请根据实际条件,观摩以下常用双绞线电缆测试设备实物,了解其作用和使用方法。

1. 音频生成器和音频放大器

音频生成器和音频放大器是话音布线和测试人员经常用到的测试设备,如图7-6所示。这类设备比较简单,主要用来识别和定位通信电缆。每个电缆技术人员的工具箱里都应该备有这类设备。音频生成器和音频放大器是一起工作的两个设备,音频生成器与电缆线对相连,产生一个功率较低但比较清晰的音频信号在电缆上传输,放大器把音频信号放大,这样就可以识别与音频生成器相连的确切电缆线对。

图 7-6 音频生成器和音频放大器

音频生成器可以通过把一个标准插头插到插座里或者用鳄鱼夹夹住线对来与电缆线对相连。音频生成器与电缆线对连接以后,电缆线就被激活。音频放大器的一端有一个金属探针,金属探针可以与多线对干线电缆的线对或者冲压模块的夹子连接。放大器上的探针使得这种设备可以快速地移动,金属末端可以与冲压模块的前端相连接以探测音频信号。

2. 万用表

万用表是一个能够进行多方面测试的多功能设备，如图 7-7 所示。电压表可以测试电路的电压，欧姆表可以测试电路的阻抗，微安表可以测试电路的电流。万用表有一个选择按钮，通过它可以选择要进行的测试。万用表有两个测试探针与被测试电路相连，探针插接正确后，就可以进行测量了。

在综合布线工程中可以使用万用表中的欧姆表判断出通信电缆中存在的基本故障。可以通过欧姆表测试通信电缆阻抗，判断水平布线或干线布线的电缆是否端接正确，是否存在短路或开路情况。测试电缆线对时，如果电缆线对表现出极低的阻抗，则表明电缆线对短路；如果电缆表现出极高的阻抗或者阻抗无穷大，则表明电缆线对开路。

图 7-7　万用表

数字式万用表可以测试电缆的直流阻抗，直流阻抗的值可以大致反映出一条电缆的长度，对于 5e 类 UTP 电缆和 6 类 UTP 电缆而言，直流阻抗的测量并不是必须的。但是这种测试对判断电缆端接是否正确和电缆穿过电缆链路时是否绷紧是很有用的。

3. 连通性测试仪

连通性测试仪是另一种简单的测试设备，主要用于电缆连通性的测试，它的测试速度比万用表要快。连通性测试仪由两部分组成：基座部分和远端部分，如图 7-8 所示。测试时，基座部分放在链路的一端，远端部分放在链路的另一端，基座部分可以沿双绞线电缆的所有线对加电压，远端部分与线对相连的每一个部分都有一个 LED 发光管。

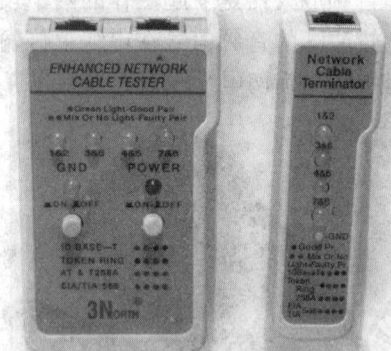

图 7-8　连通性测试仪

连通性测试仪能够测试出的双绞线电缆链路故障有：

- 开路；
- 短路；
- 线对交叉；
- 电缆端接不良。

测试仪工作时，基座部分对双绞线电缆链路的每个线对加一个电压，电压从线对 1 到线对 4 依次加到每个线对上。如果线对 1 是连通的，远端部分的第一个 LED 发光管就会亮。

如果线对 1 有问题，远端部分的第一个 LED 发光管就不会亮，这个工序在四个线对上依次进行。

　　连通性测试仪通过基座部分和远端部分的 LED 发光管还可以诊断其他的配线错误。如果远端的 LED 发光管光线很弱，则表明双绞线电缆链路端接不良，或者是电缆链路中的某些地方线路接触不良，导致线对上的损耗过大。如果远端部分的几个 LED 发光管同时亮了，则说明电缆中存在短路。如果测试时发现在基座部分的线对 1 的 LED 亮的时候，远端部分的另一个线对的 LED 发光管亮了，则表明电缆链路的某些地方有线对交叉。

　　连通性测试仪的优势是操作简单，可以快捷地进行双绞线电缆链路的测试，但不能在指定的频率范围内测试衰减和近端串扰等参数。

4. 电缆分析仪

　　电缆分析仪是一种复杂的测试设备，如图 7-9 所示，这种测试仪可以进行基本的连通性测试，也可以进行比较复杂的电缆性能测试，能够完成指定频率范围内衰减、近端串扰等各种参数的测试，从而确定其是否能够支持高速网络。

　　电缆分析仪通常包括两个部分：基座部分和远端部分。基座部分可以生成高频信号，这些信号可以模拟高速局域网设备发出的信号。电缆分析仪可以将高频信号输入双绞线布线系统来测试它们在系统中的传输性能。电缆分析仪是评估 5 类、5e 类和 6 类布线系统的最常用的测试设备，综合布线工程在认证验收测试中使用的测试仪必须是电缆分析仪。

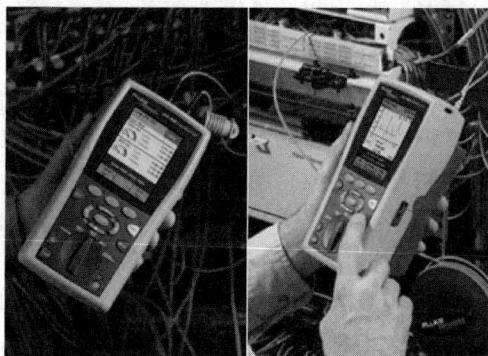

图 7-9　FLUKE DTX-1800 电缆分析仪

❖ 操作 2　认识和使用电缆分析仪

　　综合布线工程在认证验收测试中使用的电缆分析仪必须符合相应标准的规定，同时要求具有认证精度和故障查找能力，在保证精确测定综合布线系统各项性能指标的基础上，能够快速准确地故障定位，而且使用操作简单。通常电缆分析仪应符合以下基本要求：

　　(1) 能测试信道模型、基本链路模型和永久链路模型的各项性能指标。

　　(2) 针对不同布线系统等级应具有相应的精度。如何保证测试仪精度的可信度，厂商通常是通过获得第三方专业机构的认证来说明的，如美国安全检测实验室的 UL 认证、ETL SEMKO 认证等。一般说来测试 5 类电气性能，测试仪要求达到 UL 规定的第 Ⅱ 级精度，5e 类测试仪的精度要求达到第 Ⅲ 级精度，6 类测试仪的精度要求达到第 Ⅲ 级精度。因此测试最好都使用 Ⅲ 级精度的测试仪。

(3) 测试精度应定期检测，每次现场测试前厂家应出示精度有效期限证明。

(4) 应具有测试结果的保存功能并提供输出端口，能将所有储存的测试数据输出至计算机和打印机。

(5) 应能提供所有测试项目的概要和详细报告。

(6) 宜提供汉化的通用人机界面。

电缆分析仪的种类很多，不同类型电缆分析仪的使用方法有所不同。请根据实际条件，观摩双绞线电缆布线系统认证测试案例，完成相关测试操作。下面以FLUKE公司生产的DTX-1800电缆分析仪为例，介绍在认证验收测试过程中电缆分析仪的使用。

1. DTX-1800 电缆分析仪的功能特性

DTX-1800电缆分析仪是一种坚固耐用的手持设备，可用于认证、排除故障及记录铜缆和光缆布线安装，具有以下特性：

(1) DTX-1800可在不到 25 秒钟的时间内依照 F 等级极限值(600 MHz)认证双绞线和同轴电缆布线，能在不到 10 秒钟的时间内完成对 6 类布线的认证。

(2) 彩色显示屏清楚显示"通过/失败"结果。

(3) 自动诊断报告显示故障的距离及可能的原因。

(4) 音频发生器功能帮助定位插孔及在检测到音频时自动开始"自动测试"。

(5) 可选的光缆模块可用于认证多模及单模光缆布线。

(6) 可选件 DTX-NSM 模块可以用来验证网络服务。

(7) 可选件 DTX 10G 组件包可用于针对 10 G 以太网应用，可以对 6 类和增强型 6 类布线进行测试和认证。

(8) 内部存储器可保存 250 项 6 类自动测试结果，包含图形数据。

(9) 可充电锂离子电池组可以连续运行至少 12 个小时。

(10) 可利用 LinkWare 软件将测试结果上传至 PC，并创建专业水平的测试报告。并可利用"LinkWare Stats"选件产生线缆测试统计数据的图形报告。

2. DTX-1800 电缆分析仪的操作界面

(1) 电缆分析仪操作界面。DTX-1800 电缆分析仪的前面板特性如图 7-10 所示。

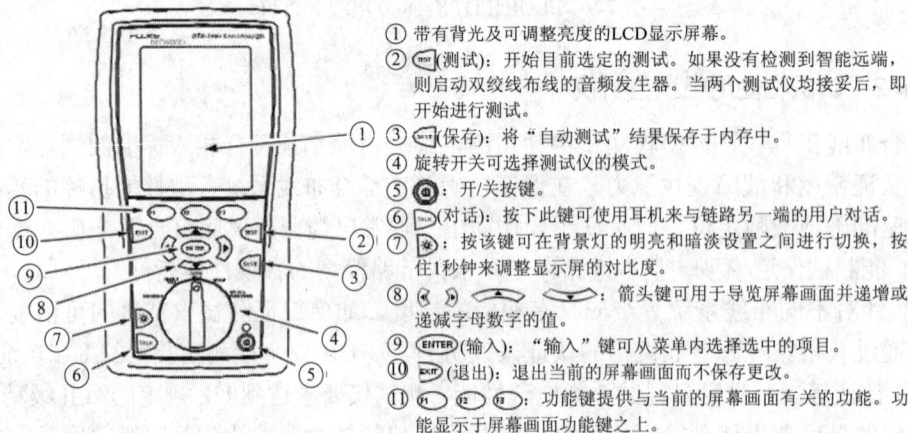

① 带有背光及可调整亮度的LCD显示屏幕。
② (测试)：开始目前选定的测试。如果没有检测到智能远端，则启动双绞线布线的音频发生器。当两个测试仪接妥后，即开始进行测试。
③ (保存)：将"自动测试"结果保存于内存中。
④ 旋转开关可选择测试仪的模式。
⑤ ：开/关按键。
⑥ (对话)：按下此键可使用耳机来与链路另一端的用户对话。
⑦ ：按该键可在背景灯的明亮和暗淡设置之间进行切换，按住1秒钟来调整显示屏的对比度。
⑧ ：箭头键可用于导览屏幕画面并递增或递减字母数字的值。
⑨ (输入)："输入"键可从菜单内选择选中的项目。
⑩ (退出)：退出当前的屏幕画面而不保存更改。
⑪ ：功能键提供与当前的屏幕画面有关的功能。功能显示于屏幕画面功能键之上。

图 7-10　DTX-1800 电缆分析仪的前面板特性

DTX-1800 电缆分析仪侧面及顶端面板特性如图 7-11 所示。

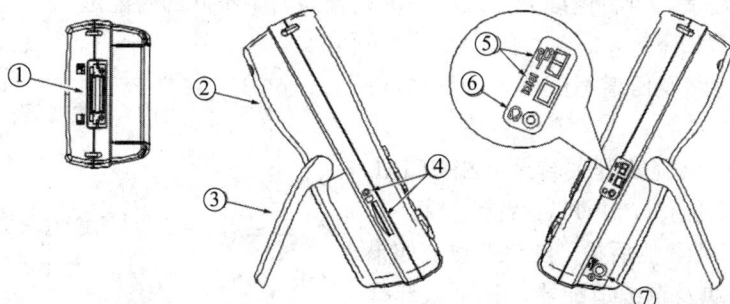

① 双绞线接口适配器的连接器。
② 模块托架盖。推开托架盖来安装可选的模块，如光缆模块。
③ 底座。
④ 可拆卸内存卡的插槽及活动LED指示灯。
　若要弹出内存卡，应朝里推入后放开内存卡。
⑤ USB(⎚)及RS-232(ⅠⅪ)
　可用于将测试报告上载至PC并更新测试仪软件。

⑥ 用于对话模式的耳机插座。
⑦ 交流适配器连接器。将测试仪连接至交流电时，LED指示灯会点亮。
　· 红灯：电池正在充电。
　· 绿灯：电池已充电。
　· 闪烁的红灯：充电超时，电池没有在6小时内充足电。

图 7-11　DTX-1800 电缆分析仪侧面及顶端面板特性

(2) 智能远端操作界面。DTX-1800 智能远端特性如图 7-12 所示。

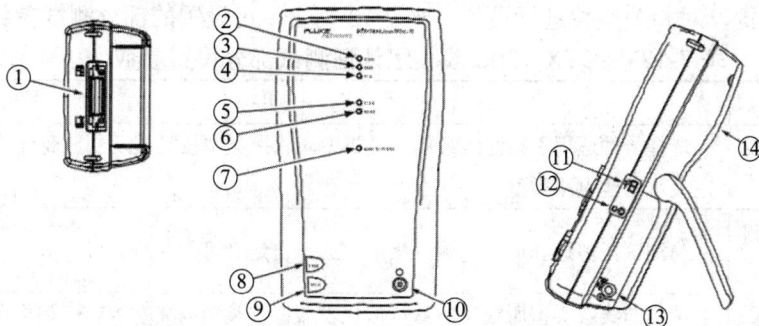

① 双绞线接口适配器的连接器。
② 当测试通过时，"通过"LED指示灯会亮。
③ 在进行缆线测试时，"测试"LED指示灯会亮。
④ 当测试失效时，"失败"LED指示灯会亮。
⑤ 当智能远端位于对话模式时，"对话"LED指示灯会点亮。按 TALK 键来调整音量。
⑥ 当按 键但没有连接主测试仪时，"音频"LED指示灯会点亮，而且音频发生器会开启。
⑦ 当电池电量不足时，"低电量"LED指示灯会点亮。
⑧ ：如果没有检测到主测试仪，则开始目前在主机上选定的测试将会激活双绞线布线的音频发生器，当连接两个测试仪后便开始进行测试。

⑨ TALK ：按下此键使用耳机来与链路另一端的用户对话，再按一次来调整音量。
⑩ ◎：开/关按键。
⑪ 用于更新PC测试仪软件的USB端口。
⑫ 用于对话模式的耳机插座。
⑬ 交流适配器的连接器。
⑭ 模块托架盖，推开托架盖来安装可选的模块，如光缆模块。

图 7-12　DTX-1800 智能远端特性

3. 双绞线认证测试

1) 基准设置

基准设置程序可用于设置插入耗损及 ELFEXT 测量的基准，通常每隔 30 天就需要运行电缆分析仪的基准设置程序，以确保取得准确度最高的测试结果。如果想要将电缆分析仪用于不同的智能远端，可将电缆分析仪的基准设置为两个不同的智能远端。

设置基准的步骤如下：

(1) 连接永久链路及信道适配器，如图 7-13 所示。

(2) 将电缆分析仪旋转开关转至"SPECIAL FUNCTIONS(特殊功能)"，并开启智能远端。

(3) 选中设置基准，然后按"Enter"键。如果同时连接了光缆模块及铜缆适配器，接下来选择链路接口适配器。

(4) 按"TEST"键。

永久链路适配器

信道适配器

图 7-13　双绞线基准连接

2) 线缆类型及相关测试参数的设置

在用电缆分析仪测试之前，需要选择测试依据的标准(北美、国际或欧洲标准等)、选择测试链路类型(基本链路、永久链路、信道)、选择线缆类型(3 类、5 类、5e 类、6 类双绞线，还是多模光纤或单模光纤)，同时还需要对测试时的相关参数(如测试极限、NVP、插座配置等)进行设置。

具体操作方法是将电缆分析仪旋转开关转至"SETUP(设置)"，用方向键选中双绞线；然后按"Enter"键，对相关参数进行设置。表 7-12 列出了可设置的部分测试参数。

表 7-12　　DTX-1800 双绞线认证测试部分设置参数

设置值	说　明
SETUP>双绞线>线缆类型	选择一种适用于被测线缆的线缆类型。线缆类型按类型及制造商分类。选择自定义可创建电缆类型
SETUP>双绞线>测试极限	为测试任务选择适当的测试极限。选择自定义可创建测试极限值
SETUP> 双 绞 线 >NVP	选定的线缆类型所定义的默认值代表该特定类型的典型 NVP。如果需要，可以更改 NVP，但需用至少 15 米长的线缆进行测试，直到测得的长度与线缆的已知长度相同
SETUP>双绞线>插座配置	输出配置设置值决定测试哪一个线缆对以及将哪一个线对号指定给该线对。要查看某个配置的线序，按插座配置屏幕中的"F1"取样。选择"自定义"可以创建一个配置
SETUP>双绞线>HDTDX/HDTDR	仅通过*/失败：电缆分析仪仅以 PASS(通过)*或 FAIL(失败)为 Autotests(自动测试)显示 HDTDX(高精度时域串扰分析)和 HDTDR(高精度时域反射计分析)结果。 所有自动测试：电缆分析仪为所有自动测试显示 HDTDX(高精度时域串扰分析)和 HDTDR(高精度时域反射计分析)结果

3) 连接被测线路

将电缆分析仪和智能远端连入被测链路，如果是信道测试需要使用两个信道适配器，如果用于测试永久链路，则需要使用两个永久链路适配器。图 7-14 所示为 DTX-1800 电缆分析仪的永久链路测试连接，图 7-15 所示为 DTX-1800 电缆分析仪的信道测试连接。

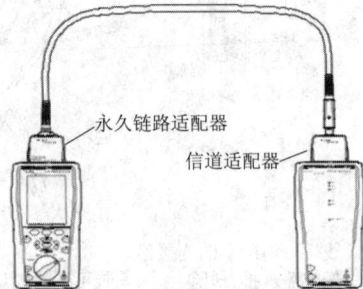

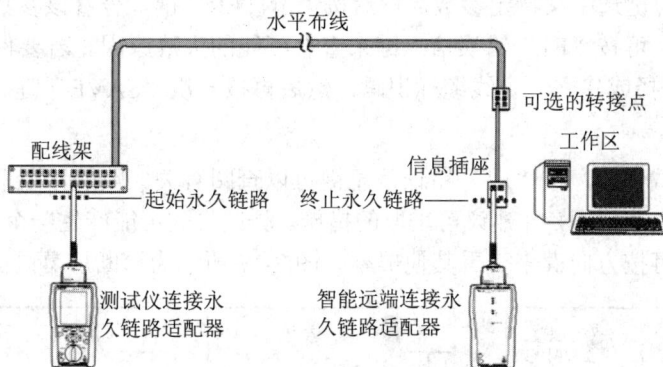

图 7-14 DTX-1800 电缆分析仪的永久链路测试连接

4) 进行自动测试

将电缆分析仪旋转开关转至"AUTOTEST(自动测试)",开启智能远端,按图 7-14 或图 7-15 所示的连接方法进行连接后,按电缆分析仪或智能远端的"TEST"键,测试时,电缆分析仪面板上会显示测试在进行中,若要随时停止测试,需按"EXIT"键。

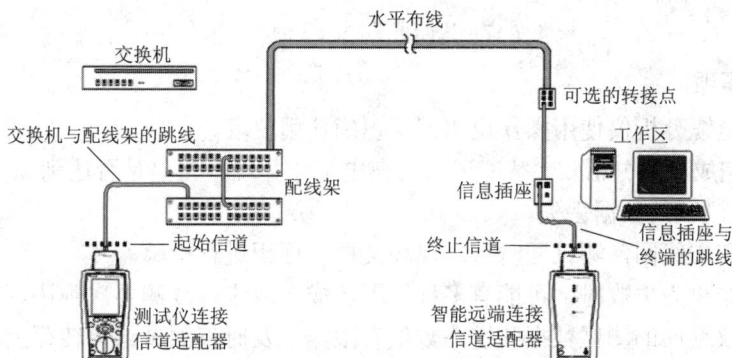

图 7-15 DTX-1800 电缆分析仪的信道测试连接

5) 测试结果的处理

电缆分析仪会在测试完成后显示"自动测试概要"屏幕,如图 7-16 所示。

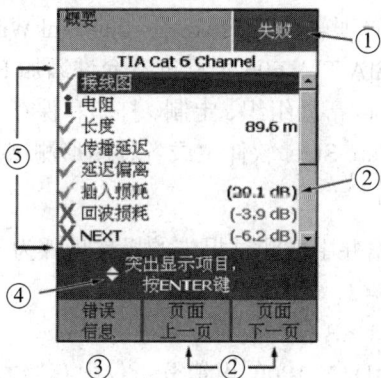

① 通过:所有参数均在极限范围内。
　　失败:有一个或一个以上的参数超出极限值。
② 按 F2 或 F3 键来滚动屏幕画面。
③ 如果测试失败,按 F1 键来查看诊断信息。
④ 屏幕画面操作提示。使用 键来选中某个参数;然后按 ENTER 键。
⑤ ✔:测试结果通过。
　　ℹ:参数已被测量,但选定的测试极限内没有通过/失败极限值。
⑥ ✘:测试结果失败
　　测试中找到最差余量。

图 7-16 "自动测试概要"屏幕

可以使用方向键选中某特定参数，然后按"ENTER"键，查看该参数的测试结果。如果自动测试失败，可按"F1"错误信息键来查看可能的失败原因。若要保存测试结果，按"SAVE"键，选择或建立一个线缆标识码，然后再按一次"SAVE"键。

6）自动诊断

如果自动测试失败，按"F1"错误信息键可以查阅有关失败的诊断信息。诊断屏幕画面会显示可能的失败原因，并建议可采取的措施。测试失败可能产生一个以上的诊断屏幕，在这种情况下，可按方向键来查看其他屏幕。图 7-17 所示为诊断屏幕画面实例。

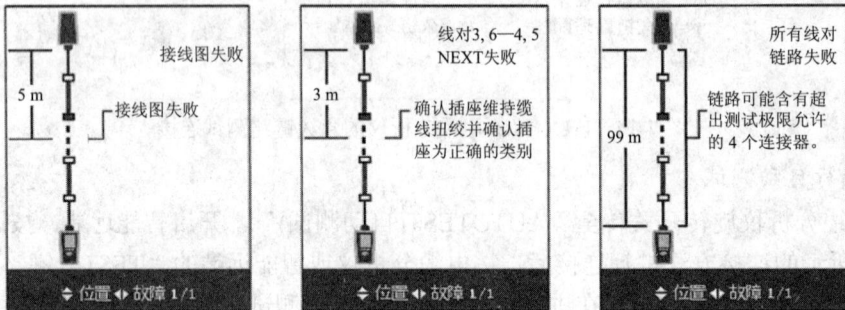

图 7-17　诊断屏幕画面实例

4. 测试注意事项

· 认真阅读电缆分析仪使用操作说明书，正确使用仪表。

· 测试前要完成电缆分析仪、智能远端的充电工作并观察充电是否达到 80%以上，中途充电可能导致已测试的数据丢失。

· 熟悉现场和布线图，测试同时可对现场文档、标识进行检验。

· 发现链路结果为失败时，可能有多种原因造成，应进行复测再次确认。

· 电缆分析仪存储的测试数据和链路数量有限，应及时将测试结果转存至计算机。

❖ 操作 3　生成和评估测试报告

目前的电缆分析仪都能提供所有测试项目的概要和详细报告。请根据实际条件，观摩双绞线电缆布线系统认证测试案例，完成相关测试报告的生成和评估操作。

与 Fluke 公司系列电缆分析仪配合使用的测试管理软件是 Fluke 公司的 LinkWare 电缆测试管理软件。LinkWare 电缆测试管理软件支持 EIA/TIA 606-A 标准，允许添加 EIA/TIA 606-A 标准管理信息到 LinkWare 数据库。该软件可以帮助组织、定制、打印和保存 FLUKE 系列测试仪测试的铜缆和光缆记录，并配合 LinkWare Stats 软件生成各种图形测试报告。

1. 测试报告的生成

使用 LinkWare 电缆测试管理软件管理测试数据并生成测试报告的操作步骤为：

(1) 在 PC 上安装 LinkWare 电缆测试管理软件。

(2) Fluke 电缆分析仪通过 RS-232 串行接口或 USB 接口与 PC 相连。

(3) 导入电缆分析仪的测试数据，例如要导入 DTX-1800 电缆分析仪中存储的测试数据，则在 LinkWare 软件窗口中，选择【File】→【Import from】菜单中的【DTX CableAnalyzer】

命令，如图 7-18 所示。

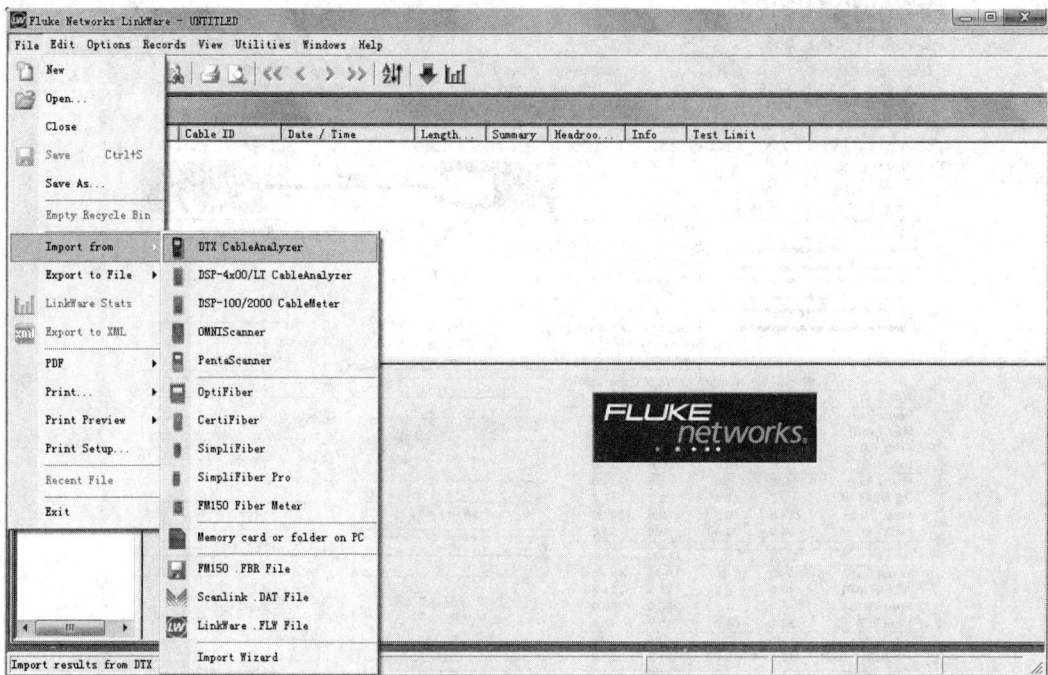

图 7-18   导入电缆分析仪中的测试数据

(4) 导入数据后，可以双击某测试数据记录，查看该测试数据的情况，如图 7-19 所示。

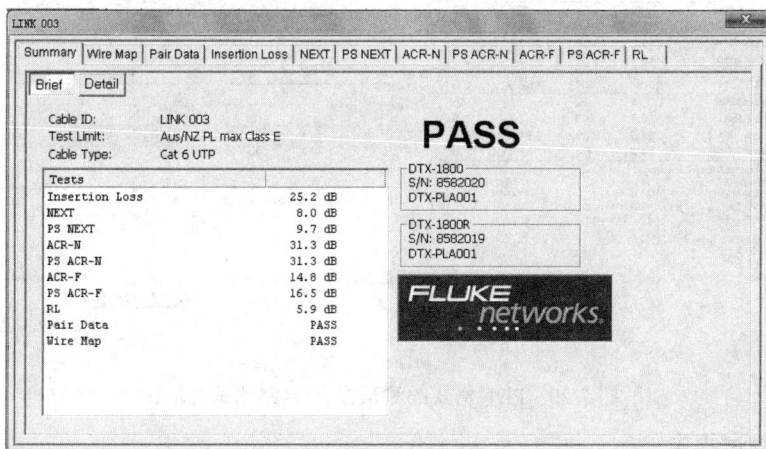

图 7-19   查看某一测试数据

(5) 生成测试报告。测试报告有两种文件格式：ASCII 文本文件格式和 Acrobat Reader 的 .PDF 格式。要生成 .PDF 格式的测试报告，则执行以下操作步骤：

① 首先选择生成测试报告的记录范围(如果生成全部记录的测试报告，则不需选择)。

② 选择快捷菜单上的【PDF】按钮，弹出对话框提示选择的记录范围。

③ 在弹出对话框内，输入保存 .PDF 文件的名称。

④ 选择【保存】按钮后，即生成了测试报告，如图 7-20 所示。

LINKWARE CABLE TEST MANAGEMENT SOFTWARE ☑

Cable ID: LINK 003　　　　　　　　　　　　　　　　　　**Test Summary: PASS**

Date / Time: 04/12/2014 10:45:40am	Operator: DONOVAN	Model: DTX-1800
Headroom: 8.0 dB (NEXT 36-78)	Software Version: 0.6000	Main S/N: 8582020
Test Limit: Aus/NZ PL max Class E	NVP: 69.0%	Remote S/N: 8582019
Cable Type: Cat 6 UTP		Main Adapter: DTX-PLA001
		Remote Adapter: DTX-PLA001

Wire Map (T568B)
PASS

50 ft

Length (ft)	[Pair 78]	50
Prop. Delay (ns), Limit 498		76
Delay Skew (ns), Limit 44		2
Resistance (ohms)	[Pair 12]	2.3
Insertion Loss Margin (dB)	[Pair 36]	25.2
Frequency (MHz)	[Pair 36]	250.0
Limit (dB)	[Pair 36]	30.7

Insertion Loss

	Worst Case Margin		Worst Case Value	
PASS	MAIN	SR	MAIN	SR
Worst Pair	36-78	36-78	36-78	36-78
NEXT (dB)	8.0	10.0	8.0	10.0
Freq. (MHz)	239.5	240.0	239.5	240.0
Limit (dB)	35.6	35.6	35.6	35.6
Worst Pair	36	36	36	36
PS NEXT (dB)	9.7	11.6	9.7	11.7
Freq. (MHz)	239.5	240.5	239.5	247.0
Limit (dB)	33.0	33.0	33.0	32.8

PASS	MAIN	SR	MAIN	SR
Worst Pair	36-45	45-36	78-45	45-78
ACR-F (dB)	14.8	14.8	21.4	21.4
Freq. (MHz)	1.0	1.0	250.0	250.0
Limit (dB)	64.2	64.2	16.2	16.2
Worst Pair	45	45	45	45
PS ACR-F (dB)	16.5	16.8	21.1	21.2
Freq. (MHz)	1.0	1.0	244.5	244.5
Limit (dB)	61.2	61.2	13.4	13.4

PASS	MAIN	SR	MAIN	SR
Worst Pair	36-78	36-78	36-78	36-78
ACR-N (dB)	31.3	33.0	32.8	35.4
Freq. (MHz)	150.0	164.0	239.5	246.5
Limit (dB)	15.9	14.1	5.7	5.0
Worst Pair	36	36	36	36
PS ACR-N (dB)	31.3	33.6	34.3	36.7
Freq. (MHz)	149.5	164.0	239.5	247.5
Limit (dB)	13.4	11.5	3.1	2.3

PASS	MAIN	SR	MAIN	SR
Worst Pair	12	12	12	45
RL (dB)	6.4	5.9	7.6	8.9
Freq. (MHz)	92.3	92.3	194.0	250.0
Limit (dB)	14.4	14.4	11.1	10.0

Compliant Network Standards:

10BASE-T	100BASE-TX	100BASE-T4
1000BASE-T	ATM-25	ATM-51
ATM-155	100VG-AnyLan	TR-4
TR-16 Active	TR-16 Passive	

NEXT　　NEXT @ Remote
ACR-F　　ACR-F @ Remote
ACR-N　　ACR-N @ Remote
RL　　RL @ Remote

LinkWare Version 5.0

Project:

FLUKE networks.

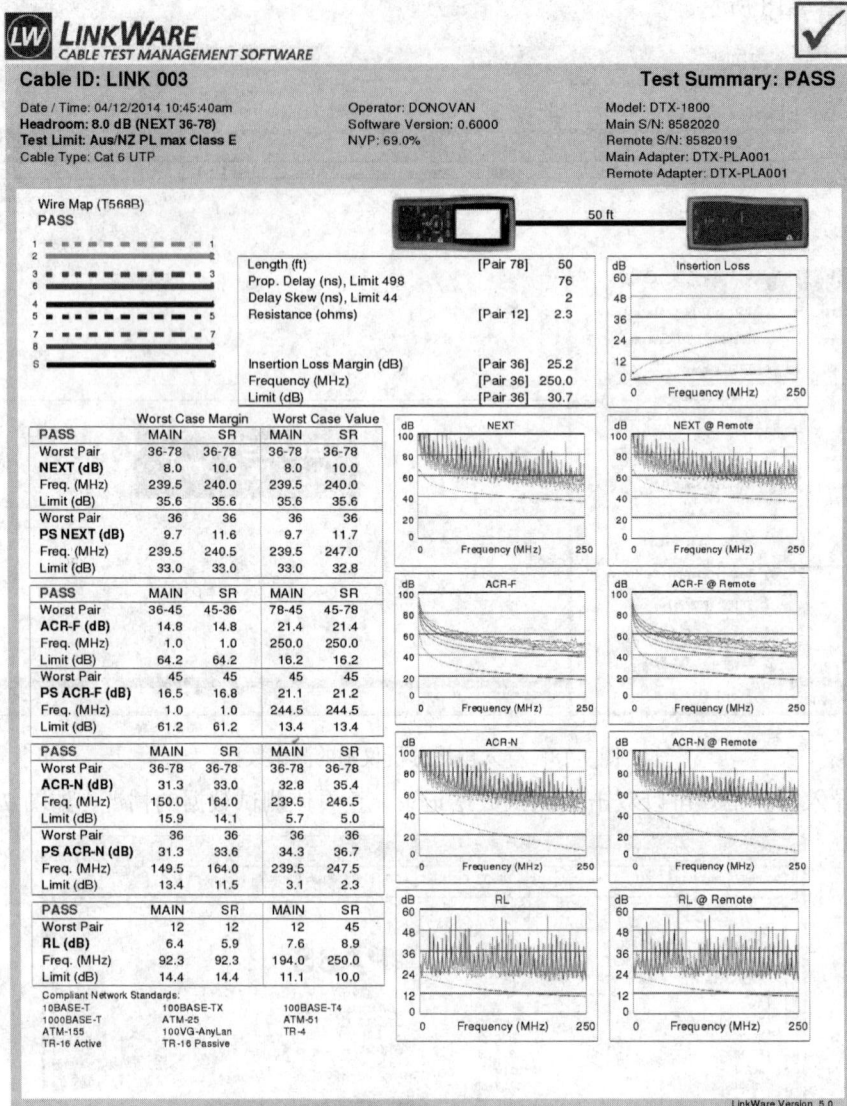

图 7-20　PDF 格式的测试报告(链路测试合格)

2. 评估测试报告

通过电缆管理软件生成测试报告后，要组织人员对测试结果进行统计分析，以判定整个综合布线工程质量是否符合设计要求。使用 Fluke LinkWare 软件生成的测试报告中会明确给出每条被测链路的测试结果。如果链路的测试合格，则给出"PASS"的结论，如图 7-20 所示。如果链路测试不合格，则给出"FAIL"的结论，如图 7-21 所示。

对测试报告中每条被测链路的测试结果进行统计，就可以知道整个工程的达标率。要想快速地统计出整个被测链路的合格率，可以借助于 LinkWare Stats 软件，该软件生成的统计报表的首页会显示出被测链路的合格率。

对于测试不合格的链路，施工方必须限时整改，只有整个工程的链路全部测试合格，才能确认整个综合布线工程通过测试验收工作。

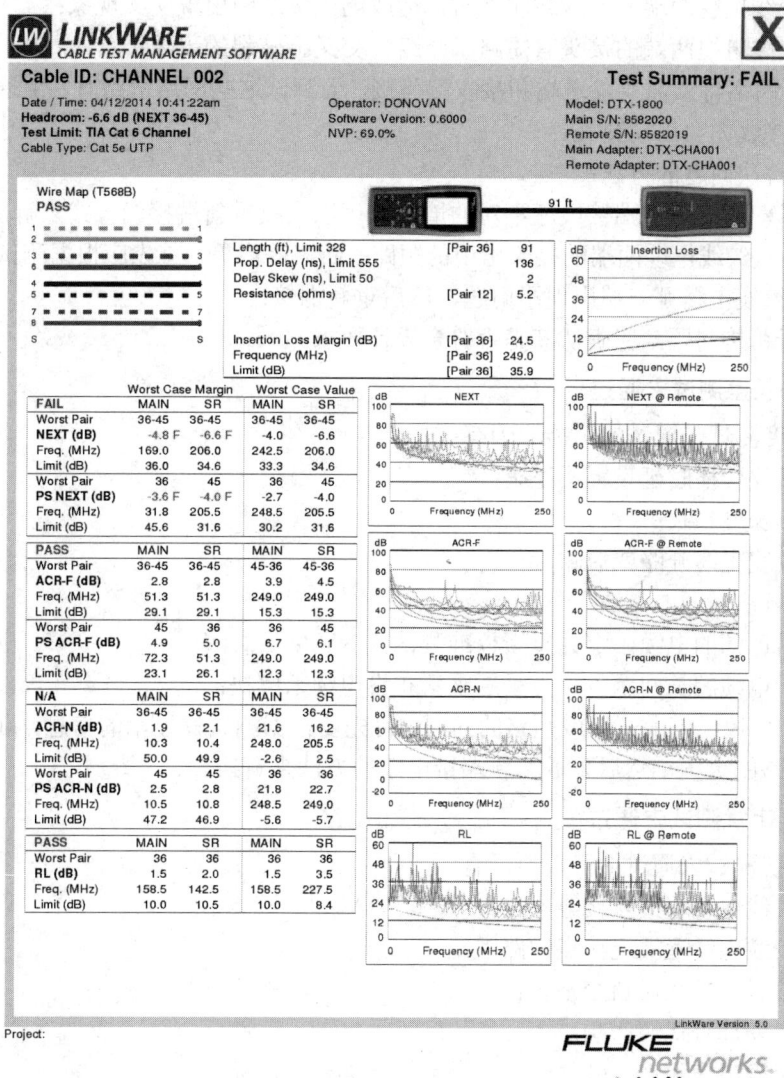

图 7-21　链路测试不合格的报告

❖ 操作 4　解决测试错误

在双绞线电缆测试过程中，经常会碰到某些测试项目测试不合格的情况，这说明双绞线电缆及其相连接的硬件安装工艺不合格或者产品质量不达标。要有效地解决测试中出现的各种问题，就必须认真理解各项测试参数的内涵，并依靠测试仪准确地定位故障。

请根据实际条件，观摩双绞线电缆布线系统认证测试案例，解决相关测试错误。测试过程中经常出现的问题及相应的解决办法如下：

1. 接线图测试未通过

接线图测试未通过的可能原因有：

- 双绞线电缆两端的接线线序不对，造成测试接线图出现交叉现象；
- 双绞线电缆两端的接头有短路、断路、交叉、破裂的现象；
- 某些网络特意需要发送端和接收端跨接，当测试这些网络链路时，由于设备线路的跨接，测试接线图会出现交叉。

相应的解决问题的方法：

- 对于双绞线电缆端接线序不对的情况，可以采取重新端接的方式来解决；
- 对于双绞线电缆两端的接头出现的短路、断路等现象，首先应根据测试仪显示的接线图判定双绞线电缆哪一端出现了问题，然后重新端接；
- 对于跨接问题，应确认其是否符合设计要求。

2. 链路长度测试未通过

链路长度测试未通过的可能原因有：

- 测试仪传播时延设置不正确；
- 实际长度超长；
- 双绞线电缆开路或短路。

相应的解决问题的方法：

- 可用已知的电缆确定并重新校准测试仪 NVP；
- 对于电缆超长问题，只能采用重新布设电缆来解决；
- 对于双绞线电缆开路或短路的问题，首先要根据测试仪显示的信息，准确地定位电缆开路或短路的位置，然后采取重新端接电缆的方法来解决。

3. 近端串扰测试未通过

近端串扰测试未通过的可能原因有：

- 双绞线电缆端接点接触不良；
- 双绞线电缆远端连接点短路；
- 双绞线电缆线对扭绞不良；
- 存在外部干扰源影响；
- 双绞线电缆和连接硬件性能问题或不是同一类产品。

相应的解决问题的方法：

- 端接点接触不良的问题经常出现在模块压接和配线架压接方面，因此应对电缆所端接的模块和配线架进行重新压接加固；
- 对于远端连接点短路的问题，可以通过重新端接电缆来解决；
- 如果端接模块或配线架时，双绞线线对扭绞不良，则应采取重新端接的方法来解决；
- 对于外部干扰源，可采用金属管槽保护或更换为屏蔽双绞线电缆的手段来解决；
- 对于双绞线电缆及相连接硬件的性能问题，只能采取更换的方式来彻底解决，所有缆线及连接硬件应更换为相同类型的产品。

4. 衰减测试未通过

衰减测试未通过的原因可能有：

- 双绞线电缆超长;
- 双绞线电缆端接点接触不良;
- 电缆和连接硬件性能问题或不是同一类产品;
- 现场温度过高。

相应的解决问题的方法:

- 对于超长的双绞线电缆,只能采取更换电缆的方式来解决;
- 对于双绞线电缆端接质量问题,可采取重新端接的方式来解决;
- 对于电缆和连接硬件的性能问题,应采取更换的方式来彻底解决,所有缆线及连接硬件应更换为相同类型的产品。
- 对于现场温度过高的问题,应采取措施将现场温度降低到测试仪的正常工作范围内,然后重新进行测试。

任务 7.2　光缆布线系统测试

【任务目的】

(1) 理解光缆布线系统的测试内容;
(2) 熟悉光缆布线系统测试的一般方法。

【工作环境与条件】

(1) 校园网综合布线工程案例及相关文档;
(2) 企业网综合布线工程案例及相关文档;
(3) 已经连接好的综合布线系统传输通道;
(4) 光纤测试仪、其他常用光缆测试设备及其配件;
(5) 安装好相应测试管理软件的 PC。

【相关知识】

7.2.1　光缆布线系统的测试内容

光缆安装的最后一步就是对光纤进行测试,测试目的是为了检测光缆敷设和端接是否正确。光纤测试主要包括衰减测试和长度测试,其他还有带宽测试和故障定位测试。带宽是光纤链路性能的一个重要参数,但光纤安装过程中一般不会影响这项性能参数,所以在验收测试中很少进行带宽性能检查。

根据我国国家标准《综合布线系统工程验收规范》(GBT/T 50312—2007)的规定,光纤链路主要测试以下内容:

(1) 在施工前进行器材检验时,一般检查光纤的连通性,必要时宜采用光纤损耗测试仪(稳定光源和光功率计组合)对光纤链路的插入损耗和光纤长度进行测试。

(2) 对光纤链路(包括光纤、连接器件和熔接点)的衰减进行测试,同时测试光纤跳线的衰减值可作为设备连接光缆的衰减参考值，整个光纤信道的衰减值应符合设计要求。

1. 光纤链路长度

光纤链路包括光纤布线系统两个端接点之间的所有部件，包括光纤、光纤连接器、光纤接续子等。

1) 水平光缆链路

水平光缆链路从水平跳接点到工作区插座的最大长度为 100 m，它只需 850 mn 和 1300 mn 的波长，要在一个波长单向进行测试。

2) 主干多模光缆链路

(1) 主干多模光缆链路应该在 850 mn 和 1300 mn 波段进行单向测试，链路在长度上有如下要求：

- 从主跳接到中间跳接的最大长度是 1700 m；
- 从中间跳接到水平跳接最大长度是 300 m；
- 从主跳接到水平跳接的最大长度是 2000 m。

(2) 主干单模光缆链路应该在 1310 mn 和 1550 mn 波段进行单向测试，链路在长度上有如下要求：

- 从主跳接到中间跳接的最大长度是 2700 m；
- 从中间跳接到水平跳接最大长度是 300 m；
- 从主跳接到水平跳接的最大长度是 3000 m。

2. 光纤链路衰减

必须对光纤链路上的所有部件进行衰减测试，衰减测试就是对光功率损耗的测试，引起光纤链路损耗的原因主要有：

(1) 材料原因：光纤纯度不够和材料密度的变化太大。

(2) 光缆的弯曲程度：包括安装弯曲和产品制造弯曲问题，光缆对弯曲非常敏感，如果弯曲半径大于 2 倍的光缆外径，大部分光将保留在光缆核心内，单模光缆比多模光缆更敏感。

(3) 光缆接合以及连接的耦合损耗：主要由截面不匹配、间隙损耗、轴心不匹配和角度不匹配造成。

(4) 不洁或连接质量不良：主要由不洁净的连接，灰尘阻碍光传输，手指的油污影响光传输，不洁净光缆连接器等造成。

因为综合布线系统中光纤链路的距离较短，因此与波长有关的衰减可以忽略，光纤连接器损耗和光纤接续子损耗是水平光纤链路的主要损耗。

① 布线系统所采用光纤的性能指标及光纤信道指标应符合设计要求。不同类型的光缆在标称的波长，每公里的最大衰减值应符合表 7-13 的规定。

表 7-13　光 缆 衰 减

最大光缆衰减/(dB/km)			
项目	OM1，OM2 及 OM3 多模		OS 1 单模
波长	850 nm	1300 nm	1310 nm	1550 nm
衰减	3.5	1.5	1.0	1.0

② 光缆布线信道在规定的传输窗口测量出的最大信道衰减应不超过表 7-14 的规定，该指标已包括接头与连接插座的衰减在内。

表 7-14　光缆信道衰减范围

级别	最大信道衰减/dB			
	单模		多模	
	1310 nm	1550 nm	850 nm	1300 nm
OF-300	1.80	1.80	2.55	1.95
OF-500	2.00	2.00	3.25	2.25
OF-2000	3.50	3.50	8.50	4.50

注：每个连接处的衰减值最大为 1.5 dB。

③ 插入损耗是指光发射机与光接收机之间插入光缆或元器件产生的信号损耗，通常指衰减。光纤链路的插入损耗极限值可用以下公式计算：

- 光纤链路损耗 = 光纤损耗 + 连接器件损耗 + 光纤连接点损耗；
- 光纤损耗 = 光纤损耗系数(dB/km)× 光纤长度(km)；
- 连接器件损耗 = 连接器件损耗/个 × 连接器件个数；
- 光纤连接点损耗 = 光纤连接点损耗/个 × 光纤连接点个数。

表 7-15 给出了光纤链路损耗的参考值。

表 7-15　光纤链路损耗参考值

种类	工作波长/nm	衰减系数/(dB/km)
多模光纤	850	3.5
多模光纤	1300	1.5
单模室外光纤	1310	0.5
单模室外光纤	1550	0.5
单模室内光纤	1310	1.0
单模室内光纤	1550	1.0
连接器件衰减	0.75 dB	
光纤连接点衰减	0.3 dB	

7.2.2　光缆布线系统的常用测试方法

通常在具体的工程中对光纤传输通道的测试方法有连通性测试、端—端损耗测试、收发功率测试和反射损耗测试。

1. 连通性测试

连通性测试是最简单的测试方法，只需在光纤一端导入光线(如手电光)，在光纤的另外一端看看是否有光闪即可。连通性测试的目的是为了确定光纤中是否存在断点，通常在购买光缆时采用这种方法进行测试。

2. 端—端损耗测试

端—端的损耗测试采取插入式测试方法，使用一台光功率计和一个光源，先在被测光纤的某个位置作为参考点，测试出参考功率值，然后再进行端—端测试并记录下信号增益值，两者之差即为实际端到端的损耗值。用该值与标准值相比就可确定这段光缆的连接是否有效。图7-22 所示为端—端损耗测试示意图，其基本操作步骤为：第一步是参考度量(P_1)测试，测量从已知光源到直接相连的光功率计之间的损耗值 P_1；第二步是实际度量(P_2)测试，测量从发送器到接收器的损耗值 P_2。端到端功率损耗 A 是参考度量与实际度量的差值：$A = P_1 - P_2$。

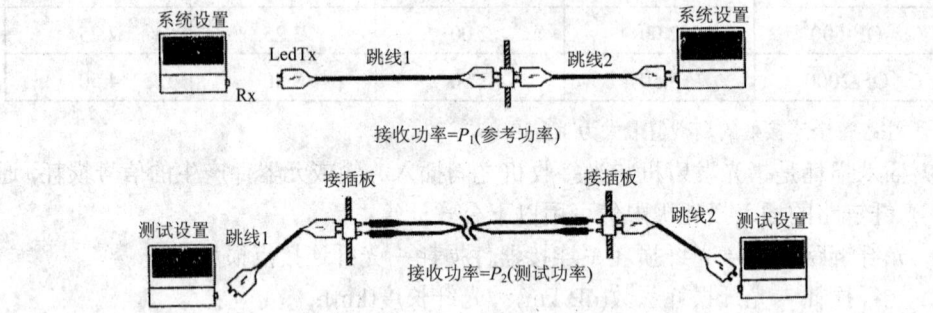

图 7-22　端—端损耗测试示意图

3. 收发功率测试

收发功率测试是测定布线系统光纤链路的有效方法，使用的设备主要是光功率计和一段跳接线。在实际应用情况中，链路的两端可能相距很远，但只要测得发送端和接收端的光功率，即可判定光纤链路的状况。具体操作过程如下：

(1) 在发送端将测试光纤取下，用跳接线取而代之，跳接线一端为原来的发送器，另一端为光功率计，使光发送机工作，即可在光功率计上测得发送端的光功率值。

(2) 在接收端，用跳接线取代原来的跳线，接上光功率计，在发送端的光发送机工作的情况下，即可测得接收端的光功率值。

(3) 发送端与接收端的光功率值之差，就是该光纤链路所产生的损耗。

图 7-23 所示即为收发功率测试的操作过程。

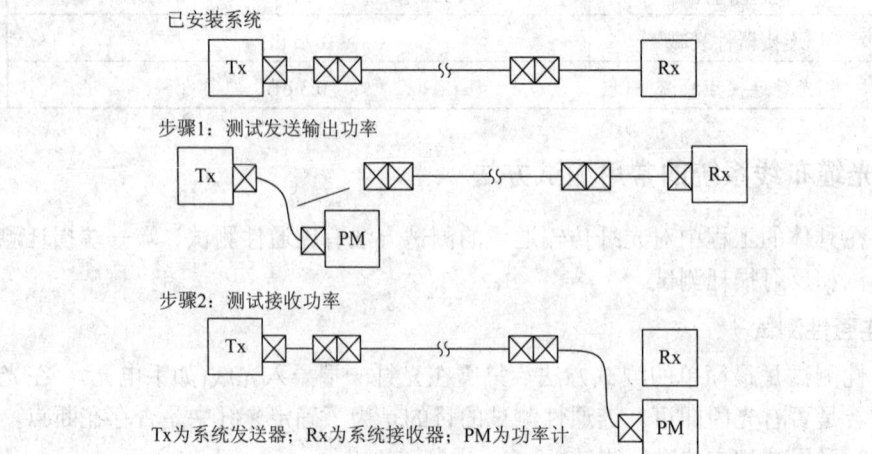

Tx为系统发送器；Rx为系统接收器；PM为功率计

图 7-23　收发功率测试的操作过程

4. 反射损耗测试

反射损耗测试是检修光纤线路非常有效的手段。它使用光纤时间区域反射仪(OTDR)来完成测试工作，基本原理就是利用导入光与反射光的时间差来测定距离，如此可以准确判定故障的位置。OTDR 将探测脉冲注入光纤，在反射光的基础上估计光纤长度。OTDR 测试适用于故障定位，特别是用于确定光缆断开或损坏的位置。OTDR 测试文档为网络诊断和网络扩展提供了重要数据。

【任务实施】

❖ 操作 1　认识常用光缆测试设备

用于光纤链路的测试设备与用于铜缆的测试设备不同，每个测试设备都必须能够产生光脉冲然后在光纤链路的另一端对其测试。不同的测试设备具有不同的测试功能，应用于不同的测试环境，一些设备只可以进行基本的连通性测试，有些设备则可以在不同的波长上进行全面测试。请根据实际条件，观摩以下常用光缆测试设备实物，了解其作用和使用方法。

1. 闪光灯

闪光灯是测试光纤链路性能之前首先要用到的测试设备。这种设备可以方便地对光纤的两端进行检测。在光纤标记错误或者安装的配线盘端口不对时，用闪光灯进行测试可以节约很多时间。闪光灯的缺陷是这种设备发出的光级别较低，使得实际进入光纤芯的光较少，结果导致这些光经过长距离的传输后很难被看到或者根本看不到。

2. 光纤识别仪和故障定位仪

光纤识别仪和故障定位仪是一种简单的光纤测试设备。这种设备可以用来定位没有标记的光缆或诊断布线链路中存在的故障。光纤识别仪和故障定位仪可测试长度在 5km 以上的光纤链路段，这两种设备在定位和处理光纤线路的故障时都很省时。

光纤识别仪可对光纤做无损检测，可以把天花板上或光纤配线盘上的光纤识别出来，这类似于音频生成器和音频放大器测试铜缆时执行的功能，如图 7-24 所示。光纤识别仪是一个很灵敏的光电探测器。当一根光纤弯曲时，有些光会从纤芯中辐射出来，这些光就会被光纤识别器检测到，技术人员根据这些光可以将多芯光缆或是接插板中的单根光纤从其他光纤中标识出来。光纤识别器可以在不影响传输的情况下检测光的状态及方向。

光纤故障定位仪是可以识别光纤链路中故障的设备，如图 7-25 所示，这种设备的功能类似于连通性测试仪，它可以从视觉上识别出光纤链路的断开或光纤断裂。故障定位仪产生的光脉冲比闪光灯要强得多，因此，在诊断长线路的光缆故障时，故障定位仪更有优势。

图 7-24　光纤识别仪　　　　　　　　　　图 7-25　光纤故障定位仪

3. 光功率计

光功率计是测试光纤布线链路损耗的基本测试设备，如图 7-26 所示，它可以测量光缆的出纤光功率。在光纤链路段，用光功率计可以测量传输信号的损耗和衰减。

大多数光功率计是手提式设备，用于测试多模光缆布线系统的光功率计的工作波长是 850 nm 和 1300 nm，用于测试单模光缆的光功率计的测试波长是 1310 nm 和 1550 nm。光功率计和激光光源一起使用，是测试评估楼内、楼区布线多模光缆和野外单模光缆的最常用的测试设备。

4. 光纤测试光源

在进行光功率测量时必须要有一个稳定的光源，光纤测试光源可以产生稳定的光脉冲，光纤测试光源和光功率计一起使用，这样功率计就可以测试出光纤链路段的损耗。光纤测试光源如图 7-27 所示。

图 7-26　光功率计　　　　　　　　　　　图 7-27　光纤测试光源

目前的光源主要有 LED(发光二极管)光源和激光光源两种。LED 光源虽然造价比较低，但是由于 LED 光源的功率及其散射等性能的缺陷，在短距离的局域网中应用较多；而在长距离的局域网主干中都使用传统的激光光源，但是激光光源设备昂贵。为了能够解决这两种光源的缺陷，人们又研制出了 VCSEL(垂直腔体表面发射激光)光源。VCSEL 是一种性能好且制造成本低的激光光源，目前很多网络的互连设备，都可以提供 VCSEL 光源的端口，表 7-16 给出了三种光源的比较。

表 7-16　三种光源的比较

光源类型	工作波长/nm	光纤类型	带宽	元器件	价格
LED	850	多模	>200 MHz	简单	便宜
Laser	850、1310、1550	单模	>5 GHz	复杂	昂贵
VCSEL	850	多模	>1 GHz	适中	适中

5. 光损耗测试仪

光损耗测试仪是由光功率计和光纤测试光源组合在一起构成的。光损耗测试仪包括所有进行链路段测试所必需的光纤跳线、连接器和耦合器。光损耗测试仪可以用来测试单模光缆和多模光缆，用于测试多模光缆的损耗测试仪有一个 LED 光源，可以产生 850 nm 和 1300 nm 的光，用于测试单模光缆的损耗测试仪有一个激光光源，可以产生 1310 nm 和 1550 nm 的光。

6. 光时域反射仪

光时域反射仪(OTDR)是最为复杂的光纤测试设备，如图 7-28 所示。OTDR 可以进行光纤损耗的测试，也可以进行长度测试，还可以确定光纤链路中故障的起因和故障位置。

图 7-28　光时域反射仪

OTDR 使用激光光源而不像光功率计那样使用 LED，OTDR 采用基于回波散射的工作方式，光纤连接器和接续子在连接点上都会将部分光反射回来，OTDR 通过测量回波散射的量来检测链路中的光纤连接器和接续子。OTDR 还可以通过测量回波散射信号返回的时间来确定链路的距离。它把这些信息输出到一个曲线打印端，输出的数据可用于分析光纤链路特性或者作为文件备份。

❖ 操作 2　使用光缆测试仪

光纤测试设备的种类很多，不同的测试设备使用方法有所不同。请根据实际条件，观摩双绞线光缆系统认证测试案例，完成相关测试操作。下面主要介绍 FLUKE 公司生产的 OF-500 OptiFiber 认证光时域反射计的使用。

1. OF-500 的功能特性

OF-500 OptiFiber 认证光时域反射计是一种手持式光时域反射计(OTDR)，可用于找出多模及单模光纤中的反射及损耗事件并描述事件特征。OTDR 适用于通常安装于建筑(楼群及园区网)网络的较短光纤。典型的测试量程为在 1300 nm 波长时，多模光缆最大为 7 km；单模光缆最大为 60 km。该测试仪包含下列特性：

• 自动光时域反射计(OTDR)曲线及分析，可找出多模及单模光纤上的故障。

• 可用事件表或说明性的光时域反射计(OTDR)曲线概要显示测试结果。测试依据是原厂安装或者用户指定的极限值。

• "通道映射"(Channel Map)功能提供通道中的连接器及线段的直观映射图。

• 附加的 Fiber Inspector 视频探头可用于检视光纤端面并保存图像。

• 损耗/长度测试模块输入端口上的可互换连接适配器允许使用各种类型的连接器进行符合 ISO 标准的基准连接与测试连接。

• 可将成百上千的测试结果保存在移动内存卡或保存在内部存储器中。

• 随上下文环境而变的在线帮助可帮助用户快速访问操作说明及光纤故障查找信息。

• LinkWare 软件可用于上传测试结果至 PC 并建立专业水平的测试报告。"LinkWare Stats"选件可生成可浏览的光缆测试统计数据图形化报告。

2. OF-500 的操作界面

(1) OF-500 的前面板如图 7-29 所示。

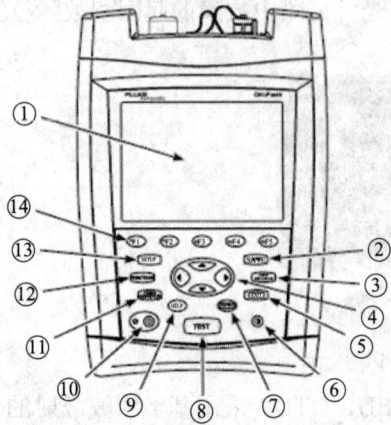

④ ◇◇◇◇◇：浏览键可用于在屏幕上移动光标或加亮标明的区域并递增或递减字母数字值。

⑤ 　　：退出当前的屏幕。

⑥ 　：调整显示亮度。

⑦ 　　：选择屏幕上加亮标明的项目。

⑧ 　　：开始目前选定的光纤测试。将要运行的测试显示于显示屏幕的左上角。从主页(HOME)屏幕中按 键可更改测试或从功能(FUNCTION)菜单选择一个测试。

⑨ 　　：显示与当前屏幕有关的帮助主题。要查看帮助索引，请再按 键一次。

⑩ 　：开/关键。

⑪ 　　：启动附加的Fiber Inspector视频探头，可用于检视光纤端面并将图像与测试结果一起保存。

⑫ 　　：显示其他的测试、配置及状态功能列表。

⑬ 　　：显示用于配置测试仪的菜单。

⑭ 　　　　：五个软键提供与当前的屏幕有关的功能。当前的功能显示于屏幕软键之上。

① 带有背照灯及可调整亮度的LCD显示屏幕。

② 　　：在可拆卸内存卡或内部存储器中保存测试结果。

③ 　　：显示保存在内存卡或内部存储器上的测试记录。

图 7-29　OF-500 的前面板

(2) OF-500 的侧面及顶端面板如图 7-30 所示。

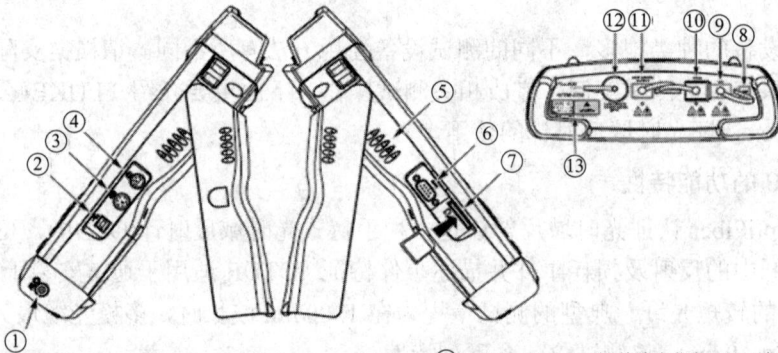

① 交流适配器连接器。将适配器连接至交流电时，LED指示灯会亮起。

② 适用于上传测试报告至 PC 并从 PC 将更新软件下载至测试仪的 USB 端口，请查阅 LinkWare 参考文档中有关使用 USB 端口的详细说明。

③ 适用于附加外接 PS2 键盘的 6 针脚微型DIN连接器。

④ 适用于附加 Fiber Inspector 视频探头的 8 针脚微型DIN连接器。

⑤ 风扇气孔。

⑥ 适用于上传测试报告至 PC 并从 PC 将更新软件下载至测试仪的 RS-232C 串口，请查阅 LinkWare 参考文档中有关使用串口的详细说明。

⑦ 可拆卸内存卡插槽。当测试仪在内存卡写入或读取时，LED 指示灯会亮起。

⑧ 模块的多模(MM)或单模(SM)标签。

⑨ OFTM-57xx：可视故障定位仪(VFL)连接器。

⑩ 光时域反射计(OTDR)连接适配器(SC标准型)。激光正在工作时，LED指示灯会亮。

⑪ OFTM-5612B/5732：损耗/长度输出端口(SC)，适用于损耗/长度测试的光学信号传输。

⑫ OFTM-5731/5732/5611B/5612B：带可互换连接适配器(SC标准型)的损耗/长度测试输入端，适用于功率测量及损耗/长度测试的光学信号接收。

⚠⚠警告

切勿直视光学连接器内部。有些光源会产生肉眼不可见的辐射，可能对您的双眼造成永久的损伤。

⑬ 激光安全标签(如下所示)。

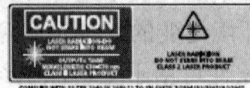

图 7-30　OF-500 的侧面及顶端面板

(3) 主页屏幕如图 7-31 所示。

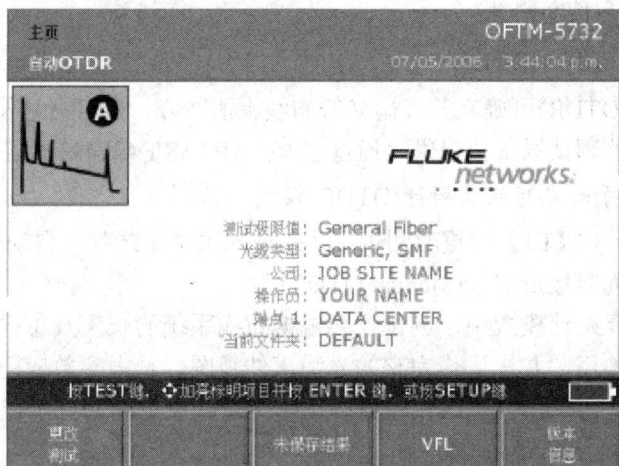

图 7-31　主页屏幕

3. 使用设置菜单

要查看或设定测试仪的设置值，需按【SETUP】键。设置菜单如图 7-32 所示。

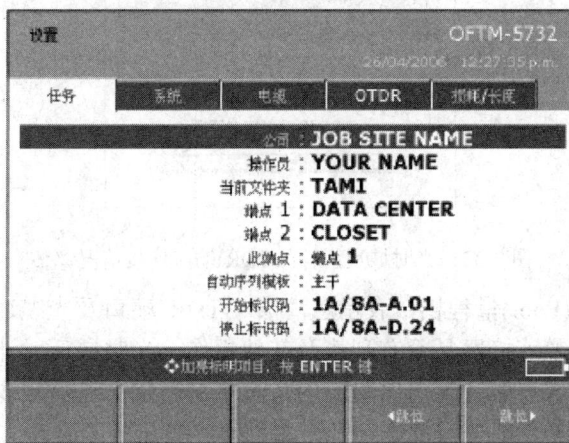

图 7-32　设置菜单

设置菜单的选项卡如下：

· 任务设置值：适用于被测的光纤安装，并与已保存的测试结果一起保存。可用这些设置值来找出工作地点，设置光缆标识码列表，并识别被测的布线端点。

· 系统设置值：可用于定位测试仪并设置其他用户首选项，如电源关闭超时及摄像机类型等。

· 电缆选项卡：可用于选择待测的光缆类型并定义用于损耗/长度测试的有些光缆特征。如果不想使用默认值，还可更改折射率。

· 光时域反射计(OTDR)选项卡：可用于选择用于光时域反射计(OTDR)测试的测试极限值和波长，并可启用发射光纤补偿功能，还可更改"手动光时域反射计(OTDR)"模式的设置值。

• 如果所安装模块包含损耗/长度选项或功率计选项，则会显示损耗/长度选项卡，用此选项卡来设置损耗/长度测试。

4. 使用光时域反射计(OTDR)

光时域反射计(OTDR)可确立并找出光纤布线上的故障，还可测量长度、事件损耗及总损耗，并根据选定的测试极限值提供"通过/失败"(PASS/FAIL)测试结果。

1) 选择自动或手动光时域反射计(OTDR)模式

从主页屏幕中，按【F1】键更改测试。从跳现式菜单中选择"自动光时域反射计(Auto OTDR)"或"手动光时域反射计(Manual OTDR)"。

在自动光时域反射计模式中，测试仪会根据布线系统的长度及总损耗，自动选择设置值，该模式最容易使用，并提供最完整的光缆事件视图，是大多数应用的最佳选择。手动光时域反射计模式适用于需要更改设置值以优化光时域反射计来显示特定事件的场合。

2) 光时域反射计(OTDR)连接情况

当运行光时域反射计测试时，测试仪会判断 OTDR 端口连接的情况，如图 7-33 所示。

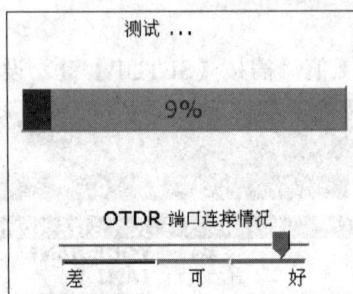

图 7-33 光时域反射计(OTDR)端口连接情况评估

如果仪表位于差(Poor)量程档，表示应清洁 OTDR 端口及光缆连接器。使用视频显微镜，来检视端口和光缆连接器是否有刮痕及其他损伤。光时域反射计连接不良，会增加连接器的死区，使光时域反射计连接器附近的故障不易察觉；还会减弱可用于测试光缆的光强度。微弱的测试信号可能导致曲线杂乱、事件检测效果较差及动态量程缩小。

端口连接情况等级可与光时域反射计测量结果详细信息一同保存。

3) 使用光时域反射计(OTDR)

(1) 选择"自动光时域反射计(OTDR)"模式：从主页屏幕中按【F1】键更改测试；然后选择自动光时域反射计(OTDR)。

(2) 如果需要，补偿所用的发射/接收光纤：按【FUNCTION】键；然后选择设置发射光纤补偿。按【HELP】键以查阅有关补偿屏幕的细节。

(3) 选择待测光纤的设置值。在光缆选项卡中设置下列设置值：

• 光纤类型：选择待测的光纤类型。

• 手动光缆设置(MANUAL CABLE SETTINGS)(折射率和逆向散射系数)：当禁用时，测试仪会使用所选光纤类型中定义的值。此值适用于大多数应用。

(4) 配置光时域反射计(OTDR)测试。按【SETUP】键；然后从光时域反射计(OTDR)

选项卡上选择下列设置值:
- 测试极限值(TEST LIMIT): 选择适当的极限值。
- 波长(WAVELENGTH): 选择一个或两个波长。
- 发射补偿(LAUNCH COMPENSATION): 在使用发射光纤补偿设置值时启用。
- 光时域反射计(OTDR)绘图栅格: 启用时可在 OTDR 绘图上看到测量栅格。

(5) 清洁发射光缆及待测光缆的连接器。

(6) 将测试仪的光时域反射计(OTDR)端口连接至布线系统,如图 7-34、图 7-35 所示。

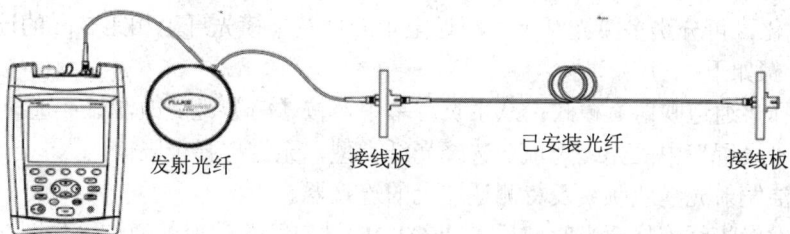

图 7-34　将光时域反射计(OTDR)连接至所安装光纤(没有接收光纤)

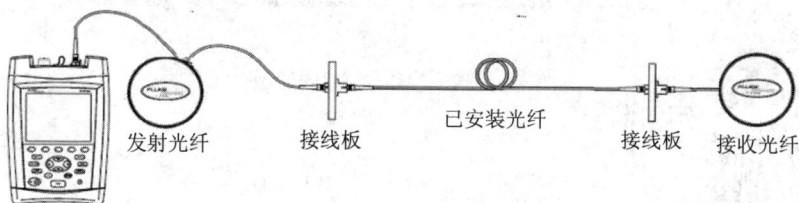

图 7-35　将光时域反射计(OTDR)连接至所安装光纤(有接收光纤)

(7) 按【TEST】键开始光时域反射计(OTDR)测试。图 7-36 显示光时域反射计(OTDR)曲线屏幕。

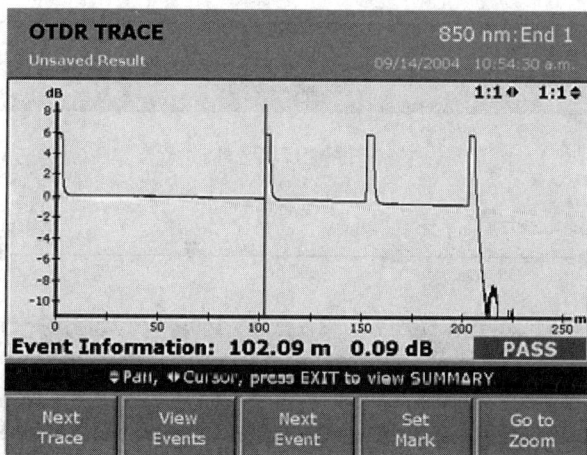

图 7-36　光时域反射计(OTDR)曲线屏幕

(8) 要保存测试结果,按【SAVE】键,选择或建立光纤标识码;然后再按【SAVE】键。对于双向测试,请执行下列步骤:

① 从"设置"中的任务选项卡将此端点(THIS END)设置为端点 1(END 1)。

② 从端点 1(END 1)测试所有布线。

③ 将此端点(THIS END)改为端点 2(END 2)；然后从另一端测试所有布线。用与第一次测试方向的测试结果相同的光纤标识码保存测试结果。标识码将在当前文件夹标识码(IDs IN CURRENT FOLDER)列表中显示。

5. 使用通道映射功能

通道映射功能提供被测布线的直观映射图。映射图显示布线中的光纤链路及连接。此功能经过优化，可分辨多模光纤上相距近至 1 m 以及单模光纤上相距 2 m 的连接。

具体步骤如下：

(1) 选择"通道映射"模式：从主页屏幕中，按【F1】键更改测试；选择通道映射。

(2) 从"设置"中的光缆选项卡选择光纤类型，无需选择极限值。

(3) 清洁发射光缆或跳线及待测通道上的连接器。

(4) 将发射光纤连接至光时域反射计(OTDR)端口及要映射的通道，如图 7-37 所示。

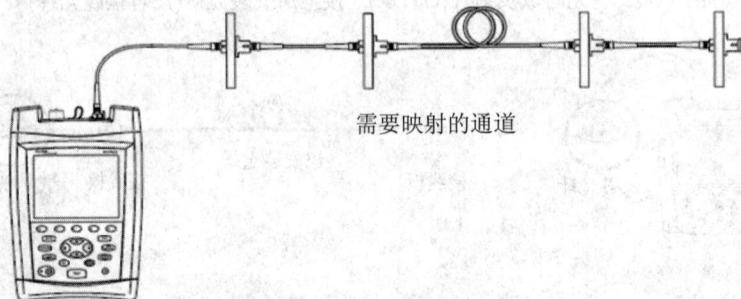

图 7-37　通道映射测试连接

(5) 按【TEST】键，图 7-38 说明了通道映射图的特性。

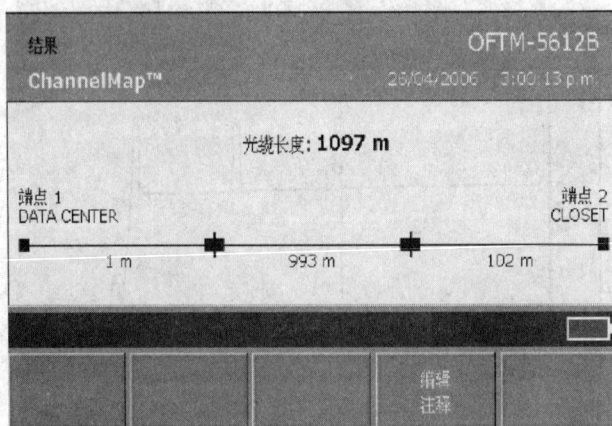

图 7-38　通道映射图的特性

(6) 要保存测试结果，按【SAVE】键，选择或建立光纤标识码；然后再按【SAVE】键，保存结果。

6. 测试报告

与 OF-500 OptiFiber 认证光时域反射计配合使用的测试管理软件仍然是 LinkWare 电缆测试管理软件，与 Fluke DTX 电缆分析仪相同。该软件可以帮助组织、定制、打印和保存各种记录，并配合 LinkWare Stats 软件生成各种图形测试报告。测试报告的生成方法这里不再赘述。

OptiFiber 认证光时域反射计还有其他的测试方法并可以配合很多不同的模块使用，可参考相应的用户手册。

思考与练习 7

1. 简述验证测试和认证测试的区别。
2. 电缆认证测试模型有哪些？试分析各个模型的异同点。
3. 5 类布线系统和 6 类布线系统在认证测试时分别需要测试哪些参数。
4. 常用的电缆测试设备有哪些？分别可以进行什么测试？
5. 根据我国国家标准《综合布线系统工程验收规范》(GBT/T 50312—2007)的规定，光纤链路应主要测试哪些内容？
6. 在具体的工程中对光纤传输通道的测试方法有哪些？
7. 常用的光缆测试设备有哪些？分别可以进行什么测试？

工作单元8　综合布线工程施工管理与验收

综合布线工程对安装要求非常严格，施工专业性很强，要保证在规定的工期内完成系统的施工安装调试、人员培训，并达到优良工程标准，必须针对综合布线工程成立专项的工程项目组，为该工程精心编制出一套完善的施工组织方案。综合布线工程经过设计、施工、测试，最后将进入验收阶段，综合布线工程验收将全面考核工程的建设工作，检验设计质量和工程质量，是施工方向建设方移交工程的正式手续，也是建设方对工程的认可。本工作单元的目的是了解综合布线工程施工管理的相关知识，理解综合布线工程验收的项目和内容。

任务 8.1　综合布线工程的施工管理

【任务目的】

(1) 了解综合布线工程实施的主要方式；

(2) 了解综合布线工程的组织和人员安排；

(3) 了解综合布线工程施工管理的流程和方法。

【工作环境与条件】

(1) 校园网综合布线工程案例及相关文档；

(2) 企业网综合布线工程案例及相关文档。

【相关知识】

8.1.1　综合布线工程实施的主要方式

综合布线工程的实施主要采用以下两种方式：

1. 承包商采用项目经理负责制，组织公司的工程队施工

这种工程实施方式适合于大型的工程公司，常年都有较多的工程任务，有足够的工程量来承担工程队的人工费用。

优势： 能有效控制工程的损耗和把握工程的质量，可控性比较高。

缺点： 会增加管理成本，工程队费用较高。

2. 承包商分包给项目经理，项目经理自己组织工程队伍进行施工

这种工程实施方式适合于一般的工程公司，工程任务相对不多，没有足够的工程量来承担工程队伍平时的开支和费用。

优势：操作灵活，能节省公司的人工费用。

缺点：对工程损耗和工程质量的控制会有相当的难度，可控性不高。

8.1.2　管理组织机构和人员安排

1. 综合布线工程的管理组织机构

针对综合布线工程的施工特点，施工单位要制定一整套规范的人员配备计划。下面给出一个参考性的工程施工组织机构，如图 8-1 所示，实际的工程项目施工组织由施工单位根据自己的情况进行组建。

1) 工程项目总负责人

该机构对工程的全面质量负责，监控整个工程的动作过程，并对重大的问题做出决策和处理。

2) 项目管理部

该机构是项目管理的最高职能机构。

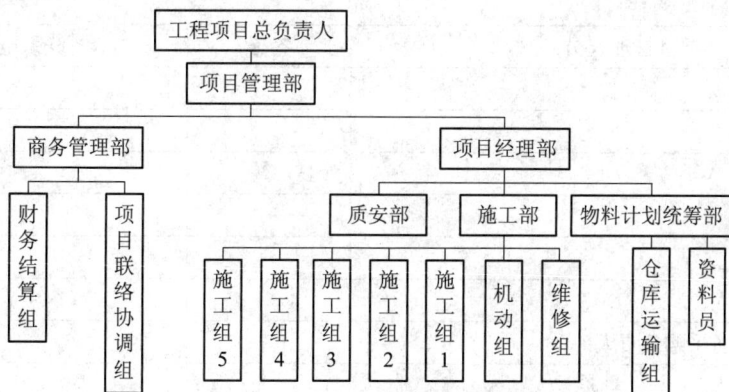

图 8-1　工程施工组织机构

3) 商务管理部

该机构负责项目的一切商务活动，主要由财务结算组和项目联络协调组组成。前者负责项目中所有财务事务、合同审核、各种预算计划、各种商务文件管理和与建设方的财务结算等工作；后者主要负责与建设方各方面的联络协调工作、与施工部门的联络协调工作和与产品厂商的联络协调工作。

4) 项目经理部

该机构统筹综合布线工程项目的所有设计、施工、测试和维修等工作。其下分为 3 个职能部门：质安部、施工部和物料计划统筹部。

5) 质安部

该机构主要负责审核设计中使用产品的性能指标、审核项目方案是否满足标书要求、工程进展检验、工程施工质量检验、物料品质数量检验、施工安全检查、测试标准检查等。

6) 施工部

该机构主要承担综合布线系统的工程施工，其下分为不同的施工组，各组分工明确又可相互制约。布线施工组主要负责各种线槽、线管和线缆的布放、捆绑、标记等工作；设备安装施工组主要负责卡接、配线架打线、机柜安装、面板安装以及各种色标制作和施工中的文档管理等工作；测试组主要按照标准进行测试工作，编写测试报告和管理各种测试文档；维修组主要职责是提供 24 小时响应的维修服务。

7) 物料计划统筹部

该机构主要根据合同及工程进度及时安排好库存和运输，为工程提供足够的物料。

8) 资料员

该机构在项目经理部的直接领导下，负责整个工程的资料管理，制定资料目录，保证施工图纸为当前有效的图纸版本；负责提供与各系统相关的验收标准及表格；负责制定竣工资料；负责本工程技术建档工作，收集验收所需的各种技术报告；协助整理本工程的技术档案，负责提出验收报告。

承包方应配备充足的资源为本项目服务，制定人事职能安排表，如表 8-1 所示。

表 8-1 人事职能安排表

项目经理部			
项目管理人员：		签署	联系电话
总工程师：			
工程主管：			
项目经理：			
项目副经理：			
技术负责人：			
质量安全负责人：			
材料供应及设备采购负责人：			
机动施工负责人：			
维修组负责人：			
工程资料员：			
施工组 1			
施工组 2			
施工组 3			
商务管理部			
姓名	分工	签署	联系电话

2. 项目经理的角色特点

项目经理的工作对于项目的成功与否起着关键的作用，包括以下几个方面：

1) 合同履约的负责人

项目合同规定承、发包双方责任与权利，是具有法律约束力的契约文件，是处理双方关系的主要依据。项目经理是公司在合同项目上的全权委托代理人，代表公司处理执行合同中的一切重大事宜，包括合同的实施、变更调整、违约处罚等，对执行合同负主要责任。

2) 项目计划的制定和执行监督人

为了做好项目工作、达到预定的目标，项目经理需要事前制定周全而且符合实际情况的计划，包括工作的目标、原则、程序和方法。使项目组全体成员围绕共同的目标、执行统一的原则、遵循规范的程序、按照科学的方法协调一致地工作，取得最好的效果。

3) 项目组织的指挥员

总承包的项目管理涉及众多的部门、专业、人员和环节，是一项庞大的系统工程。为了提高项目管理的工作效率并节省项目的管理费用，要进行良好的组织和分工。项目经理要确定项目的组织原则和形式，为项目组人员提出明确的目标和要求，充分发挥每个成员的作用。

4) 项目协调工作的纽带

项目建设的成功不仅依靠公司的工作，还需要建设方、分包单位的协作配合以及地方政府、社会各方面的支持。项目经理应该充分考虑各方面的合理和潜在的利益，建立良好的关系。项目经理是协调各方面关系使之相互紧密协作配合的桥梁与纽带。

5) 项目控制的中心

对项目工期、工程质量及工程造价的控制是项目投资效益的重要因素，也是项目合同考核的主要指标。项目经理要运用先进的项目管理技术对项目的进度、质量、费用进行综合控制。制定执行效果测量基准，进行进展情况分析，采取纠正偏差的措施，保证项目的正常运行，是项目控制的中心。

总之，项目经理是公司法定代表人在工程项目上的全权委托代理人，对外代表公司与建设方及分包单位进行联系和处理与合同有关的一切重大事项；对内全面负责组织项目的实施，是项目的直接领导者和组织者。

项目经理一般需填写个人简历，如表 8-2 所示。

表 8-2　项目经理简历表

姓名		性别		年龄	
职务		职称		毕业院校	
参加专业工作时间及所受的认证培训					
部分工作业绩					

8.1.3　施工管理基本流程

施工管理要求达到两个目的：

一是：控制整个施工过程，确保每一道工序井井有条，工序与工序之间协调配合；

二是：密切掌握每天的工程进展和质量，发现问题及时纠正。

为了实现上述目标，施工管理可以参考以下流程。

(1) 接到工程施工任务后，与设计人员共同进行现场勘察，交流现场实际情况与设计方案存在的出入、冲突、并出勘察纪要，以备设计整改。

(2) 提交施工组织设计方案，进行内部交底。施工方案应包括工期进度安排、材料准备、施工流程、设备安装量表、工期质量材料保障措施，内部交底后确定工程解决方案。

(3) 对建设方进行施工技术交底，交底内容以设计思路为辅，施工方案为主，交底后编写可行的施工组织设计。技术交底的方式有书面技术交底、会议交底、设计交底、施工组织设计交底、口头交底等形式。表8-3为技术交底常用的表格。

表 8-3　技术交底纪要

年　　月　　日

工程名称		工程地址	
工程类型		合同编号	
参加人员			
内容：			

提出单位：	设计单位：	建设方：	工程监理：	安装单位：
代表签字：	代表签字：	代表签字：	代表签字：	代表签字：

(4) 向监理报审施工组织设计，打开工报告，做好施工准备，包括：

· 落实水、电、库房、办公场地。

· 仓库管理须配备专职仓管员，仓管员须对施工中设备材料的进出仓做好登记、在设备开箱时对设备的外观、型号进行检查做好记录。仓库内的设备材料应堆放有序，并做好防潮防火工作。

· 对施工队伍进行安全文明施工教育，施工队伍施工交底，落实施工队伍安全管理制度。

· 设备材料报建设方认质，报监理材料审验。

- 　向公司提交人员、资金、材料计划。

(5) 工程实施阶段。

- 　安全管理：对于危险、超高、易燃、易爆、高压等环境做好保障措施。
- 　进度管理：合理安排工作计划，按工程整体进度表进行规划，包括资金、材料、人员的使用，加强现场协调。
- 　质量控制：按照规范检查工作，控制成本，现场变更应及时得到建设方及监理确认。
- 　同建设方、监理方定期进行现场例会，会后填写会议纪要。
- 　施工资料及时整理积累，做好施工日志。
- 　催要阶段工程款。

(6) 组织工程自检，发现工程中存在的问题及时解决。

(7) 协同建设方、监理共同进行工程验收。

(8) 竣工资料整理，资料内部存档。

(9) 完成工程总结报告。

【任务实施】

❖ 操作 1　现场施工管理

　　一般情况下，综合布线工程施工可以分为预埋管路部分、敷设线缆部分、设备安装部分和调试初验部分。请根据实际条件，考察综合布线工程施工案例，了解其现场施工的组织方式和管理方法。通常综合布线工程的现场施工管理应注意以下问题：

1. 预埋管路部分

预埋管路的施工是综合布线工程施工中的基础部分，管路的预埋应根据图纸所标注的类别选择相应管径的 PVC 管(在受强电等电磁干扰且不能满足最小净距要求时，应采用金属钢管)进行预埋。其基本施工要求如下：

(1) 查阅施工现场的相关管网图，确认开槽埋管的正确位置。

(2) 对小口径的 PVC 管弯管时应用弯管器，弯曲半径大于 6 倍管径。

(3) 对墙面隐蔽预埋管路，应做到图纸所标点位置，误差距离不得超过 150 mm。

(4) 墙面预埋管路应垂直于地面，不得斜拉管路。

(5) 对弱电竖井部分，管子出口应排列整齐，所留长度相等。

(6) 所有 PVC 管预埋，在管口处应用防水胶带包严，并做标记，利于找管。

(7) 终端暗盒预埋时应做到与水电暗盒标高一致。

2　敷设线缆部分

敷设线缆施工的基本要求如下：

(1) 铁丝拉线时，用力要均匀，防止拉断线。

(2) 整卷线在穿线前必须检查是否有断线。

(3) 终端盒接线宜留长度为 200 mm。

(4) 穿线后及时检查线路的通断情况。

(5) 跨施工阶段的线路应做到每星期检查一次。

(6) 应对每根线进行短路、开路测试。对多芯线的检测，应进行每根线间的交叉测量，确保线路通畅，无短路现象。确认无对地短路，或线路破损现象。

(7) 每根线要在两端注明线号、楼层号，并在图纸上注明。

(8) 弱电竖井内的线应分线号，分线材类别缠绕整齐。

(9) 采用接线端子时，接线应牢固，无松脱现象。

3. 设备安装部分

施工前应对所安装的设备外观、型号规格、数量、标志、标签、产品合格证、产地证明、说明书、技术文件资料进行检验，检验设备是否选用厂家原装产品，设备性能是否达到设计要求和国家标准的规定。其基本施工要求如下：

(1) 认真阅读设备安装说明书，做到心中有数。

(2) 由专业技术工程师对施工人员进行指导。

(3) 设备通电运行前必须仔细检查线路情况，避免短路烧坏设备。

(4) 设备安装端正，保持表面清洁。

(5) 严格按照设备接线图进行接线。

(6) 所有设备应设接地端子，并良好接地。

(7) 设备通电由专业项目负责人把关，确保万无一失。

(8) 设备安装位置应符合设计要求，便于安装和施工。

4. 调试初验部分

系统调试初验是按照国家、国际相关标准和规范，对各子系统实施质量的检验测试，防止由于偶然性和异常性原因产生质量问题的积累和延续，借助初验资料分析，及时发现操作者、施工机具、设备材料、施工方法、操作环境及管理上的问题，了解系统整体运行及与其他系统的配合状况，及时采取措施纠正或改进，保证项目质量符合设计要求。

❖ 操作 2　质量保证管理

请根据实际条件，考察综合布线工程施工案例，了解其质量保证措施和管理方法。通常综合布线工程的质量保证管理应注意以下问题：

1. 质量管理环节

严格执行 ISO 9001 系统工程质量体系，并在整个施工过程中，切实抓好以下环节：

(1) 施工图的规范化和制图的质量标准；

(2) 管线施工的质量检查和监督；

(3) 配线规格的审查和质量要求；

(4) 配线施工的质量检查和监督；

(5) 现场设备或前端设备的质量检查和监督；

(6) 主控设备的质量检查和监督；

(7) 调试大纲的审核和实施及质量监督；

(8) 系统运行时的参数统计和质量分析；

(9) 系统验收的步骤和方法;

(10) 系统验收的质量标准;

(11) 系统操作与运行管理的规范要求;

(12) 系统的保养和维修的规范要求;

(13) 年检的记录和系统运行总结等。

2. 质量控制方法

(1) 设备、材料进场时,应由各方管理人员对照合同对进场设备的型号、质量、数量进行审定并做出书面签字,不符合合同要求的产品决不能进场。确保将书面材料递交建设方,建设方有权批准或不批准,应在合同规定时间内给予书面答复。

(2) 隐蔽工程覆盖前,提前 48 小时通知建设方、监理单位等进行中间验收,以确保隐蔽工程的质量。对验收记录进行存档,竣工时移交给建设方。

(3) 完善项目管理制度,明确责任划分。严格按图纸施工,在保证系统功能质量的前提下,提高工艺标准要求,确保施工质量。

(4) 建立质量检查制度,现场管理人员将定期进行质量检查并贯穿到整个施工过程中。

(5) 各分项工程应严格遵守操作规程,各分组负责人对自己所承担的工程负全面责任。

(6) 在施工过程中由项目经理及各分组负责人,每天不定期检查,发现质量问题当场口头传达解决。次日如再次发现同样的问题并未解决则再次口头传达限期解决;如若还不能解决,则给予书面通知并进行奖金扣罚,扣罚金额大小由项目经理酌情而定。

(7) 对建设方、监理公司等提出工程问题的书面文件,应核实整改并立即反馈。

(8) 妥善保存测试时的资料,在竣工时提供给建设方,以使工程交付后,建设方能尽快熟悉系统并进行维护。

(9) 工程竣工后,必须进行最终检验。按编制竣工资料的要求收集、整理质量记录;对查出的施工质量缺陷,按不合格控制程序进行处理;在最终检验合格和试验合格后,对工程成品采取防护措施。

❖ **操作 3　安全保障管理**

在综合布线工程施工过程中,应采取必要措施加强对施工队伍的人身安全、设备安全教育,对每一道安装工序要设专人负责,严把各种材料进场质量关、设备验收关、安装质量关。采取动态管理与静态管理相结合的方法,实时控制各道工序。请根据实际条件,考察综合布线工程施工案例,了解其安全保障措施和管理方法。通常综合布线工程的安全保障管理可以采取以下措施:

(1) 加强安全生产和消防工作。现场所有施工人员均需接受安全生产和消防保卫的教育,以提高安全生产、消防保卫和的自我保护意识。

(2) 必须严格执行公司有关安全规程、条例,严格遵守现场总承包单位的有关安全生产的规章制度,服从现场安全人员的检查。执行开工前安全会的安全交底制度,对安全注意事项要反复给予说明。

(3) 设备、材料应按工程进度计划进入现场,并按规定地点整齐堆放,坚持谁施工谁清理的原则,使整个工作区达到文明施工。

(4) 对于出现的安全事故或未遂事故，要认真处理，使责任者或当事人受到教育，并做好防范工作。

(5) 进入施工现场必须戴安全帽、佩戴胸卡、穿劳保鞋。

(6) 使用高凳时，应保证安全稳固，并采取安全保护措施。

(7) 高空作业要搭脚手架、挂安全网、系安全带。

(8) 使用手持电动工具，在线路首端必须接漏电保护器。

(9) 现场用电设备要接在漏电空气开关上。

(10) 现场施工配线、临时用线严禁架设在脚手架、树枝上。

(11) 施工现场闸箱要零、地线分开，采用三相五线制配线，非电工人员不得擅自接线。

(12) 在潮湿场地，必须使用 36 V 以下安全电压照明。

(13) 严禁盗窃建设方或其他单位的物品、工具和材料。经发现，视情节轻重给予经济处罚和纪律处分，情节严重者送保卫部门或公安机关处理。

(14) 加强施工现场成品和半成品保护，如有损坏照价赔偿。

(15) 施工中间严禁饮酒，防止酒后滋事及意外事故的发生。

(16) 工作现场严禁吸烟，防止火灾发生。

(17) 建立施工人员出入证制度，凭证出入工作区域。

(18) 机房及贵重设备安装应事先通知相关单位，加强成品保护。

❖ 操作 4　成本控制管理

降低工程成本关键在于搞好施工前计划，施工过程中的控制，工程实施完成的分析。请根据实际条件，考察综合布线工程施工案例，了解其成本控制措施和管理方法。通常综合布线工程的成本控制管理可以参考以下几条基本原则：

(1) 加强现场管理，合理安排材料进场和堆放，减少二次搬运和损耗。

(2) 加强材料的管理工作，做到不错发、错领材料，不丢窃材料，施工班组要合理使用材料，做到材料精用。

(3) 材料管理人员要及时组织使用材料的发放，施工现场材料的收集工作。

(4) 加强技术交流，推广先进施工方法，积极采用先进科学的施工方案，提高施工技术。

(5) 积极提高施工人员的技术素质，尽可能地节约材料和人工，降低工程成本。

(6) 加强质量控制、加强技术指导和管理，做好现场施工工艺的衔接，杜绝返工，做到一次施工、一次验收合格。

(7) 合理组织工序穿插，缩短工期，减少人工、机械及有关费用的支出。

(8) 科学合理安排施工程序，实现劳动力、机具、材料的综合平衡，向管理要效益。

❖ 操作 5　施工进度管理

项目进度控制的目的是将有限的投资合理使用，在保证工程质量的前提下按时完成工程任务，以质量、效益为中心做好工期控制。请根据实际条件，考察综合布线工程施工案例，了解其施工进度的管理方法。通常综合布线工程的施工进度管理应注意以下问题：

1. 施工进度的前期控制

施工进度的前期控制主要是根据合同对工期的要求，设计计算出工程量，根据施工现场的实际情况、总体工程的要求、施工工程的顺序和特点制定出工程总进度计划。根据工程施工的总进度计划和施工现场的特殊情况制定月进度计划，制定设备的采供计划。表 8-4 所示为某综合布线工程施工组织进度表。

表 8-4 综合布线工程施工组织进度表

时间	××××年××月														
项目	1	3	5	7	9	11	13	15	17	19	21	22	23	25	27	29
合同签订	▬														
图纸会审	▬▬														
设备订购检验		▬▬													
主干管路架设与线缆敷设			▬▬▬▬												
水平管路架设与线缆敷设			▬▬▬▬▬												
机柜安装					▬										
配线架安装与线缆端接						▬									
内部测试调整							▬								
组织验收									▬▬						

2. 施工进度的中间控制

施工进度的中间控制是在施工过程中进行进度检查、动态控制和调整，掌握进度情况，对可能影响进度的因素及时发现和处理。应定期检查实际进度与计划的差异，提交工程进度报告，分析问题，提出调整方案和措施，所有文件都要编目建档。由于综合布线工程会与其他工程同时施工，相互影响因素较多，如果现场作业条件等发生改变，应对施工进度及时调整。同时应建立进度控制协调制度，落实施工过程中的一切技术支持，缩短工艺间和工序间的间歇时间。

3. 施工进度的后期控制

施工进度的后期是控制进度的关键时期，当进度不能按计划完成时，应分析原因并及时采取措施，如改进工艺、实行流水立体交叉作业、增加人员、增加工作面、加强调度等。工期要突破时，要制定工期突破后的补救措施，调整施工计划、资金供应计划、设备材料等，进行新的协调组织。

4. 多方沟通和紧密配合

各方配合是指材料、设备、供应、人员、机具的科学调配，综合布线施工方与土建、装修、建设方和监理的配合。有关各方应及时沟通，准时参加工程例会，做到及早发现问题，及时解决问题。

5. 不可预测情况的紧急应对

当出现特殊情况时，应有有效的应急处理对策。如果遇到非本单位所能控制的局面时，可申报停工延期及退场，以节约工时；如遇到施工条件变化，如地震、恶劣天气环境、高温、洪水、下沉等不可抗力时，应根据具体情况及早抢救成品、转移物资，尽量减少损失，尽早复工；若遇到技术失误，不能保证质量，并影响施工进度时，应成立攻关小组加大投入，或采取其他对策和措施。

❖ 操作 6　施工机具管理

综合布线工程施工时需用到许多施工机具，对这些机具的管理也是工程管理的内容，是提高工程效率、降低成本的有效措施。请根据实际条件，考察综合布线工程施工案例，了解其施工机具的管理方法。通常最常用的施工机具管理办法是：

- 建立施工机具使用及维护制度；
- 实行机具使用借用制度。

表 8-5 是一份机具设备借用卡。

表 8-5　机具设备借用卡

借用人			部门			
序号	设备名称	规格型号	单位	数量	借用时间	归还时间
1						
2						
3						
4						
5						
审批人：			借用人签字：			

任务 8.2　综合布线工程的验收

【任务目的】

(1) 理解综合布线工程的验收阶段；
(2) 熟悉综合布线工程验收的一般流程和方法。

【工作环境与条件】

(1) 校园网综合布线工程案例及相关文档；
(2) 企业网综合布线工程案例及相关文档。

【相关知识】

8.2.1　综合布线工程的验收阶段

综合布线工程的验收工作贯穿于整个综合布线工程的施工过程中，不同的验收阶段有不同的验收内容和要求，要求建设方的常驻工地代表或工程监理人员必须严格按照验收要求完成工程质量检查工作。

1. 开工前检查

工程验收是从工程开工之日开始的，从对工程材料的验收开始。开工前检查包括设备材料检验和环境检验。设备材料检验包括查验产品的规格、数量、型号是否符合设计要求，查验线缆的外护套有无破损，抽查线缆的电气性能指标是否符合技术规范。环境检查包括查验土建施工情况，包括地面、墙面、门、电源插座及接地装置、机房面积、预留孔洞等。

2. 随工验收

在工程中为随时考核施工方的施工水平和施工质量，了解产品的整体技术指标和质量，部分验收工作应随工进行，例如布线系统的电气性能测试工作、隐蔽工程等。随工验收可以及早发现工程质量问题，避免造成人力和器材的大量浪费。对于工程中的隐蔽部分应边施工边验收，在竣工验收时，一般不再对其进行复查，由工地代表和质量监督员负责。

3. 初步验收

对所有的新建、扩建和改建项目，都应在完成施工测试之后进行初步验收。初步验收应在原计划的建设工期内进行，由建设方组织设计、施工、监理、使用等单位人员参加。初步验收工作包括检查工程质量，审查竣工资料，对发现的问题提出处理意见并组织相关责任单位落实解决。

4. 竣工验收

工程竣工验收是工程建设的最后一个程序，通常在综合布线系统工程完工的时候，并未进入计算机网络或其他弱电系统的运行阶段，应先期对综合布线系统进行竣工验收。竣工验收要对综合布线系统各项检测指标认真考核审查，如果全部合格，且全部竣工图纸资料等文档齐全，即可宣布综合布线工程竣工，完成工程移交。

8.2.2　综合布线工程竣工验收的依据

目前国内综合布线工程的验收主要参照中华人民共和国国家标准《综合布线工程验收规范》(GB 50312—2007)中描述的项目和测试过程进行。此外，综合布线系统工程验收还涉及其他标准规范，如：《智能建筑工程质量验收规范》(GB 50339)、《建筑电气工程施工质量验收规范》(GB 50303)、《通信管道工程施工及验收规范》(GB 50374)等。当工程技术文件、承包合同文件要求采用国际标准时，应按要求采用相应的国际标准验收，但不应低于《综合布线系统工程验收规范》的规定。

在综合布线系统的施工和验收中，如遇到上述各种规范未包括的技术标准和技术要求，为了保证验收，可按有关设计规范和设计文件的要求办理。由于综合布线系统工程中尚有不少技术问题需要进一步研究，很多标准的内容尚未完善健全，随着综合布线系统技术的发展，上述标准将会被修订或补充，因此，在工程验收时，应密切注意当时有关部门有无发布新的标准或补充规定，以便结合工程实际情况进行验收。

【任务实施】

❖ 操作 1　准备竣工技术资料

文档的移交是每一个工程最重要同时又是容易被忽略的细节，设计科学而完备的文档不仅可以为用户提供帮助，更重要的是为集成商和施工方吸取经验和总结教训提供了可能。工程竣工后，施工方应在工程验收以前，将工程竣工技术资料交给建设方。竣工技术文件要保证质量，做到外观整洁，内容齐全，数据准确。请根据实际条件，考察综合布线工程案例，查阅该工程的竣工技术资料。通常综合布线工程竣工技术资料的内容和要求如下：

综合布线系统工程的竣工技术资料应包括以下内容：

(1) 安装工程量；

(2) 工程说明；

(3) 设备、器材明细表；

(4) 竣工图纸；

(5) 测试记录；

(6) 工程变更、检查记录，以及施工过程中需更改设计或采取相关措施，建设、设计、施工等单位之间的双方洽商记录；

(7) 随工验收记录；

(8) 隐蔽工程签证；

(9) 工程决算。

综合布线系统工程竣工验收技术文件和相关资料应符合以下要求：

(1) 竣工验收的技术文件中的说明和图纸，必须配套并完整无缺，文件外观整洁，文件应有编号，以利于登记归档。

(2) 竣工验收技术文件最少一式三份，如有多个单位需要或建设单位要求增多份数时，可按需要增加文件份数，以满足各方要求。

(3) 文件内容和质量要求必须保证。做到内容完整齐全无漏、图纸数据准确无误、文字图表清晰明确、叙述表达条理清楚。不应有互相矛盾、彼此脱节、图文不清和错误遗漏等现象发生。

(4) 技术文件的文字页数和其排列顺序以及图纸编号等，要与目录对应，并有条理，做到查阅简便。文件和图纸应装订成册，取用方便。

❖ **操作 2　组织竣工验收小组**

工程竣工验收通常应具备以下前提条件：

(1) 隐蔽工程和非隐蔽工程在各个阶段的随工验收已经完成，且验收文件齐全。

(2) 综合布线系统中各种设备都已完成自检测试，测试记录齐备。

(3) 综合布线系统和各个子系统已经试运行，且有试运行的结果。

(4) 工程设计文件、竣工资料及竣工图纸均完整齐全。此外，设计变更文件和工程施工监理代表签证等重要文字依据均已收集汇总，装订成册。

工程竣工后，施工方应在工程计划验收 10 日前，通知验收机构，同时送达一套完整的竣工报告，并将竣工技术资料一式三份交给建设方。竣工资料包括工程说明、安装工程量、设备器材明细表、随工测试记录、竣工图纸、隐蔽工程记录等。

联合验收之前成立综合布线工程验收的组织机构，建设方可以聘请相关行业的专家，对于防雷及地线工程等关系到计算机网络系统安全的工程部分，还应申请有关主管部门协助验收(比如气象局、公安局等)。通常的综合布线工程验收领导小组可以考虑聘请以下人员参与工程的验收：

(1) 工程双方单位的行政负责人；

(2) 工程项目负责人及直接管理人员；

(3) 主要工程项目监理人员；

(4) 建筑设计施工单位的相关技术人员；

(5) 第三方验收机构或相关技术人员组成的专家组。

验收中有些工程项目是由工程双方认可的，但另外有一些内容并非双方签字盖章就可以通过，比如涉及消防、地线工程等项目的验收，通常要由相关主管部门来进行。

验收的一般程序通常是由双方的单位领导阐明工程项目建设的重要意义和作用。然后听取双方项目主管和有关技术人员着重就项目设计规划和实施过程中采用的各种方案进行介绍，并就实施过程中遇到的问题、相应的解决措施及可能的利弊等进行说明，其中应当出示由第三方专家签认的关于本综合布线工程的各种测试数据、图表等文档。然后是听取验收现场各位专家的意见，在形成一致意见的基础上拟定验收报告并由有关验收组的人员签字盖章后生效。公安、消防等主管部门的意见往往都具有强制性，因而在形成报告后通常还应当附带所有的相关文件、标准及数据说明存档。

请根据实际条件，考察综合布线工程案例，了解其竣工验收小组的人员组成和验收程序。

❖ **操作 3　现场验收**

请根据实际条件，考察综合布线工程案例，了解该工程的现场验收情况。通常综合布线工程现场验收的内容和要求如下：

综合布线工程应按表 8-6 所列项目、内容进行检验。检验结论作为工程竣工资料的组成部分及工程验收的依据之一。

表 8-6　综合布线系统工程检验项目及内容

阶段	验收项目	验收内容	验收方式
施工前检查	环境要求	(1) 土建施工情况：地面、墙面、门、电源插座及接地装置；(2) 土建工艺：机房面积、预留孔洞；(3) 施工电源；(4) 地板铺设；(5) 建筑物入口设施检查	施工前检查
	器材检验	(1) 外观检查；(2) 型式、规格、数量；(3) 电缆及连接器件电气性能测试；(4) 光纤及连接器件特性测试；(5) 测试仪表和工具的检验	
	安全、防火要求	(1) 消防器材；(2) 危险物的堆放；(3) 预留孔洞防火措施	
设备安装	电信间、设备间、设备机柜、机架	(1) 规格、外观；(2) 安装垂直、水平度；(3)油漆不得脱落标志完整齐全；(4) 各种螺丝必须紧固；(5) 抗震加固措施；(6) 接地措施	随工检验
	配线模块及8位模块式通用插座	(1) 规格、位置、质量；(2) 各种螺丝必须拧紧；(3) 标志齐全；(4) 安装符合工艺要求；(5) 屏蔽层可靠连接	
电、光缆布放(楼内)	电缆桥架及线槽布放	(1) 安装位置正确；(2) 安装符合工艺要求；(3) 符合布放缆线工艺要求；(4) 接地	隐蔽工程签证
	线缆暗敷(包括暗管、线槽、地板下等方式)	(1) 线缆规格、路由、位置；(2) 符合布放缆线工艺要求；(3) 接地	
电、光缆布放(楼间)	架空线缆	(1) 吊线规格、架设位置、装设规格；(2) 吊线垂度；(3) 线缆规格；(4) 卡、挂间隔；(5) 线缆的引入符合工艺要求	随工检验
	管道线缆	(1) 使用管孔孔位；(2) 线缆规格；(3) 线缆走向；(4) 线缆的防护设施的设置质量	隐蔽工程签证
	埋式线缆	(1) 线缆规格；(2) 敷设位置、深度；(3) 线缆的防护设施的设置质量；(4) 回土夯实质量	
	通道线缆	(1) 线缆规格；(2) 安装位置，路由；(3) 土建设计符合工艺要求	
	其他	(1) 通信线路与其他设施的间距；(2) 进线室设施安装、施工质量	随工检验隐蔽工程签证
线缆终接	8位模块式通用插座	符合工艺要求	随工检验
	光纤连接器件	符合工艺要求	
	各类跳线	符合工艺要求	
	配线模块	符合工艺要求	
系统测试	工程电气性能测试	(1) 连接图；(2) 长度；(3) 衰减；(4) 近端串扰；(5) 相邻线对综合近端串扰；(6) 衰减串扰比；(7) 综合衰减串扰比；(8) 等效远端串扰；(9) 综合等效远端串扰；(10) 回波损耗；(11) 传输延迟；(12) 延迟偏离；(13) 插入损耗；(14) 直流环路电阻；(15) 设计中特殊规定的测试内容；(16) 屏蔽层的导通	竣工检验
	光纤特性测试	(1) 衰减；(2) 长度	
管理系统	管理系统级别	符合设计要求	竣工检验
	标识符与标签设置	(1) 专用标识符类型及组成；(2) 标签设置；(3) 标签材质及色标	
	记录和报告	(1) 记录信息；(2) 报告；(3) 工程图纸	
工程总验收	竣工技术文件	清点、交接技术文件	
	工程验收评价	考核工程质量，确认验收结果	

在完成上述验收项目和内容时应注意以下问题：

(1) 系统工程安装质量检查，如各项指标符合设计要求，则被检项目检查结果为合格；被检项目的合格率为 100%，则工程安装质量判为合格。

(2) 系统性能检测中，双绞线电缆布线链路、光纤信道应全部检测，竣工验收需要抽验时，抽样比例不低于 10%，抽样点应包括最远布线点。

(3) 系统性能检测单项合格判定：

• 如果一个被测项目的技术参数测试结果不合格，则该项目判为不合格。如果某一被测项目的检测结果与相应规定的差值在仪表准确度范围内，则该被测项目应判为合格。

• 采用 4 对双绞线电缆作为水平电缆或主干电缆，所组成的链路或信道有一项指标测试结果不合格，则该水平链路、信道或主干链路判为不合格。

• 主干布线大对数电缆中按 4 对双绞线电缆测试，指标有一项不合格，则判为不合格。

• 如果光纤信道测试结果不满足指标要求，则该光纤信道判为不合格。

• 未通过检测的链路、信道的电缆线对或光纤信道可在修复后复检。

(4) 竣工检测综合合格判定：

• 双绞线电缆布线全部检测时，无法修复的链路、信道或不合格线对数量有一项超过被测总数的 1%，则判为不合格。光缆布线检测时，如果系统中有一条光纤信道无法修复，则判为不合格。

• 双绞线电缆布线抽样检测时，被抽样检测点(线对)不合格比例不大于被测总数的 1%，则视为抽样检测通过，不合格点(线对)应予以修复并复检。被抽样检测点(线对)不合格比例如果大于 1%，则视为一次抽样检测未通过，应进行加倍抽样，加倍抽样不合格比例不大于 1%，则视为抽样检测通过。若不合格比例仍大于 1%，则视为抽样检测不通过，应进行全部检测，并按全部检测要求进行判定。

• 全部检测或抽样检测的结论为合格，则竣工检测的最后结论为合格；全部检测的结论为不合格，则竣工检测的最后结论为不合格。

(5) 综合布线管理系统检测，标签和标识按 10%抽检，系统软件功能全部检测。检测结果符合设计要求，则判为合格。

思考与练习 8

1. 综合布线工程施工组织机构应包括哪些部门，各部门的职责是什么？

2. 项目经理在综合布线工程项目中的作用是什么？

3. 综合布线工程施工中应如何控制工程进度？

4. 综合布线工程的验收一般有哪几个阶段？

5. 综合布线工程竣工验收的前提条件有哪些？

6. 在竣工验收中，竣工技术资料有哪些内容？

7. 在综合布线工程验收时，环境检查的内容有哪些？

8. 在综合布线工程中，哪些项目需要进行随工检验？

参 考 文 献

[1]　于鹏，丁喜纲. 综合布线技术[M]. 2 版. 西安：西安电子科技大学出版社，2011

[2]　于鹏，丁喜纲. 计算机网络技术项目教程(计算机网络管理员级)[M]. 北京：清华大学出版社，2014

[3]　于鹏，丁喜纲. 计算机网络技术项目教程(高级网络管理员级)[M]. 北京：清华大学出版社，2014

[4]　刘晓辉. 网络综合布线应用指南[M]. 北京：人民邮电出版社，2009

[5]　吴达金. 综合布线系统实用技术手册[M]. 北京：人民邮电出版社，2008

[5]　余明辉，陈兵，何益新. 综合布线技术与工程[M]. 北京：高等教育出版社，2014

[6]　黎连业. 网络综合布线系统与施工技术[M]. 4 版. 北京：机械工业出版社，2011

[7]　张宜. 综合布线工程[M]. 北京：中国电力出版社，2008

[8]　卢勤，王公儒. 信息网络布线工程技术训练教程[M]. 大连：东软电子出版社，2014

[9]　思科网络技术学院. 语音与数据布线基础[M]. 北京：人民邮电出版社，2005

[10]　王公儒. 综合布线工程实用技术[M]. 北京：中国铁道出版社，2011

[11]　贺平. 网络综合布线技术[M]. 2 版. 北京：人民邮电出版社，2010